CANTON DE FONTAINE-FRANÇAISE

GÉOGNOSIE

DU CANTON DE FONTAINE-FRANÇAISE (COTE-D'OR)

GÉOGNOSIE

DU CANTON DE FONTAINE-FRANÇAISE

(Côte-d'Or)

OU

ÉTUDE DES SOLS ARABLES

DE CE CANTON

DES AMENDEMENTS QUI LEUR SERAIENT NÉCESSAIRES

ET DE LEUR EMPLOI

Ouvrage honoré d'encouragements du Conseil général de la Côte-d'Or et de M. le Ministre de l'agriculture,

PAR

RICHARD-ÉDOUARD GASCON

Agent-Voyer de 1re classe, Associé correspondant de la Société archéologique de la Côte-d'Or, Sous-Secrétaire et Membre du Comice agricole du canton de Fontaine-Française.

« L'étude des sciences, dans leur application et
« leur histoire, n'est pas seulement un travail facile
« et attrayant, mais à la fois le délassement le plus
« noble et le plus agréable. »

(MANGIN.)

DIJON

IMPRIMERIE J.-E. RABUTOT, PLACE SAINT-JEAN

1867

PRÉFACE

Depuis plus de douze ans j'ai passé la plus grande partie de mes loisirs à l'étude de la *Géologie* et de la *Botanique*.

Si j'avais pu suivre les Cours de quelques grands maîtres, avec le désir que j'avais d'approfondir ces deux sciences, je serais peut-être arrivé à ce degré de connaissances qui permet à l'homme studieux de rendre de vrais services à ses semblables, en les faisant profiter, au point de vue pratique, de ses études théoriques et de l'application de celles-ci *aux Arts, à l'Industrie* et *à l'Agriculture*.

J'avais quitté Fontaine-Française en 1856; j'y suis rentré en 1859, et l'idée d'étudier les SOLS ARABLES de ce canton m'est naturellement venue à l'esprit, lorsque je me suis retrouvé dans ma famille et au milieu de mes amis.

Etre utile à tous mes concitoyens, leur sacrifier mes moments de loisir et me dévouer à leurs plus chers intérêts, tel a été et tel sera toujours mon plus ardent désir.

Je me suis, en conséquence, appliqué à l'étude des SOLS ARABLES ; je les ai analysés; je me suis rendu un compte aussi exact que possible de leur position géologique et topographique, de leur manière d'être, des améliorations dont ils sont susceptibles et des produits qu'on pourrait en tirer.

Aidé de l'expérience de nos meilleurs cultivateurs, des conseils de plusieurs savants agronomes, d'habiles ingénieurs, et de la lecture des auteurs les plus renommés, j'ai entrepris le travail ardu et encore inconnu de la GÉOGNOSIE de notre beau canton.

Je n'ai pas eu la prétention de composer un traité supérieur à d'autres, mais seulement celle de compulser, de coordonner les divers systèmes théoriques et pratiques des meilleures publications.

Malgré les difficultés que j'ai pressenties, l'embarras où je devais me trouver dans maintes circonstances, autorisé par le *premier magistrat* du département, soutenu, encouragé par mes amis et les administrations municipales, j'ai osé mettre à exécution le projet que j'avais conçu en 1859.

Doutant d'abord de mes forces, luttant en quelque sorte contre mon amour-propre, mais pénétré de l'idée qu'il me serait possible de rendre quelques services à notre agriculture, et certain de la bienveillance de mes concitoyens et de celle des savants qui ont bien voulu m'honorer de leurs conseils, j'ai résumé, dans l'ouvrage que j'offre aux agriculteurs et aux cultivateurs du canton de Fontaine-Française, les leçons et les moyens pratiques donnés par les agronomes les plus distingués, pour amender convenablement un sol dont la composition est connue, et, appliquant leurs conseils, leurs formules et leur expérience à nos terres, j'ai pensé, donnant par climat et par contrée de chaque commune où le sol arable est le même le dosage des matières qui composent ce sol, pouvoir indiquer ce qui lui manque, ainsi que la nature, la qualité et la provenance des amendements qui lui conviennent et qu'on peut particulièrement se procurer dans la localité.

Je serais assez heureux et largement récompensé de mon travail, si mes conseils avaient pour résultat de faire apporter quelques améliorations à nos terres, de les rendre plus fertiles et par là d'augmenter la fortune de nos belles campagnes.

« *La science des amendements,* » a dit un agronome, « *est à l'agriculture ce que l'anatomie est à la médecine.* » Avant de traiter une terre, il faut donc en connaître les défauts, savoir ce qui la compose.

Pour atteindre ce but j'ai adopté un ordre qui pourra, je l'espère, rendre très claire et compréhensible pour tous l'étude des terrains, celle des amendements et l'application de ceux-ci à nos sols, afin d'arriver à les transformer, en leur donnant les qualités des sols bien constitués; car tout le secret de l'agriculture est dans la solution de ce problème : *constituer une terre de la manière la plus convenable pour qu'elle puisse recevoir et soutenir toutes sortes de plantes, et fournir ensuite à cette terre tous les aliments nécessaires à la nutrition de ces plantes.*

Tout se tient en agriculture : l'amélioration du sol amène celle des animaux; mais c'est par la terre qu'il faut commencer, parce que tout vient de là.

Avant de terminer cette courte préface, qu'il me soit permis de réclamer toute l'indulgence des personnes qui me liront. Je les prie de me pardonner les erreurs et les omissions que j'aurai pu faire, parce qu'elles sont toutes involontaires, bien que je me sois entouré et que j'aie tenu compte de tous les renseignements, les conseils, les observations et les expériences nécessaires à la rédaction de mon opuscule géognostique.

Fontaine-Française, le 25 août 1866.

E. GASCON.

GÉOGNOSIE

DU CANTON DE FONTAINE-FRANÇAISE (COTE-D'OR)

PREMIÈRE PARTIE

CHAPITRE I.

Des Sols. — Des Sous-Sols. — Définition des matières qui les composent.

Par SOL, en général, on entend le milieu où les végétaux trouvent à la fois un point d'appui, des matériaux propres à leur nutrition et des fluides ou des agents qui concourent à l'accomplissement de cette fonction.

On définit encore le *sol*, une terre capable de réunir deux conditions indispensables à la végétation : la chaleur et l'humidité. Il est à la fois la base et en partie l'aliment des plantes. Leurs racines peuvent s'y fixer et se développer de manière à donner de la solidité à la tige et recevoir la nourriture organique et inorganique nécessaire à leur croissance.

C'est des propriétés physiques du sol que dépend le plus ou moins d'aptitude qu'il peut avoir au rôle de la nutrition des plantes. On dit le sol fertile quand il renferme les principes que les plantes sont susceptibles de s'assimiler jusqu'à leur complet développement. Et, comme l'ont dit tous les agronomes, pour conserver à la terre sa fertilité *il faut lui rendre d'une manière quelconque les éléments que les récoltes lui enlèvent.*

Les *terres* se divisent en deux grandes classes qu'on a désignées sous le nom de *sol proprement dit* et de *sous-sol*.

Le *sol proprement dit*, par rapport à l'agriculture, se subdivise aussi en deux parties : *la couche végétale* qui comprend toute l'épaisseur du sous-sol dans lequel les racines des plantes peuvent pénétrer, se nourrir et végéter; et *la couche arable*, qui est remuée par les outils et instruments aratoires.

Les sols sont *perméables* ou *imperméables*, suivant qu'ils se laissent plus ou moins pénétrer facilement par l'eau et les racines.

Il sont *humides* ou *secs*, *tenaces*, *forts*, *meubles* ou *friables*; mais ces diverses manières d'être sont trop connues de tous, pour que nous entrions dans aucun détail d'explication.

Le sous-sol est la couche immédiatement placée sous le sol et l'auxiliaire de celui-ci.

Il est d'une base plus profonde, plus ferme, où les racines peuvent encore et souvent puiser une nourriture inorganique ou minérale qui supplée à l'épuisement du sol.

Quand le sous-sol est bon, c'est-à-dire d'une porosité convenable, il retire du sol l'excédant d'humidité ou lui fournit celle qui est nécessaire à la végétation.

Le sous-sol n'est pas toujours de la même nature que le sol.

Si sa composition s'en rapproche, le défaut d'ameublissement et d'aération empêche l'achèvement de la décomposition des matières propres à la nutrition des plantes; tels sont notamment les sous-sols argileux, glaiseux, schisteux, etc.

Le sous-sol peut, dans bien des circonstances, être converti en sol, car il agit toujours, plus ou moins directement, sur les propriétés de ce dernier, par ses conditions chimiques et mécaniques.

Pour qu'un sous-sol puisse profiter à l'agriculture, il faut qu'il soit défoncé, aéré et en partie mêlé à la couche végétale, ainsi que cela se pratique pour la culture du houblon.

Malgré cela, le sous-sol imperméable rend possible sans défoncement la culture des plantes à racines longues, fibreuses ou pivotantes (*ignames, carottes*, etc.), en arrêtant les eaux qui saturent la couche arable.

Il s'oppose à ce que l'eau monte, par la capillarité, à la surface du sol pour remplacer celle qui s'évapore. Aussi la sécheresse devient-elle très nuisible pour cette nature de sols ordinairement formés d'argile tenace, ou même de couches d'argile siliceuse, auxquelles leur puissance (*épaisseur*) imprime ce caractère.

Le sous-sol imperméable se reconnaît souvent aux caractères indiqués à l'occasion des sols humides, en présentant par places des surfaces mouilleuses brûlées par la sécheresse.

Dans ce cas, comme cela a lieu pour les climats dits Montrembloy, vers le bois de Saint-Seine et autres lieux voisins sur Pouilly; devant Forêt, Perfondeveau, etc., sur Saint-Maurice; Charme-Robert, Etang-Martin, etc., sur Fontaine, le sous-sol est composé d'argiles, de glaises, et de portions de marnes calcarifères (*tafonds*), qui empêchent toute pénétration des racines ou de l'eau.

Dans d'autres climats, tels que la Friche de Belle-Charme, sur Fontaine; les Friches d'Orain; les abords du chemin de Vars, sur Pouilly; les champs de Trente-Sous, en Belle-Vue, sur Courchamp, le sous-sol est rocheux, compacte, sans fissures et nuit beaucoup à la culture, en occasionnant des chocs qui brisent les instruments. Le défoncement de ces derniers sols et l'assainissement des premiers remédient à leur imperméabilité.

Les sous-sols perméables sont le plus ordinairement composés de sables, de graviers, de pierres siliceuses ou calcaires, ou même de roches tendres et fissurées. Ils sont très favorables aux sols argileux. Mais quand leur perméabilité est trop grande, ils rendent la couche arable trop légère et trop sèche. Nous verrons plus tard le moyen de remédier aux inconvénients d'un sol trop perméable.

L'influence du sous-sol, en agriculture, est d'une majeure importance. Il convient donc, quand on étudie un sol, d'en étudier aussi le sous-sol, celui-ci pouvant, dans nos pays, commencer à 0,25 ou 0,30 centimètres environ de profondeur, ce qui s'explique par le peu d'épaisseur de la couche arable ou terre remuée (0,12 à 0,15 centimètres).

Le sol et le sous-sol sont formés, cela se comprend, aux dépens des terrains et des roches qui constituent l'écorce terrestre et des matières provenant des décompositions organiques.

Cependant une grande partie des sols n'est pas positivement composée des éléments qui constituent l'enveloppe terrestre du pays qu'on étudie. Ainsi dans notre canton le sol est essentiellement *argilo-siliceux*, et cependant les formations géologiques, sur lesquelles il repose, sont *calcaires*, et appartiennent en grande partie au *corallion supérieur*, à *l'oxfordien*, au *kimméridgien*, au *portlandien* et aux *terrains crétacés*.

La couche végétale et même le sous-sol ne sont donc pas le produit immédiat de nos roches.

Ils proviennent de la grande alluvion *argilo-siliceuse* qui forme en France la plus grande partie des plateaux et qui s'est déposée la dernière de toutes, à l'époque du dernier grand mouvement des eaux, puisque partout elle recouvre et n'est recouverte nulle part.

« La nature des terres arables, » dit M. Caillat, « dépend le plus souvent des roches sur lesquelles elles reposent; ordinairement elles sont « formées des débris de celles-ci. »

Cela est vrai pour quelques portions de terrain, mais en général, dans notre contrée comme sur les deux tiers du sol de la France, cette définition ne peut être exacte.

Il n'est donc pas aussi facile qu'on le croit, de déterminer par une simple inspection la nature des terres arables.

Il est vrai que la terre végétale est formée de débris des roches qui se sont désagrégées, décomposées et réduites en fragments et en poussières de divers degrés de finesse. Mais ces parties de roches ont été charriées par les eaux, mélangées mécaniquement d'abord, assimilées ensuite et entraînées loin du lieu de leurs formations. Ceci explique pourquoi le sol compris entre Fontaine-Française, Saint-Maurice, Pouilly, contient si peu de calcaire, quoiqu'il repose sur des rochers calcaires.

Les *terres arables* sont donc, en général, un mélange, en diverses proportions, de *silice*, d'*argile* et de *calcaire* ou *carbonate de chaux*. Il s'y trouve encore des sables, des graviers et des pierrailles ou cailloux de différentes grosseurs; puis des débris de matières animales et végétales plus ou moins décomposées, le tout imprégné d'eau.

Cette dernière manière d'être est indispensable, car c'est un axiome : *Point de végétation sans chaleur et sans humidité.*

Il existe, en outre, dans la terre végétale, des substances appelées *sels*, qui sont indispensables à la végétation, bien qu'aujourd'hui il soit prouvé que les plantes puisent dans l'atmosphère environ les dix-neuf vingtièmes des principes salins nécessaires à leur croissance.

Les sels à base de potasse, de chaux, de soude, de magnésie, etc., qui entrent dans la composition du terreau végétal sont assez nombreux, mais en très minime proportion. Ils n'en sont pas moins essentiels pour la végétation.

Quelquefois un sel ou une substance particulière domine dans un sol, tel que l'oxyde de fer, qui dans nos contrées se trouve en quantité considérable. Aussi cette substance imprime-t-elle au sol une manière d'être spéciale et très facile à distinguer.

La couleur des terres varie suivant le sel qui y domine. Celles qui ont une teinte jaune-foncée ou rougeâtre la doivent à l'oxyde de fer hydraté. Telles sont les terres de tous les climats de Fontaine-Française, Saint-Seine, Saint-Maurice, Orain où on rencontre le minerai de fer exploitable ou non. Celles qui sont rouge-brun ou rouge-violacé doivent leurs couleurs au peroxyde de fer simple. Tels sont les terrains de divers climats sur Orain et Saint-Maurice. La couleur blanchâtre ou jaune-blond est due aux marnes néocomiennes de nos pays et caractérise des terres fortes, compactes, très siliceuses, froides et de peu de valeur. La couleur brune-noire ou noire indique généralement un bon sol, c'est une terre qui contient de l'*humus* (partie essentielle du fumier), provenant de la décomposition de substances organiques qui colorent en noir ou en brun-noir.

Cependant toutes les terres qui ont une teinte noire ou gris-noir ne sont pas toujours humifiées, car l'oxyde de fer, l'oxyde de manganèse (métal brun-noir) et encore d'autres matières peuvent leur communiquer ces teintes grises ou brunes.

Nous avons dit plus haut que le mélange de *silice*, d'*argile* et de *calcaire* ou carbonate de chaux, forme la base d'une bonne terre arable; mais pour qu'elle possède les qualités désirables, il faut une certaine proportion dans le mélange. D'où il suit *que la fertilité d'un sol résulte du mélange bien entendu des terres siliceuses, argileuses et calcaires*, chacune de ces terres prise séparément étant comparativement stérile.

Tous les agronomes et les savants qui ont étudié les sols, ne sont pas d'accord sur ces proportions. Chacun d'eux a eu sa méthode et a établi ses proportions. Aujourd'hui que cette question a été étudiée plus sérieusement et que de nombreuses expériences ont été faites, il n'est plus possible de s'arrêter à des quantités fixes, parce que bien d'autres circonstances peuvent rendre bon ou mauvais un sol qui, au premier aspect, avait paru normalement constitué.

Cependant nous ne pouvons résister au désir de faire connaître à nos lecteurs les proportions établies par quelques agronomes dont nous avons lu les ouvrages.

M. Dutillet a fixé, ainsi qu'il suit, la composition d'une bonne terre arable :

Silice, 3/8 ou 37 1/2 pour cent.
Argile, 3/8 ou 37 1/2 pour cent.
Calcaire, 2/8 ou 25 pour cent.

M. de Gasparin considère comme les meilleures terres arables celles qu'il classe sous le nom de limons. Ce sont les terres qui possèdent l'élément calcaire en proportion notable et qui renferment, en outre, au moins un dixième de leur poids de chacun des éléments, argile et sable siliceux.

M. Caillat, dans son application à l'agriculture des éléments de physique, de chimie et de géologie, dit « que pour faire une bonne terre arable normale, il faut :

« Silice, de 30 à 60 pour cent.
« Argile, de 25 à 40 pour cent.
« Calcaire, de 10 à 30 pour cent. »

Toutefois une terre peut être d'excellente qualité, quoique composée tout autrement que nous ne le disons. Elle peut même être bonne quand elle ne renferme que peu ou point de calcaire, si elle est assez humifiée, soit naturellement, soit par l'addition annuelle d'engrais d'étable ou autres. Mais cette terre se prêtera difficilement à la succession de toute espèce de récolte et ne donnera pas de produits aussi bons ni aussi beaux que celle qui contiendra du calcaire.

Avant d'aller plus loin, nous croyons utile de donner une définition complète des termes techniques, peu connus des cultivateurs et que nous emploierons souvent dans la suite de notre travail.

La silice (*oxyde de silicium*), espèce de terre élémentaire, est du quartz, du silex en grains plus ou moins ténus, très durs, rayant le verre, ne faisant aucune effervescence (bouillonnement) dans les acides, à faces plates, brillantes sous les rayons lumineux, de couleur blanchâtre et formant environ la moitié de la plupart des sols arables de la France en général et de nos contrées en particulier.

La silice entre pour une certaine proportion dans la composition physique des plantes. Elle donne de la solidité aux tiges, aussi est-elle proportionnellement abondante dans les pailles.

L'*herbue franche* de nos pays n'est presque qu'un amas de silice. Les terres de cette catégorie sont rudes au toucher, sans consistance et sans cohésion ou adhérence à l'état sec. Humides, elles forment, quand on la presse dans la main, des pelottes sableuses qui ne sont pas adhérentes comme les terres glaiseuses.

La silice ne happe (ne s'attache, ne se colle) pas à la langue.

Ces deux dernières conditions servent fort souvent dans la pratique à distinguer les terrains très siliceux.

L'argile (*glaise, terre à foulon, à tuilerie, à poterie*, etc.) est une roche de nature limoneuse, très compacte, douce au toucher, happant (collant) à la langue, faisant avec l'eau une pâte tenace qui conserve les formes qu'on lui imprime, molle quand elle est mouillée, dure et tenace quand elle est sèche, peu souvent friable.

L'argile contient en diverses proportions de l'alumine, de la silice et des oxydes.

Elle est très avide d'eau et ne se dessèche qu'à une assez grande température.

On dit qu'une des propriétés remarquables des argiles c'est de condenser, ou conserver, si l'on veut, dans leurs pores, les *sels ammoniacaux* qui occupent un des premiers rangs parmi les engrais.

Si cette propriété de retenir ces sels existe, elle est très importante, car ces substances, introduites dans la terre par les engrais, se volatiliseraient ou se disperseraient, entraînées par les eaux pluviales, en pure perte pour la végétation.

L'argile forme environ les 3/10 de la masse de nos sols arables.

Le calcaire (*carbonate de chaux*) est une roche en masse, généralement d'une teinte blanchâtre. Réduit en poudre et jeté dans du vinaigre ou dans un acide quelconque, il y produit un bouillonnement que l'on appelle *effervescence.*

C'est la pierre à chaux (protoxyde de calcium) la plus répandue sur la terre et dont la texture, la couleur et la manière d'être présentent une foule de variétés.

Dans le sein de la terre la chaux neutralise l'acide humique, désagrége ses sels et les amène à un état de ténuité telle, que les suçoirs des racines les absorbent, lorsque l'eau des pluies les font arriver dissous jusqu'à elles.

Le calcaire, la pierre qui existe exclusivement dans notre canton, produit un triple effet dans les sols :

1° Il s'empare des acides et neutralise l'excès d'oxygène ;

2° Comme principe minéral, il constitue une notable partie de la charpente des plantes ;

3° Enfin il désagrége et réduit certains sels, propres à la nourriture des végétaux, mais que l'acidité, ou l'âcreté du sol, conserve longtemps insolubles dans le sein de la terre.

On doit, d'après ce qui précède, comprendre sans effort combien le calcaire devient utile dans les terrains qui en sont dépourvus et le rôle bienfaisant qu'il y joue.

L'ALUMINE (*protoxyde d'aluminium*) est une matière terreuse, composée d'aluminium (métal blanc se rapprochant de l'argent et extrait des terres argileuses et glaiseuses) et d'oxygène (gaz propre et nécessaire à la respiration des animaux).

L'alumine offre beaucoup d'analogie avec la silice et est, comme elle, très abondante dans la nature, mais combinée avec des substances dont on l'extrait sous forme de terre blanche, opaque et très douce au toucher.

Les argiles pures sont principalement composées d'alumine. C'est la terre à foulon, à briques, etc.

L'HUMUS (acide humique), partie essentielle des fumiers et des terreaux, est une matière ordinairement d'un brun-noir, insoluble dans l'eau avec laquelle elle se mêle très facilement, d'une saveur douce particulière.

L'humus propre aux sols provient naturellement de la décomposition des matières animales et végétales.

C'est par lui que la terre communique aux plantes les sucs nécessaires à leur végétation. Aussi est-ce d'*accroître continuellement l'humus* qu'on doit le plus se préoccuper en agriculture.

La TOURBE est une terre brune ou noire formée de nombreux débris végétaux, profondément altérés, mais dont on reconnaît encore parfaitement les parties; elle est cependant, comme dans les pâtis d'Orain, en masse plus ou moins compacte.

La tourbe sèche brûle avec une grande fumée.

On ne la trouve que dans les bas-fonds et les lieux marécageux, tels que les pâtis communaux d'Orain et ceux du Vernois à Licey.

La tourbe n'est point une substance créée à l'origine des choses. Elle ne préexiste pas. Elle n'a pas été faite : *elle se fait*. On peut dire que c'est une terre qui croît.

Dans le canton de Fontaine-Française on trouve de la *tourbe bâtarde*, telle que celle des étangs de Fontaine. Cette tourbe est composée d'amas plus ou moins considérables de débris de plantes aquatiques.

Elle diffère beaucoup de la tourbe qui provient de végétaux non aquatiques, en ce qu'elle produit du gaz et des miasmes malsains; tandis que la *tourbe*, formée sur des sols primitivement secs, rend le climat plutôt salubre qu'insalubre.

La tourbe ou vase de nos étangs, laissée trois ou quatre mois à l'air avant l'épandage, produit un puissant amendement et peut s'employer avec grand avantage dans les sols calcaires, argilo-siliceux des climats dits : la Grande Corvée, Belle-Charme, Lavières, et dans les autres sols légers des Vignes-Jacques, des Longues-Pièces, Chemin de Bèze, Pré Barbe, Perdrisset, les Fourches et l'Homme mort.

Ainsi que nous l'avons dit, outre la *silice*, l'*argile* et le *calcaire* qui forment la base des terres arables, celles-ci contiennent non seulement en parties fines ou ténues, mais encore sous forme de *pierres, pierrailles, cailloux, graviers* et *sables*, des matériaux qui entrent dans leur composition chimique ou leur constitution physique.

Il nous semble utile de nous fixer sur ces expressions que nous aurons à employer souvent.

Nous entendrons par *pierres*, dans un sol arable, tous les fragments de roches, calcaires ou siliceuses, dont la grosseur excédera celle d'un œuf ordinaire, ou au moins d'une noix.

Par *pierrailles*, cailloux ou gros graviers, nous comprendrons tous les débris intermédiaires entre la grosseur d'une noix et celle d'un petit pois; c'est-à-dire ayant plus de 0,003 millim. de diamètre.

Par *gravier* ou gros sable, nous entendrons tous les petits fragments depuis la grosseur d'un petit pois jusqu'à celle d'une graine de navette, ou ayant de 0,0005 à 0,003 de diamètre.

Par *sable fin*, nous comprendrons toutes les parties siliceuses plus petites que le gravier et qui, à la lévigation (le lavage), ne restent que quelques secondes en suspension dans l'eau.

Enfin nous comprendrons tout le reste, c'est-à-dire toutes les parties très fines entraînées par l'eau à la lévigation, sous le nom de *matières ténues*.

D'après cela, on peut distinguer facilement dans une terre dont on veut faire l'analyse et relativement à l'une des parties, quelle que soit leur nature

1° Les pierres;
2° Les pierrailles ou gros cailloux;
3° Le gravier ou gros sable;
4° Le sable fin;
5° Les matières ténues.

L'humus, les sels solubles et les gaz ne peuvent se découvrir que par l'analyse chimique.

On distingue les pierres et les pierrailles calcaires des siliceuses, en ce que les premières font effervescence dans les acides et ne produisent pas d'étincelles sous le choc du briquet; tandis que les acides n'attaquent pas les secondes qui font feu au briquet.

Les matières ténues, sables et graviers calcaires, se distinguent des matières ténues, sables et graviers siliceux, au moyen des acides qui font effervescence avec les premiers et n'en font pas avec les seconds.

Nous avons dit que le *sous-sol* était la couche immédiatement placée sous le sol, et qu'il différait peu de ce dernier.

Comme les sols, les sous-sols sont *rocheux*, *pierreux*, *caillouteux*, *graveleux*, *sableux* et *ténus;* ils sont en outre *perméables* quand la pluie et les racines des plantes y pénètrent facilement; *imperméables* ou INERTES quand ils sont tellement compactes que les racines ne peuvent y pénétrer.

Les sous-sols rocheux ou graveleux peuvent devenir ACTIFS lorsqu'ils sont faciles à désagréger ou remplis de fissures.

Ainsi le calcaire jurassique, en pierres ou pierrailles, se laisse pénétrer par les racines pivotantes, et des sous-sols de cette nature ont décuplé de valeur par la culture de la luzerne.

Un exemple de bonne qualité d'un sous-sol *rocheux*, mais rempli de fissures, nous est offert par la superbe plantation de tilleuls de la cour d'honneur du château de Fontaine-Française.

Cette belle plantation, faite vers 1760, peut-être unique en France dans son genre, est d'une croissance et d'une venue on ne peut plus régulières; pas un arbre dont la grosseur ne soit égale aux autres et la végétation aussi active; et cependant, placés en quinconce à cinq mètres les uns des autres, ils sont plantés dans une couche de terre rapportée qui n'a pas plus de 0,65 à 0,75 d'épaisseur et qui repose sur des bancs de calcaire oolitique compacte, mais probablement assez fissuré pour laisser pénétrer les racines qui y puisent leurs éléments nutritifs.

Dans les sols comme dans les sous-sols on doit dans une étude complète considérer la *planométrie*.

Un sol est *plan*, horizontal suivant le niveau de l'eau tranquille; *en pente*, inclinaison plus ou moins grande; *en buttes*, petits monticules ou mamelons peu étendus; *en bassin*, bas-fonds ou abaissements par rapport aux hauteurs environnantes.

Une pente légère est toujours favorable à la culture, si elle s'allie à une bonne exposition.

Les plantes végètent sur les côtes *abruptes*, mais la culture devient difficile et même impossible au-delà de 40 *pour cent de pente*.

Sous le rapport des déclivités, le canton de Fontaine-Française est assez heureusement partagé. Si quelques coteaux tels que ceux des Essarts à Saint-Seine-sur-Vingeanne, de la Croix-Blanche et de Neuveau à Montigny-sur-Vingeanne, des Rougeottes à Bourberain, de la partie sud-est de la ferme d'Hilly à Orain, etc., sont en pente atteignant de 20 à 30 pour cent, les huit dixièmes de la surface du canton sont en plateaux et en pentes douces très favorables à la culture et à l'écoulement des eaux pluviales.

CHAPITRE II.

Classification et Dénomination des Sols.

Nous diviserons d'abord les sols en deux grandes classes :

1° *Les sols calcaires*, qui contiennent au moins 0,44 pour cent de chaux pure ou 0,79 de carbonate de chaux (1) ;

2° *Les sols non calcaires*, qui contiennent moins de 0,44 pour cent de chaux pure.

Chacune de ces classes se subdivisera en espèces, suivant la composition physique et chimique, la richesse en matières organiques et l'état matériel, c'est-à-dire la division, la puissance ou profondeur et la perméabilité.

M. Lefour dit « qu'on répartit les sols en deux grandes divisions. La « première comprend les sols *à base minérale*, et la deuxième les sols *à* « *base organique*. » La division des sols à base minérale (celle qui nous

---

(1) Dose indiquée par M. de Gasparin.

occupe le plus dans cet ouvrage) a été partagée à son tour en deux classes fondées sur la présence ou l'absence de l'*élément calcaire.*

C'est cette division que nous avons adoptée au commencement de ce chapitre.

Un illustre agronome, M. de Gasparin, comprend, dans la première grande division de sa classification des sols, tous les terrains calcaires. La valeur de cette expression a besoin d'être expliquée. L'auteur désigne comme calcaires les terres qui font effervescence avec les acides.

C'est là un caractère incomplet. En effet, la chaux peut se trouver à un autre état qu'à celui de carbonate, et il peut se trouver d'autres éléments, tel que le carbonate de magnésie, faisant effervescence avec les acides.

C'est pourquoi il convient de conserver la nomenclature qui distingue les sols calcaires de ceux qui ne le sont pas, non par l'effervescence sous l'action des acides, mais par la chaux qu'ils renferment.

Ici se présente une difficulté. Il n'existe, pour ainsi dire, pas de terres arables absolument dépourvues de chaux ; et on ferait une classification illusoire en mettant dans la première catégorie tous ceux qui ne possèdent que de faibles traces de cette base.

Or, si l'on se reporte à la dose indiquée par M. de Gasparin, comme nécessaire minima à la culture (page 640 du tome I de son *Cours d'agriculture*), on voit que la proportion de 0,79 de carbonate de chaux ou de 0,44 de chaux vive pour 100,00 de terre, constitue un état convenable qui peut se maintenir encore quelques années. Nous aurions pu admettre que cette dose pouvait se réduire à 0,54 de carbonate de chaux ou 0,30 de chaux vive et former la limite au-dessous de laquelle les terrains ne peuvent être considérés comme calcaires, mais nous avons préféré conserver les bases de M. de Gasparin.

Les sols qui se rattachent à nos deux classes sont aussi répartis en genres, ordres et espèces, suivant la proportion de *silice*, d'*argile* et de *chaux* qu'ils renferment.

L'élément dominant donne son nom naturel au sol ; les noms des autres éléments se placent à la suite du premier dans l'ordre de leur abondance.

Les sols à base minérale sont les plus répandus : ce sont nos terres arables, nos prés, nos friches, etc.

Les sols à base organique sont ceux qui sont riches en terreau, en humus et en débris végétaux. Malheureusement ils n'existent que dans quelques-uns de nos jardins et dans deux pâtis communaux où ils se présentent sous la forme de terreaux acides tourbeux.

Dans les sols à base minérale on doit encore considérer plusieurs catégories suivant l'état matériel de division, si importante en pratique agricole.

Ainsi il y a :

1° Les LIMONS, parties excessivement fines de silice et d'argile : tels sont les limons d'*argile plastique* (terre à foulon, à poterie, à tuilerie), les *marnes* et les *glaises*.

2° Les SABLES formés de grains plus gros que les limons, et dont la nature est exclusivement siliceuse.

3° Les TERRES qui se composent de parties plus ou moins fines de limon, de sable, le tout mêlé à des graviers, des pierres, etc., comme nos sols arables, même ceux qu'on désigne sous le nom d'herbues franches et qui ne sont formés que de parties siliceuses avec une faible quantité d'argile.

Ces quelques explications données, reprenons nos deux grandes classes.

PREMIÈRE CLASSE.

SOLS OU TERRES CALCAIRES

contenant au moins 0,44 pour 100 de chaux pure, ou 0,79 de carbonate de chaux.

Dans cette classe nous établirons quatre genres :

Premier genre. — TERRE CALCAIRE-*silicéo-argileuse*, quand la terre étant calcaire (faisant effervescence avec les acides), la silice domine sur l'argile. Dans ce cas la terre est légère et d'une culture facile.

Deuxième genre. — TERRE CALCAIRE-*argilo-siliceuse*, quand la terre étant calcaire, l'argile y domine sur la silice. La terre est déjà tenace et d'une culture moins facile.

Troisième genre. — *Terre argilo-calcaire*, quand, comme dans nos rougets, un des principes, l'argile, est tellement prédominant sur l'autre, qu'il semble à lui seul constituer la masse de la terre, avec du calcaire seulement interposé.

Cette terre est très forte et très tenace.

Quatrième genre. — *Terre silicéo-calcaire*, où la silice, comme cela paraît être dans une partie de nos herbues blanchâtres, paraît à elle seule constituer toute l'épaisseur du sol.

Cette terre peut être de deux espèces :

1° *Sablonneuse* quand les parties qui la forment, quoique fines, sont cependant assez grosses pour être vues à l'œil nu ou senties sous la pression des doigts ;

2° *Graveleuse* ou *pierreuse*, quand les débris de roches calcaires ou siliceuses sont d'une grosseur atteignant celle d'un petit pois.

Ces deux espèces de sol sont généralement perméables, d'assez bonne qualité et d'une culture très facile; mais ils sont souvent brûlants et deviennent humides après les pluies, parce que le sous-sol est presque toujours marneux et imperméable.

DEUXIÈME CLASSE.

SOLS OU TERRES NON CALCAIRES

contenant moins de 0,44 pour 100 de chaux, ou 0,79 de carbonate de chaux.

Dans cette deuxième classe nous établirons aussi quatre genres.

Le calcaire manquant presque complétement dans ces terres, il ne s'y produit pas d'effervescence sensible au contact des acides.

Premier genre. — *Terre silicéo-argileuse.*

Cette dénomination s'applique à la terre qui ne contient pas de calcaire, dans laquelle la silice domine sur l'argile. Cette terre est légère, d'une consistance moyenne et d'une culture facile. Le défaut de calcaire la place cependant au-dessous du premier genre de la première classe qui est infiniment meilleure.

Second genre. — *Terre argilo-siliceuse.* — L'argile y domine sur la silice, et, par sa plus forte proportion, rend la terre plus consistante, plus tenace et moins facile à cultiver.

Elle passe facilement au genre suivant.

Troisième genre. — *Terre argileuse,* quand l'argile est en telle quantité qu'elle semble à elle seule constituer la masse de la terre. Ces sols sont très forts, très consistants, tenaces, difficiles à labourer et imperméables.

Quatrième genre. — *Terre siliceuse,* quand la silice semble constituer uniquement le sol.

Cette dernière terre peut être encore subdivisée en deux espèces :

1° *Sablonneuse,* quand elle semble uniquement formée de sable facile à distinguer à la vue ou au toucher ;

2° *Graveleuse* ou *pierreuse,* lorsque les cailloux roulés ou les graviers siliceux y dominent.

Ces terres sont généralement pauvres et exigent beaucoup d'amendements et d'engrais.

Le labourage profond peut aussi les améliorer, parce qu'on met ainsi en contact avec l'air atmosphérique une partie très essentielle et souvent très bonne de la couche végétale.

Lorsque les terres contiennent des débris organiques à différents états de décomposition, on doit les distinguer, et suivant le cas on les nomme :

Terre de bruyère, lorsque les débris organiques de cette plante semblent, avec la silice sablonneuse, en former la masse. Cette terre est très légère.

Terre tourbeuse, quand les débris organiques de diverses plantes réunies dans les bas-fonds marécageux, d'une teinte brun-noir, la composent presque exclusivement.

Nous n'avons pas cru devoir compléter nos classes et nos genres par l'indication des terrains schisteux et autres, qui n'existent pas dans le canton de Fontaine-Française. Nous nous sommes borné à ceux qui le caractérisent et auxquels notre étude doit seule s'appliquer.

En lisant un ouvrage, ainsi que le dit Caillat, on ne peut espérer acquérir l'habitude d'appliquer exactement une classification, même restreinte, comme celle que nous avons adoptée. Ce n'est qu'en examinant de près les terres, les tenant, les touchant sur le sol, en place même, les goûtant au besoin et les analysant, qu'on peut apprendre à les nommer et à les classer convenablement.

Aussi croirons-nous être agréable aux cultivateurs en leur donnant des moyens pratiques, mis à leur portée, pour analyser une terre et en séparer les parties essentielles qui la constituent : *silice, argile* et *chaux.*

Pour en apprécier les sels, il faut avoir recours à la chimie. L'analyse complète d'un sol est une opération difficile et délicate, qui demande des connaissances spéciales que tout le monde ne peut posséder.

Mais ce que chacun peut faire, c'est de se rendre compte de la quantité relative de parties qui constituent un sol : silice, argile et chaux. C'est pourquoi nous résumons, dans un des chapitres suivants, les moyens pratiques les plus faciles pour l'essai des terres.

CHAPITRE III.

Étude des Sols. — Leurs caractères généraux et leur manière d'être.

Pour arriver à bien connaître un sol, une terre, il faut en faire une étude exacte, en comparer les caractères extérieurs, la couleur de la masse, son épaisseur, son sous-sol, son exposition, sa planométrie, et tenir compte des produits végétaux qui y croissent spontanément, c'est-à-dire sans culture.

Ces renseignements généraux, basés sur la pratique et l'expérience même du cultivateur, peuvent quelquefois suffire à celui-ci pour l'amener à faire d'utiles améliorations dans ses champs, au moyen du drainage et des amendements qui peuvent leur convenir.

Ceci posé, nous reprendrons toujours nos deux grandes classes de division des sols et nous étudierons d'abord:

1° LES SOLS CALCAIRES

contenant au moins 0,44 pour 100 de chaux pure, ou 0,79 de carbonate de chaux.

Ils se reconnaissent, nous l'avons dit, à l'effervescence plus ou moins grande qui se développe quand on y verse un acide.

Dans ces sols le calcaire favorise l'action des engrais, la division, l'ameublissement du sol, ajoute à sa perméabilité et le rend apte à la culture du froment et de fourrages artificiels, tels que le trèfle, le sainfoin, la luzerne, la lupuline, les vesces, etc.

Premier genre. — *Sol calcaire silicéo-argileux.* — Ce sol est léger, d'une consistance qui permet aux instruments de le pénétrer facilement. Il se délite aux alternatives atmosphériques, fuse aux premières pluies qui tombent après la sécheresse et se montre aussi propre à la culture des graminées (blé, orge, avoine) qu'à celle des légumineuses (trèfle, luzerne).

A l'état de limon, ce sol est offert comme type assez complet, c'est presque la *terre normale*. Quelques agronomes l'appellent *terre franche*, parce qu'elle contient en proportion convenable de la silice, de l'argile et du calcaire. Aussi ces sols sont faciles à diviser, exigent peu de forces dans le labourage, conservent bien l'humidité, sans excès, et décomposent les engrais en s'en assimilant les principes fertilisants.

La couleur de ce sol varie du brun au gris et au jaune-roux, selon qu'il est plus ou moins chargé d'humus ou de matières organiques. Les plantes qui le caractérisent sont l'hyèble et les chardons ainsi que le petit trèfle blanc, et souvent le bouillon-blanc.

Second genre. — *Sol calcaire argilo-siliceux.* — Comme celui du premier genre, il est facile à cultiver, mais l'argile qui y domine en augmente la consistance. Tout ce que nous avons dit du sol silicéo-argileux peut s'appliquer au deuxième genre qu'on confond souvent avec le premier dans la pratique, parce que le sol silicéo-argileux qui contient de 35 à

50 pour cent de silice passe insensiblement au sol argilo-siliceux dans lequel on peut placer ceux qui possèdent au moins 40 pour cent d'argile.

Le sol argilo-siliceux ne se soulève pas autant par la gelée que le sol silicéo-argileux et les fourrages légumineux y prospèrent moins bien.

Les plantes qui caractérisent les deux premiers genres des sols calcaires sont : les chardons, le bouillon-blanc, le petit trèfle blanc adventice (qui croît par hasard), le coquelicot, la melampyre, l'ononis ou arrête-bœuf, le millepertuis, les ronces, les sauges et l'hièble.

La couleur de ces sols varie de l'ocre jaune-rouge au jaunâtre clair, selon la quantité d'argile et de péroxyde de fer qu'ils contiennent. La proportion d'humus peut faire varier ces couleurs jusqu'au brun ; mais ce cas est rare. Lorsque le sous-sol est peu perméable dans les rougets, la prèle (herbe à écurer) y domine et caractérise ce sol.

Troisième genre. — *Terre argilo-calcaire.* — L'argile y dominant, la terre est forte, tenace, d'une culture difficile, souvent imperméable, se durcissant à la pluie et se crevassant ensuite.

La terre s'attache facilement aux socs des charrues et gêne considérablement le labourage qui devient fort difficile ; c'est pourquoi on la nomme généralement terre forte, terre grasse.

La gelée y produit de désastreux effets en soulevant le sol et déchaussant les racines, qu'elle laisse à nu et exposées aux intempéries.

Le chardon, le pas-d'âne, l'arrête-bœuf caractérisent ces sols qui sont d'une couleur rougeâtre et forment nos rougets calcaires qu'on rencontre sur Fontaine-Française, à droite du chemin vicinal de Pouilly ; sur Bourberain, en là Gresille, aux montants de Beauregard ; sur Saint-Maurice, dans différents climats au sud et à l'ouest, et sur Montigny.

Quatrième genre. — *Terre silicéo-calcaire.* — Ce sont nos herbues blanches sableuses et nos terrains à chailles sur quelques points.

Les unes et les autres sont des terres froides, non friables, ordinairement pauvres, stériles ; la végétation spontanée n'y est pas abondante, aussi ces terres sont naturellement peu humifiées. Pour en tirer un bon parti, le cultivateur doit y mettre beaucoup d'engrais. Malheureusement il est bientôt absorbé, détruit ou entraîné par les eaux ; la silice n'ayant pas comme l'argile la faculté de retenir aussi facilement les principes fertilisants du fumier.

Dans ces terres les graviers, pierrailles et pierres calcaires ou siliceuses qui s'y trouvent influent peu sur la nature du sol et gênent souvent la culture.

Elles sont cependant bien moins compactes que celles du troisième genre et très propres à la culture du froment.

Quand, dans une terre silicéo-calcaire, les grains de silice sont assez gros pour être vus à l'œil nu, ils sont brillants, de couleur blanchâtre, rudes au toucher, croquant sous la dent et ne happant point à la langue.

Ces terrains peuvent être très perméables et s'échauffent facilement au soleil, à moins que leurs sous-sols, souvent imperméables, ne les rendent humides, quelquefois par excès, comme cela arrive dans plusieurs climats de Pouilly, Saint-Maurice, Fontaine-Française et Bourberain.

A ce quatrième genre se rattachent les *sables-calcaires* qui contiennent au moins 50 pour 100 de sable grossier, siliceux et calcaire, et que M. Dufour distingue en ce qu'ils ne passent pas à travers un tamis de toile métallique, dont les trous ont un demi-millimètre de diamètre. Nous avons peu de ces terrains ; ils existent néanmoins à Saint-Maurice, à Courchamp, à Montigny, dans les climats dits *à chailles*, et à Mornay, à gauche du chemin vicinal de Vars ; ils sont caractérisés par les plantes ci-après : brunelle, germandrée, potentille, réséda sauvage, pastel, arrête-bœuf, la fléole (*Phleum pratense*), la sauge blanche, la renoncule puante.

Dans les terrains siliceux, humides, froids, tels que ceux du Bois aux Dames, sur Lavilleneuve, la plante caractéristique est la fougère. Dans ces mêmes terrains, lorsqu'ils sont incultes, croît aussi la bruyère commune (*Erica vulgaris*).

Une notable étendue des terres de notre canton qui se rattachent au genre qui précède contiennent peu de calcaires, 0,10 à 1 au plus pour cent. Elles passent sensiblement au quatrième genre de la seconde classe.

2° LES SOLS NON CALCAIRES

contenant moins de 0,44 pour 100 de chaux pure, ou 0,79 de carbonate de chaux.

Pour cette deuxième classe, nous avons adopté aussi quatre genres que nous étudierons séparément.

Ces sols ne renfermant pas de calcaire, ne font pas effervescence avec les acides. Ils sont généralement plus pauvres, moins fertiles, d'une culture plus difficile et d'un rapport moins grand que les sols calcaires.

Ils demandent beaucoup d'engrais, et le cultivateur intelligent qui, dans nos pays, comprendra bien que sa fortune dépend de l'amélioration de ses terres par *les amendements, de la production du fourrage artificiel et de l'élevage du bétail* qui lui fournira tout le fumier nécessaire au développement complet de la végétation, ce cultivateur, disons-nous, verra bientôt ses récoltes s'accroître, se doubler presque et ses bénéfices devenir plus grands, quoiqu'il cultivera peut-être une moins grande quantité de terres en froment et autres céréales, et plus de prairies artificielles.

Les quatre genres que nous allons décrire sont peu répandus dans notre canton ; nous nous sommes cependant permis les réflexions qui précèdent.

Premier genre. — *Terre silicéo-argileuse,* contenant plus de silice que d'argile, et point de calcaire. La proportion d'argile y descend de 25 à 4 ou 5 pour cent. Quand cette terre est légère, perméable, elle est facile à labourer et à mettre en bon état. Sa consistance est moyenne, sa couleur varie du gris-blanc au jaune-rouille. Nous avons beaucoup de terrains dits *herbues douces* qui se rattachent à ce genre.

Dans ces sols, il y a peu ou point de cailloux. La pluie ne les tasse pas comme les sols argileux, ils s'échauffent facilement et conservent leur chaleur et leur humidité, parce que le sous-sol est d'ordinaire perméable.

Les plantes caractéristiques sont à peu près les mêmes que celles du 2e genre de la 1re classe, mais elles sont moins vigoureuses par suite du manque de calcaire.

Deuxième genre. — *Terre argilo-siliceuse.* — Nous l'avons déjà dit, c'est celle où l'argile domine sur la silice. Aussi cette terre qui ne renferme pas de calcaire est plus compacte, plus tenace, plus consistante que celle du premier genre. Elle est souvent imperméable. Les caractères du genre *argilo-siliceux-calcaire* peuvent être appliqués à celui-ci. L'imperméabilité de ce sol est due au tassement des couches inférieures, à l'entraînement, dans ces couches, d'une portion du fer et de l'alumine des couches supérieures par l'action des pluies, à l'agglutination des éléments du sous-sol, sous l'influence d'un travail moléculaire et d'un composé gélatineux ferro-organique siliceux et souvent glaiseux.

« Sous l'influence des pluies, » dit Lefour, « ces sols se buttent et forment croûte. Si la pluie se prolonge la terre s'affaisse, se délaie quelquefois en boue liquide et est alors facilement entraînée; aussi elle gonfle, se soulève par les gelées, sans s'ameublir comme celle qui contient du calcaire; elle déchausse les plantes et se prend en mottes qui tombent en poussière par suite de l'évaporation de l'eau interposée. »

Les plantes caractéristiques de ces sols sont celles des terres humides : les genêts, les ajoncs, les bruyères, etc. La couleur de la couche arable varie du gris-blanc au jaune-blond et même au jaune-rouille ou ocreux.

Troisième genre. — *Terre argileuse non calcaire.* — Les argiles pures telles que la terre à poterie, la terre à tuilerie n'existent pas en grande étendue à la surface du sol; elles sont le plus souvent recouvertes par d'autres terrains d'alluvion plus récents.

Ces terrains argileux, où l'argile domine au point que la terre en paraît uniquement composée, sont les plus ingrats de tous les sols (les boues de récipients, provenant de la lévigation du minerai de fer, sont des sols argileux dans toute l'acception du terme et parfaitement infertiles). Ils sont froids, inertes, imperméables, inabordables à l'état humide, durs comme de la pierre quand ils sont secs, cultivables qu'au moyen de forts assainissements, de chaulage, de marnage et d'écobuage (action de brûler la terre coupée en tranches et desséchée au soleil). Les racines des plantes ne peuvent les pénétrer et n'y trouveraient d'ailleurs aucun des princicipes nutritifs.

On peut dire que les sols argileux non calcaires constituent nos terres les plus fortes, les plus tenaces et les plus ingrates.

Quand, comme dans les climats joignant le chemin de grande communication n° 21 à Courchamp, et vers le bois du Défend sur Saint-Maurice, ces argiles sont mélangées de cailloux calcaires ou de chailles siliceuses, elles sont également dures à travailler, mais valent mieux sous bien des rapports, ainsi que nous le verrons au quatrième genre.

Les couleurs des sols argileux non calcaires, souvent jaune, rouge, peuvent passer au gris et au jaune-blond.

Le pas-d'âne est la plante dominante des terrains argileux; on y rencontre encore le rhinante, la linnée droite et diverses graminées.

La marne qu'on trouve au couchant d'Orain, contre le territoire de Percey-le-Grand, ne conviendrait pas à ces terrains: elle est trop argileuse et pas assez calcaire. La chaux, les cendres, la boue de route et le mélange des sols sont les seuls amendements que nous conseillons.

Quatrième genre. — *Terre siliceuse non calcaire.* — La silice est très abondante dans ce genre. Elle compose à elle seule presque la masse de la couche végétale; comme les terres siliceuses calcaires, elle se divise en deux espèces ainsi que nous l'avons déjà dit :

En terre siliceuse sablonneuse. Ce que nous en avons dit au quatrième genre des terres siliceuses calcaires peut, en grande partie, s'appliquer à cette espèce. Il en est de même pour la deuxième espèce appelée *terre siliceuse graveleuse.*

Nous avons déjà expliqué ces deux expressions et cependant nous ne craignons pas de nous répéter pour en donner une description plus détaillée.

La *terre siliceuse* proprement dite est douce au toucher, ne happe pas à la langue : les grains, même dans l'espèce *sablonneuse*, ne peuvent pas tous être vus à l'œil nu; ils entrent pour au moins 80 pour cent dans la composition de ce sol avec 5 ou 6 d'argile au plus. Sol sans consistance, sans cohésion à l'état sec, et ne formant pas, comme les argiles, quand on les presse dans la main, une pelotte cohérente; il est enfin facile à labourer et s'ameublit bien.

Les parties *graveleuses*, pures en humus, sont à peu près stériles, surtout si elles reposent sur un sous-sol perméable.

Dans les terres siliceuses sableuses, la présence des cailloux en améliore la qualité. Mais en général les sols siliceux ne peuvent retenir l'eau. Ils s'échauffent très facilement au soleil et se refroidissent aussi vite.

Ils ne tassent pas par la pluie et présentent, s'il n'y a que des graviers ou cailloux d'une grosseur médiocre, peu de résistance aux instruments aratoires que, comme les sols du troisième genre, ils coupent en forme de plateaux ou fortes planches.

Si nous avons insisté sur les caractères de ces terres, c'est qu'elles occupent une vaste étendue dans le canton de Fontaine-Française sous les noms d'herbue franche, herbues douces, terrains à chailles. Leur couleur varie du gris-blanc au jaune-ocreux suivant que l'hydrate de fer oxydé s'y trouve en plus ou moins grande quantité.

Les plantes caractéristiques des terrains siliceux non calcaires sont l'avoine à chapelet, la sabline à petite feuille, le thym, l'oseille, le chiendent, la carline, la spergule, la canche blanche, la flouve, etc.

Les climats à chailles, de Saint-Maurice, Orain, Montigny et Courchamp, offrent un type des *terrains siliceux sablonneux* et *graveleux* qui, sur certains points, sont d'une très grande fertilité.

Dans la description assez succincte qu'on vient de lire sur les terrains et les sols qui existent dans notre canton, nous n'avons pu qu'indiquer d'une manière générale les communes où leurs types existent.

Dans les chapitres consacrés à l'étude des sols *par commune* et *par climat*, nous donnerons le dosage précis de la composition chimique et physique du sol végétal sur 0m25 d'épaisseur et nous indiquerons successivement les améliorations et les amendements à y apporter, avec les quantités moyennes de ces amendements, le tout basé sur les essais déjà faits dans nos pays et les contrées voisines, où nous avons recueilli les renseignements nécessaires.

Mais avant de faire cette application de nos recherches et de nos expériences chimiques nous donnerons, ainsi que nous l'avons promis, quelques méthodes d'analyses simples des terres, et nous traiterons, le mieux qu'il nous sera possible, de la question des amendements mis à notre portée, du mode de leur emploi et des effets qu'ils sont appelés à produire.

Malheureusement l'amendement le plus propre à améliorer nos sols, celui qui coûterait le moins, la *marne*, n'est pas très commune dans le canton. Il en existe cependant d'assez puissantes couches à Courchamp, Fontaine-Française, Bourberain; des couches moins épaisses à Orain, Saint-Maurice, Licey, Fontenelle, et des feuillets dans toutes les carrières. . . . .

Quelques-unes de ces marnes, comme on le verra plus loin, sont très calcaires, d'autres sont plus argileuses que calcaires. Les unes et les autres, selon la composition du sol, peuvent avantageusement être employées comme amendements.

Nous donnons ci-après la composition de quelques-unes de nos marnes et nous donnerons, à l'article qui traite spécialement de cet amendement, la manière de le reconnaître et de l'employer.

Nous avons particulièrement analysé la marne oxfordienne qui se touve immédiatement sous la couche arable du finage d'Orain, joignant le territoire de Percey-le-Grand, à droite et à gauche du chemin vicinal qui relie ces deux communes. Nous avons également étudié les marnes portlandiennes et kimméridgiennes de Fontaine, et celles oxfordiennes de Courchamp. Nous en donnons plus loin la composition. Voici les résultats obtenus par deux expériences sur celle d'Orain.

Première expérience sur la marne d'Orain.

Résidu argileux et siliceux, la marne ayant été traitée par l'acide chlorydrique	44,40
Calcaire ou carbonate de chaux	52,60
Produits non dosés et pertes	4,00
	100,00

Deuxième expérience sur la marne d'Orain

Résidu argileux et siliceux, insoluble dans les acides	39,95
Calcaire (carbonate de chaux)	56,15
Produits non dosés et pertes	3,90
	100,00

Moyenne de calcaire contenu dans cette marne, 54,38 pour 100.

Comme on le voit, la marne d'Orain et de Percey-le-Grand est riche en calcaire; nous verrons plus tard si elle est un amendement dont la puissance réponde à la proportion de carbonate de chaux qu'elle contient.

MARNE DE COURCHAMP (BANCS SUPÉRIEURS).

Résidu argileux et siliceux, insoluble dans les acides	55,00
Calcaire (carbonate de chaux).	42,50
Produits non dosés et pertes.	2,50
	100,00

MARNE DE FONTAINE.

1° *De la Charme-Robert.*

Résidu argileux et siliceux, insoluble dans les acides.	66 60
Calcaire (carbonate de chaux).	31,00
Produits non dosés et pertes.	2,40
	100,00

2° *De la Combe-Saint-Maurice et du Mineroi.*

Résidu argileux et siliceux, insoluble dans les acides	49,25
Calcaire (carbonate de chaux).	48,00
Produits non dosés et pertes.	2,75
	100,00

Nous n'avons pas analysé les marnes néocomiennes de Fontenelle, longeant la levée romaine, parce que leur peu d'épaisseur ne les rend guère exploitables et qu'elles sont très argileuses. Mais nous avons étudié celle de Fontaine-Française, en Beauregard, qui a plus de 1 mètre de puissance. Voici les résultats de nos analyses :

Résidu insoluble dans les acides.	30,00
Calcaire (carbonate de chaux).	68,00
Produits non dosés et pertes.	2,00
	100,00

CHAPITRE IV.

Reconnaissance des Sols. — Analyse mécanique et chimique.

Avant de faire l'analyse d'un terrain il faut le reconnaître, l'examiner, en un mot l'étudier sur le sol même et dans toutes ses parties.

Nous avons dit que dans un sol il fallait tenir compte de sa position, de son inclinaison, etc.

L'examen sur place doit embrasser beaucoup de détails. Ainsi, il faut d'abord reconnaître la position topographique, les pentes, le sens de ces pentes, l'exposition au nord ou au midi, à l'est ou à l'ouest, l'épaisseur de la couche de terre végétale, autant que possible celle du sous-sol, la composition de ces sols et sous-sols, la nature des plantes qui y croissent sans culture, le développement de celles qui y sont cultivées, leur nature et leur rendement.

Au moyen de la vue, du toucher et même du goût, on pourra distinguer quelques propriétés physiques d'une terre.

Ainsi, *un sol argileux* happe à la langue (colle à la langue), n'est pas rude au toucher quand il est sec; il est collant quand il est humide et devient plastique, c'est-à-dire qu'il conserve l'empreinte des objets qu'on a enfoncés dans sa masse sans les y laisser.

Un sol siliceux ne happe pas à la langue, il croque sous la dent; rude au toucher par la quantité de graviers qu'il contient, il ne reste pas en boule ou pelotte, comme l'argile, sous la pression des doigts et n'est pas collant.

Le sous-sol se révèle souvent par la terre d'une taupinière ou la tranche verticale d'un fossé.

Dans un sol profond la prêle (herbe à écurer) l'hièble et le muscari (espèce d'ail des vignes à fleurs bleues en tête ramassée), la fougère, etc., y dominent. La présence de ces plantes annonce souvent que la puissance du sol a une grande dimension.

Si à ce qui précède on ajoute la *couleur* qui aide souvent à distinguer les parties constituantes d'une terre, les *renseignements* qu'il est indispensable de prendre auprès des cultivateurs qui ont l'expérience de la culture de leurs champs, et les *inconvénients* résultant des saisons, des changements atmosphériques ou autres causes, on aura des données, non pas certaines, mais qui aideront beaucoup l'agronome ou le cultivateur qui voudra améliorer ses terres après les avoir étudiées sous le rapport chimique et physique.

L'examen d'une terre étant fait, l'analyse, selon les besoins, peut n'être que mécanique. Dans ce cas elle est très facile et tout le monde peut la faire. Mais s'il est nécessaire de connaître, d'une manière plus intime, la composition d'une terre et la nature des éléments qu'elle contient, il faut procéder à une analyse chimique qui se complique d'autant plus, qu'on tient à doser tous les sels que renferme la terre qu'on étudie.

L'ANALYSE MÉCANIQUE ne comprend que la détermination des matières grossières et ténues du sol. C'est le dosage des *pierres* et du *gros gravier*, du *gravier fin*, du *sable* et des *parties ténues*.

Nous empruntons à M. Caillat et à M. Lefour quelques renseignements pratiques sur les analyses, afin que nos démonstrations soient aussi lucides que possible.

Plus le sol est pierreux, plus l'échantillon à analyser doit être fort. On prend dans un champ, à divers endroits, depuis la surface jusqu'à 0,25 de profondeur, des échantillons qu'on mélange bien.

On fait sécher ce mélange, soit au four, soit dans des vases de métal ou de terre. On pèse une portion de ce mélange, on en enlève à la main tous les fragments pierreux jusqu'à la dimension de 0,02 centimètres et on les pèse. Le gros gravier s'obtient ensuite en jetant le reste du mélange sur une claie, dont les ouvertures ont 0,005 millimètres de diamètre. On pèse le gravier qui ne passera pas. Si l'on désire connaître la nature de ces graviers, on versera dessus un acide qui produira immédiatement un bouillonnement, nommé effervescence, quand la pierre est calcaire; si l'effervescence ne se produit pas et que la pierre fasse feu au briquet elle sera siliceuse.

Pour faire convenablement l'opération que nous venons d'indiquer il faut agir au moins sur 10 kilogrammes de terre desséchée.

Les pierres et les gros graviers étant dosés, pour séparer le gravier fin et le sable, on fait de nouveau sécher ce qui reste du mélange primitif à une température de 100 à 150° centigrades. On pèse et on met l'échantillon dans un vase plein d'eau, qu'on agite au moyen d'une bagnette ou d'une spatule et on verse immédiatement, par décantation, l'eau dans un autre vase. On met de la nouvelle eau sur le précipité, on agite et on décante. Cette opération se renouvelle jusqu'à ce que l'eau sorte bien claire.

Dans le premier vase on a le gravier fin et le sable. Dans le second les parties ténues. Pour séparer le gravier fin du sable on tamise le précipité, préalablement desséché, au moyen d'un tamis de 8 à 10 fils au centimètre; sur la toile reste le gravier fin qu'on pèse de même que le sable qui a passé et qu'on a eu soin de recevoir sur une feuille de papier.

Passant à la troisième partie de l'opération on décante l'eau du second vase, qui contient en précipité les matières ténues, l'humus et les sels. Il faut laisser reposer au moins pendant vingt-quatre heures les eaux du lavage, on fait sécher le résidu et on le pèse, c'est l'argile.

Dans cette analyse mécanique nous aurons donc reconnu et dosé les pierres, le gros gravier, le gravier fin, le sable et les matières ténues. En recueillant au moment de la lévigation les débris organiques des plantes, du fumier, des racines qui surnagent, et déjà avant, au moment du tamisage, on aura encore, après les avoir fait sécher et les avoir pesés, le dosage de ces débris.

Voici un autre procédé qui tient beaucoup du précédent et que nous recommandons également. On peut ne prendre que 500 grammes de terre sèche qu'on fait chauffer à 100° pour évaporer l'eau interposée et qu'on pèse ensuite avec soin. La différence des deux poids donne la quantité d'eau. On délaie ces matières séchées dans l'eau en agitant vivement ; on décante au repos et on ajoute de nouvelle eau jusqu'à ce qu'elle sorte claire. Ce qui reste au fond du vase contient les parties grossières, les pierrailles, le gravier, le sable et les débris organiques que l'on peut séparer à l'aide d'un tamis fin. Après vingt-quatre heures de repos les eaux du lavage donnent un dépôt de parties ténues que l'on fait sécher aussi à 100° et que l'on pèse. Ce dépôt contient l'humus, le calcaire, l'argile, la silice et divers sels. On reconnaît le poids de l'humus comme il sera dit plus loin, le calcaire en traitant le dépôt desséché par l'acide chlorhydrique, l'argile et la silice en recueillant sur un filtre et pesant, à l'état sec, la partie insoluble du dépôt.

Ces analyses suffisent souvent aux personnes qui, après l'examen superficiel d'un sol, désirent en connaître la constitution physique.

Souvent aussi on a besoin de doser plus exactement l'humus, le calcaire, la silice et l'argile. Nous allons nous occuper de ces analyses.

Il est très essentiel de connaître la quantité d'humus (acide fumique, fumier) qui se trouve dans une terre qu'on analyse.

Plusieurs manières de séparer l'humus des autres parties constituant un sol sont en usage ; nous indiquerons celles qui nous ont paru les plus simples et que nous avons d'ailleurs suivies dans nos études sur les sols arables.

DOSAGE DE L'HUMUS.

On pèse 10 grammes de terre séchée à 100°, on les introduit dans une fiole à médecine, un matras ou même dans une cafetière en porcelaine, on verse de l'eau à la hauteur de moitié du vase, on y jette 3 grammes de carbonate de potasse (potasse et carbone), et on met le vase sur le feu pendant cinq à huit minutes, en ayant soin que le liquide qui bouillonne beaucoup ne se répande. On retire du feu, on laisse refroidir et après avoir décanté la liqueur qui est d'un brun plus ou moins foncé, on lave le résidu et on réunit l'eau de ce lavage à celle qui a été primitivement décantée.

On ajoute de nouveau 2 grammes de carbonate de potasse et de l'eau sur la terre, on fait bouillir et on opère comme la première fois.

On pourrait se borner à ces deux opérations, mais il vaut mieux ajouter encore 1 gramme de carbonate de potasse et de l'eau au résidu terreux, le faire bouillir une troisième fois et décanter. On lave une ou deux fois la terre et on réunit alors toutes les liqueurs, on les filtre et on les fait évaporer, jusqu'à ce que le volume du liquide concentré soit réduit à un ou deux décilitres qu'on verse dans un verre à bec et auquel on ajoute peu à peu de l'acide chlorhydrique, afin que l'effervescence ne fasse pas déverser la liqueur hors du vase. L'humus se précipite, on le lave, par décantation, avec beaucoup de soin, parce que cet humus qui est hydraté, devient très léger, se forme en flocons bruns d'une densité à peu près égale à celle de l'eau, et se dépose très lentement.

Quand on a décanté convenablement, on verse le résidu dans une capsule de porcelaine et on fait sécher à 100°. L'humus devient noir; mais comme il reste avec lui du chlorhydrate de potasse cristallin, on l'enlève au moyen de un ou deux lavages par décantation. L'humus est alors insoluble, on le sèche et on le pèse.

Ce poids s'obtient par comparaison, en ce qu'on a pesé la capsule vide dans laquelle on a fait évaporer le résidu et qu'on la pèse après dessiccation de l'humus; la différence entre les deux poids est celui de l'humus contenu dans la capsule et par conséquent dans l'échantillon qu'on a analysé. Il est alors facile, au moyen d'une simple proportion, de trouver la quantité d'humus contenue dans un champ ou une parcelle de terre soumise à l'examen et à l'étude.

AUTRE PROCÉDÉ.

On pèse 100 grammes de terre qu'on chauffe au moins à la chaleur du four après la cuisson du pain, 100°, pour évaporer l'eau. On pèse de nouveau, puis on soumet l'échantillon à la chaleur rouge, sur une pelle par exemple, pour brûler les matières organiques. On pèse alors une troisième fois et la différence des poids indique en premier lieu la quantité d'eau évaporée et en second lieu la proportion d'humus.

DOSAGE DU CALCAIRE.

Le calcaire se présente dans les terres sous la forme sableuse, graveleuse, ténue ou amalgamée et de combinaison.

On pèse une certaine quantité de terre bien séchée, 25 grammes par exemple, qu'on met dans un vase à bec; on y verse par intervalle de l'acide nitrique (eau-forte) ou de l'acide chlorhydrique (acide muriatique) étendu d'eau, il se produit de suite une vive effervescence due au dégagement de l'acide carbonique du carbonate de chaux, dont l'acide chlorhydrique ajouté prend la place.

Lorsqu'après avoir agité et ajouté plusieurs fois de l'acide on ne remarque plus d'effervescence, le calcaire est complétement dissous.

On lave à plusieurs fois le dépôt terreux insoluble et on filtre les liqueurs pour les traiter par l'oxalate d'ammoniaque. Mais le cultivateur qui veut faire un simple essai et qui ne tient pas au dosage très exact, peut s'arrêter à l'opération qui consiste à dissoudre le calcaire au moyen d'un acide.

On pèse le résidu séché et, déduisant son poids de celui de l'échantillon, 25 grammes, on a une différence qui indique le poids du calcaire contenu dans cet échantillon et par suite celui de la terre sur laquelle on a opéré.

Quand on veut connaître la quantité de *chaux* contenue dans le calcaire l'opération se complique et n'est alors plus à la portée de tout le monde.

En pratique, elle est les 44/79 du carbonate de chaux.

DOSAGE DE LA SILICE ET DE L'ARGILE.

Lorsque la terre a été traitée ainsi que nous venons de le dire, pour enlever tout le calcaire, on peut séparer du résidu la silice et l'argile.

A cet effet on verse sur ce résidu une certaine quantité d'eau, on agite et on décante aussitôt. On renouvelle cette opération jusqu'à ce que l'eau soit bien claire. En agitant l'eau, l'argile reste pendant un certain temps en suspension, tandis que la silice, plus dense, se précipite de suite. Sept à huit lavages suffisent pour arriver au résultat désirable.

D'un côté on obtient ainsi la silice et de l'autre l'argile; on laisse déposer, on pèse un filtre en papier, on y jette la silice qu'on dessèche ensuite et qu'on pèse avec le filtre. On déduit du poids total le poids du filtre et on a celui de la silice. Le poids de l'argile, qu'on pourra vérifier en opérant comme pour la silice, s'obtient en déduisant le poids de cette dernière de celui de l'échantillon qu'on a essayé.

Résumant ces opérations faites sur 25 grammes de terre bien desséchée; après l'avoir attaquée par l'acide il reste, nous supposons, 20 grammes 40 centigrammes; on aura donc enlevé 4 grammes 60 centigrammes de calcaire ou 18,40 pour 100. Ces 20 grammes 40 centigrammes contiennent encore de la silice et de l'argile. Par lavage et séchage nous avons obtenu 8 grammes 20 centigrammes de silice ou 33,80 pour 100, par conséquent il devrait rester 12 grammes 20 centigrammes ou 36,80 pour 100; il y a donc dans les 25 grammes, 3 grammes d'humus, de matières organiques, de sels, etc., compris les pertes ou 12,00 pour 100.

On doit encore doser, quand on veut faire une analyse complète, la magnésie, le sulfate de chaux (gypse), le phosphate de chaux et les différents sels solubles, ainsi que le nitrogène ou azote. Mais toutes ces opérations rentrant dans le domaine de la chimie, nous pensons qu'il suffira aux cultivateurs qui voudront se rendre compte de la composition de leurs terres, de faire les opérations que nous avons décrites et qui devront les satisfaire.

Pour compléter l'essai d'une terre arable, il est souvent utile de déterminer :

Sa perméabilité,
Son affinité pour l'eau,
Et sa faculté d'absorption.

Notre but n'étant pas de faire de la science, mais seulement de l'application, nous renvoyons le lecteur aux ouvrages spéciaux en ce qui concerne les analyses chimiques complètes et la détermination des caractères tout à fait particuliers des sols.

Nous dirons cependant que la perméabilité d'un sol ajoute beaucoup à sa valeur, parce qu'il pourra supporter toutes espèces de cultures.

Qu'une bonne terre arable a beaucoup d'affinité pour l'eau, qu'elle retient facilement et qu'elle ne perd pas aussi rapidement par évaporation qu'une terre mal constituée, sans cependant empêcher cette évaporation qui se fait dans des proportions convenables.

Que la faculté d'absorption de l'eau par une terre diffère de l'affinité; qu'ainsi une terre argileuse, imperméable, peut avoir beaucoup d'affinité pour l'eau et un faible degré d'absorption, comparativement à une terre perméable très humifiée.

On peut, du degré d'absorption de l'eau d'une terre, juger de sa fertilité, car généralement plus une terre est humifiée, meuble et bien composée, plus sa faculté absorbante est considérable. Ceci explique pourquoi dans les pays chauds, où la terre est très fertile, les plantes croissent rapidement, quoiqu'il ne pleuve pas pendant une grande partie de l'année. C'est que, dans ces contrées, les nuits sont fraîches et les rosées abondantes, et que le sol absorbe facilement et promptement une grande quantité de l'eau tenue en suspension dans l'atmosphère.

CHAPITRE V.

Des Amendements.

Les amendements, selon la manière dont ils agissent sur un sol, se divisent :

En amendements modifiants,

Et en amendements assimilables.

Les *amendements modifiants* sont ceux qui agissent sur la puissance du sol, en modifient l'état et la manière d'être naturelle, mais qui n'ajoutent que très peu ou point d'élément à sa richesse.

Tels sont les mélanges de graviers ou de sables avec les terrains compactes et humides, et les mélanges d'argile avec les terrains trop légers et trop secs.

Les *amendements assimilables* sont ceux qui, tout en modifiant la puissance et la manière d'être du sol, y ajoutent des engrais, de l'humus, des sels de potasse, etc., propres à la nutrition des plantes, et transforment les terrains en les rendant propres à toutes sortes de cultures.

Parmi les amendements assimilables on distingue particulièrement la *marne*, la *chaux*, le *plâtre*, les *cendres* non lessivées, les *charrées* (cendres lessivées), les *boues de route*, la *suie*, les *sels ammoniacaux*, de potasse, de soude, etc. Ce sont les ENGRAIS MINÉRAUX.

Les *engrais végétaux* et les *engrais animaux* peuvent aussi être classés parmi les amendements assimilables.

Tous ces engrais qu'on peut nommer *substances fertilisantes*, agissent de différentes manières :

1° *Physiquement*, en formant avec le sol un mélange mécanique qui participe de leurs propriétés physiques ou matérielles ;

2° *Chimiquement*, en donnant lieu à des décompositions et des combinaisons qui convertissent en éléments de la nutrition végétale, des matières auparavant inertes, nuisibles ou impropres à être absorbées par les racines ;

3° *Directement*, en augmentant la force d'absorption et stimulant l'action végétale des plantes, et comme contenant en eux-mêmes et fournissant directement à ces plantes les principes de la nutrition ; tel est le cas particulier des matières d'origine organique.

Comme ces actions ne se produisent pas d'ordinaire séparément et qu'il y en a une qui domine les autres, quelques auteurs ont distribué les substances fertilisantes en trois classes : les *amendements*, les *stimulants* et les *engrais*.

D'autres agronomes ont employé le système de classification suivante : *substances minérales* qui correspondent aux amendements et aux stimulants, et *substances organiques* qui sont les engrais.

Nous préférons, avec M. Fouquet et M. Dufour, la division qui suit, en trois classes, que nous étudierons dans la suite de notre ouvrage.

1re Classe. — *Engrais et amendements minéraux.*

2e Classe. — *Engrais et amendements végétaux.*

3e Classe. — *Engrais et amendements animaux.*

Dans la première classe nous ne parlerons que de la *marne*, de la *chaux*, du *plâtre*, des *platras*, des *cendres*, de la *poussière* et des *boues de route*. Puis nous passerons rapidement sur la deuxième classe qui ne nous intéresse pas au même degré que la première, nous réservant de traiter plus tard la troisième.

Nous prévenons nos lecteurs, ainsi que nous l'avons dit dans notre préface, que nous ne nous occuperons que des engrais et amendements *qu'on peut se procurer dans la localité*. Nous laissons à des plumes plus autorisées le soin de traiter des engrais artificiels, tels que le guano, le noir animal, les phosphates de chaux, etc., qui ont été jusqu'à présent trop falsifiés pour que nos cultivateurs puissent les employer en toute confiance.

CHAPITRE VI.

PREMIÈRE CLASSE.

Engrais et Amendements minéraux.

DE LA MARNE.

§ I. — *Nature et description de la Marne.*

La marne est une roche, un composé, en proportions variables, de calcaire, d'argile et de sable, le plus souvent très fin et siliceux, et de diverses autres matières, telles que des phosphates, du plâtre, du carbonate de magnésie, ainsi que des sels de potasse et des matières azotées.

Dans la marne, l'argile et le calcaire, comme dans l'argile, la silice et l'alumine, semblent être à l'état de combinaison et non pas de simple mélange.

La marne se trouve, en couches ou en dépôts, dans les terrains secondaires et tertiaires, intercalée très souvent entre des bancs de pierres plus ou moins épais ou des rognons silicéo-argileux.

Les marnes sont le produit de combinaisons chimiques naturelles, car les parties en sont tellement liées entre elles, que l'art ne saurait parvenir à les imiter pour les mélanges.

Les parties essentielles et constituantes de la marne sont l'argile et le calcaire, ou carbonate de chaux. Elle est blanchâtre, grise, bleuâtre ou rougeâtre, à odeur sulfureuse et à cassure conchoïde, absorbant l'humidité et les gaz, plastique, douce au toucher, happant à la langue, en roches plus ou moins consistantes, fusant à l'eau, se délitant et tombant facilement en poussière au contact de l'air.

Les marnes se divisent en trois espèces, suivant que l'une ou l'autre de leurs parties constituantes y domine.

Ainsi on a : 1° la *marne calcaire*, celle où le calcaire se trouve depuis 50 à 95 pour 100. Elle est souvent dure et blanche, se délaie promptement dans l'eau et forme une pâte très courte. Telle est celle de Beauregard, sur Fontaine-Française, et celle d'Orain.

2° La *marne argileuse*, celle qui contient de 50 à 75 pour 100 d'argile et 30 à 49 de calcaire. Elle est généralement colorée en rouge par l'oxyde de fer, plus compacte, moins friable que la marne calcaire, ne se délaie pas promptement dans l'eau, avec laquelle elle forme néanmoins une pâte assez courte. Telles sont celles du Mineroi et de la Charme-Robert, sur Fontaine-Française.

3° La *marne sableuse* ou *siliceuse*, composée de 25 à 75 pour 100 de sable et 20 à 49 de calcaire. Son état est meuble et pulvérulent. Elle a un aspect grisâtre, est douée d'une grande friabilité, et se délaie facilement dans l'eau sans faire pâte avec elle. Elle fuse lentement à l'air et ne durcit pas, comme la précédente, sous l'action du feu. Telle est la marne de Courchamp.

On confond aisément les marnes avec certaines argiles plastiques qui en ont la couleur et le faciès. Les marnes se distinguent facilement, parce qu'elles ont pour caractère essentiel de faire effervescence avec les acides, de former une bouillie avec l'eau, de se déliter et de tomber en poussière au contact de l'air, de l'humidité et de la gelée.

La présence de la marne dans un terrain peut se déceler par la ronce, la sauge, la lupuline et principalement par le pas-d'âne. La marne agit comme amendement par le calcaire qu'elle contient, et on mesure sa richesse par sa teneur en carbonate de chaux.

Les effets de la marne sont moins prompts que ceux de la chaux, mais plus durables; elle ajoute au sol des parties constituantes qui lui manquent : des sels, des matières organiques et de l'humus. Elle ameublit la terre par sa propriété de se déliter, de tomber en poussière, et lui inculque le principe dominant de sa composition.

Aussi, quand on veut marner une terre, c'est-à-dire quand on a pour but, l'utilité en ayant été reconnue par une analyse, d'y augmenter la quantité d'un des principes : *calcaire, argile* ou *sable*, il est nécessaire, par une seconde analyse des marnes à sa portée, de choisir celle qui contient, au plus haut degré, le principe qui manque au sol qu'on veut amender.

La marne agissant mécaniquement et chimiquement, on doit employer la marne calcaire dans les terrains où cet élément manque. Si l'on veut augmenter la quantité d'argile, on emploie, cela se comprend, une marne argileuse, une terre à foulon, par exemple, qui donnera de la consistance aux sols trop légers. Enfin, si l'on a pour but de diviser un sol trop compacte, il convient d'y employer une marne contenant le plus de sable possible.

Une marne est bonne, médiocre ou mauvaise, suivant sa composition par rapport à celle du sol où on veut l'introduire. C'est pourquoi il faut, avant tout, connaître la nature du terrain auquel on veut l'appliquer, ainsi que la quantité de principes constituants de la marne de laquelle on peut disposer. Dans tous les cas, il convient donc de faire une double analyse : celle de la terre à marner et celle de la marne à employer.

§ II. — *Usage de la Marne. — Fécondité et effets qu'elle produit. — Terrains où elle convient.*

« L'usage de la marne, » dit Puvis, « date de la plus haute antiquité.
« Pline rapporte que de son temps les Gaules et la Grande-Bretagne
« s'étaient enrichies par son emploi. »

L'usage de la marne est donc bien ancien en France, et il ne paraît pas avoir cessé, dans un grand nombre de lieux, depuis l'occupation romaine, vers l'an 79.

« L'emploi de la marne, » dit encore Puvis, « sur les sols auxquels elle
« convient, est l'une des plus puissantes améliorations agricoles; seulement
« il ne faut pas perdre de vue que son action fertilisante ne *se soutient*
« *qu'à la faveur des engrais.* » Cela se comprend par ce simple raisonne-

ment : plus le sol produit, plus les plantes y puisent de matières nutritives, et par conséquent plus il faut donner au sol de ces matières.

Ce qui nous frappe dans les effets résultant de l'emploi de la marne est dû à la chaux carbonatée (calcaire, carbonate de chaux) qu'elle contient ; car les matières organiques des substances humeuses associées à la couche végétale, peuvent entrer en combinaison avec la marne, se dissoudre sous son influence et pénétrer plus facilement dans les racines pour arriver aux différents organes des plantes.

La marne bonifie les terres arides ou imprégnées de matières astringentes qui nuisent à sa végétation, par son calcaire qui se combine avec ces matières nuisibles et les neutralise.

Ainsi que nous l'avons déjà dit, la marne peut alléger les sols trop compactes, ou donner plus de consistance aux terres légères, suivant que cette marne est calcaire, siliceuse ou argileuse.

La marne ne fournit pas d'engrais au sol, mais elle produit des effets non moins importants que nous allons passer en revue.

« Dans les sols légers, » dit Puvis, « la marne argileuse, en se délitant, « se mêle intimement au sol ; les parties argileuses le pénètrent, lui don- « nent de la consistance et, par cet effet, les terres à seigle deviennent « propres au froment. »

Dans les terres fortes, la marne sablonneuse produit un effet mécanique opposé : elle les adoucit et les rend plus faciles à travailler.

La marne calcaire agit à peu près de même, en joignant à cette action des principes et des effets fertilisants de première nécessité. Elle communique aux sols argilo-siliceux (nos herbues fortes) qui sont durs et ne peuvent se déliter, la propriété de se fondre, en quelque sorte, par l'action de l'humidité, et cette propriété s'accroît en raison directe ou en proportion de la quantité de chaux que la marne contient.

La terre marnée se durcit moins, elle est plus facile à labourer, les racines des plantes, pendant la sécheresse, sont moins serrées et moins gênées dans leur développement. La terre demeure meuble, laisse beaucoup mieux circuler les sucs et les fluides propres à la végétation, pour être aspirés par les suçoirs des racines.

Enfin, la marne, par son mélange intime à un sol humide, lui donne la faculté, en le délitant, de s'assainir en laissant passer l'eau surabondante à la couche inférieure.

Les sols marnés sont donc susceptibles d'être travaillés en tout temps. Les plantes inutiles et nuisibles des sols siliceux, le persicaire, le chiendent, l'oseille sauvage, etc., qui épuisent la terre, croissent d'abord sans vigueur, s'étiolent et finissent bientôt par disparaître. Le sol devient calcaire, net et donne naissance aux plantes de ces terrains, aux trèfles, à la lupuline, qui ne l'appauvrissent point et sont un bon aliment pour les animaux.

Nous pourrions, en suivant les auteurs et les expériences qui se font journellement, en dire beaucoup sur les effets de la marne ; nous nous bornerons aux considérations qui précèdent, en renvoyant le lecteur au traité de Puvis, où il trouvera une abondance de détails des plus savants et des plus intéressants.

Nous ne pouvons cependant terminer ce chapitre sans dire que la marne convient surtout, on le sait déjà, dans les terrains dépourvus de calcaire, puisque son effet est en proportion du calcaire qu'elle contient ; aussi convient-elle très bien dans toutes nos terres argileuses et siliceuses, plus ou moins humides, qui sont sans principe calcaire.

Dans les défrichements, les sols à bruyères, à genêts et dans les sols acides (les tourbes) son effet est extraordinaire.

Quand un sol se couvre de persicaire, de petite matricaire, de chiendent ou d'oseille sauvage, la marne en est l'amendement par excellence, parce qu'elle détruit ces plantes qui semblent ne se plaire que dans les terres qui contiennent peu ou point de calcaire.

On a vu qu'il fallait choisir la marne selon la nature et la composition du sol auquel on veut l'appliquer. Dès lors on doit comprendre qu'il ne faut pas donner de la marne calcaire à un terrain qui contient déjà cette matière en proportion suffisante ; que la marne argileuse ne convient nullement aux terres fortes, argileuses ou argilo-siliceuses ; enfin que la marne siliceuse produirait un très mauvais effet dans les herbues à sols siliceux ou silicéo-argileux.

En résumé : la marne convient particulièrement aux sols non calcaires, froids et humides, mais non marécageux. La marne donne de l'énergie aux terres froides, ainsi que de la chaleur ; elle neutralise les acides et double les effets du fumier. Elle convient encore aux sols non calcaires, graveleux ou sablonneux, légers ou consistants, dans les climats chauds comme dans les climats froids, mais surtout où le sol contient de l'humus non décomposé et sans principe calcaire.

§ III. — *Dose de Marne à donner au sol. — Manière de l'employer.*

Il n'est guère possible de préciser la quantité de marne qu'on peut donner aux terres, parce que cette quantité varie selon la nature du sol et la composition de la marne elle-même. On en donnera plus à un sol argileux qu'à un sol sableux ; plus à une terre arable profonde, qu'à celle dont la couche superficielle est très mince. La dose sera d'autant plus considérable que la marne sera moins calcaire.

Mais, avant tout, il faut analyser la marne et le sol où on veut l'employer ; c'est pour cette raison que nous avons donné, au chapitre IV, les moyens pratiques de faire ces analyses.

On peut toujours, et nous en donnons le conseil, au moyen de quelques mètres de marne, faire des essais sur une portion de terre en culture, afin d'arriver plus facilement à une comparaison rationnelle sur les autres portions non marnées.

En Sologne, le marnage est de un demi-centième, en épaisseur, de la couche arable, soit de 15 à 20 mètres cubes par hectare.

Dans le nord de la France, on emploie de 30 à 100 mètres cubes.

En général, il faut que la marne fournisse au moins de 2 à 3 pour 100 de chaux au sol arable. Le calcul à faire doit donc être basé sur la quantité de calcaire que la marne contient et la profondeur ou épaisseur de la couche arable à marner.

Nous donnons ici le tableau dressé par M. Puvis, dans un essai sur les marnes, sur la quantité à employer par hectare pour différentes profondeurs et pour des marnes contenant de 10 à 90 pour 100 de calcaire.

Les doses inscrites dans ce tableau sont calculées de manière à fournir à la couche arable 2 pour 100 de calcaire. M. Puvis dit que la dose peut être augmentée dans les sols très froids, arides et dans les défrichements où abonde l'humus insoluble.

Lorsque 100 parties en poids de marne contiennent en calcaire :	NOMBRE DE MÈTRES CUBES DE MARNE NÉCESSAIRE A UNE COUCHE LABOURÉE A UNE PROFONDEUR DE					
	10 centim.	12 centim.	14 centim.	16 centim.	18 centim.	20 centim.
1	2	3	4	5	6	7
10	200m	240m	280m	320m	360m	400m
20	100	120	140	160	180	200
30	66,66	80	93,33	106,66	120	133,33
40	50	60	70	80	90	100
50	40	48	56	64	72	80
60	33,33	40	46,66	53,33	60	66,66
70	28,57	34,28	40	45,71	51,43	57,14
80	25	30	35	40	45	50
90	22,22	26,26	31,33	35,55	40	44,44

L'usage de ce tableau est excessivement facile. Par exemple, si l'on veut marner une pièce de terre labourée à 0,14 centimètres de profondeur, de manière à lui donner 2 pour 100 de calcaire, et qu'on ait une marne qui contienne 60 pour 100 de cette matière, on trouvera dans la colonne 4, en face du chiffre 60 de la colonne 1, le nombre 46,66, qui est la quantité de mètres cubes de marne à employer.

La première condition de succès, dit M. Fouquet, lorsque l'on veut marner un sol, c'est qu'il soit *égoutté et débarrassé des eaux de la surface.*

Dans les pays où la jachère (le sombre) est usitée, on transporte en mai la marne dans les champs. Pour les autres terres ce travail se fait après la moisson, de manière à pouvoir répandre la marne pendant les gelées. Elle se réduit plus facilement en poussière et son influence se montre déjà dans les récoltes au printemps suivant.

On répand la marne en automne et en hiver sur les trèfles, de sorte qu'elle reste longtemps exposée à l'influence de l'air et des météores qui en augmentent l'action. Il faut donc la laisser aussi longtemps que possible répandue sur les champs avant de l'enterrer.

On dispose la marne sur le terrain en petits tas à peu près égaux, calculés sur la quantité à mettre dans la pièce de terre, espacés de 5 à 6 mètres de distance en tous sens, afin de pouvoir la répandre uniformément. On profite du beau temps pour faire cet épandage et, après quelques jours, et des alternatives de soleil et de pluie, on repasse sur le sol pour mieux égaliser la marne, en casser les mottes, et faire en sorte qu'elle couvre partout également la surface du terrain de ses débris en poussière.

On laisse essorer (sécher à l'air) cette couche aussi longtemps que possible, parce qu'il s'établit à la surface du sol, à l'aide de l'air et des variations atmosphériques, un travail de réaction chimique qui prépare les effets de la marne, les hâte et leur donne plus d'énergie.

On doit enterrer la marne par un beau temps, lorsqu'elle est bien délitée et sèche. En l'enterrant mouillée elle reprendrait son adhérence et ne pourrait se distribuer dans le sol.

La marne, une fois pulvérisée et répandue de manière à former une couche uniforme, on l'enterre au moyen d'un labour peu profond, on herse, puis on procède à un second labour suivi de plusieurs hersages afin d'opérer suffisamment son mélange avec la terre.

Plus la marne est dure et pierreuse, plus il faut la laisser de temps sur le sol avant de l'enterrer, afin de lui permettre de se déliter et de se diviser.

Les gelées d'hiver deviennent presque nécessaires pour que les marnes dures puissent arriver à ce degré de divisibilité, utile à son mélange intime avec le sol.

On doit comprendre que plus les doses de marne qu'on emploie sont petites, plus la division de celle-ci doit être grande; parce que ce n'est qu'au moyen de cette grande division que la couche labourée peut entrer en parfait contact avec cette substance, se l'assimiler et être modifiée par elle dans sa composition et, par suite, dans ses effets sur la végétation.

Nous terminons ce chapitre en disant que la durée des effets d'un marnage bien fait varie selon la nature du sol, la quantité de marne employée et les récoltes faites.

Plusieurs auteurs disent que la pratique indique 15 à 20 ans pour des marnages de 40 à 50 mètres cubes de marne par hectare (dosant, comme celles d'Orain, de Courchamp et de Percey-le-Grand, environ 50 à 60 pour 100 de carbonate de chaux), soit environ 3 mètres cubes par hectare et par an.

On voit qu'un sol marné a besoin, après un certain laps de temps, de nouveaux marnages, mais qui seront toujours moins considérables que le premier. On fera ces nouveaux marnages quand le chiendent, l'oseille sauvage, le pas-d'âne et les autres plantes que nous avons indiquées comme caractérisant les sols argileux et argilo-siliceux commencent à remplacer les trèfles, les chardons et autres plantes des sols calcaires.

La marne a alors perdu son énergie; le carbonate de chaux a été absorbé par les plantes, et ce principe actif n'existant plus, le sol réclame un second marnage. M. Puvis dit que Thaër donne, pour la dose des seconds marnages, faits avec le plus de succès, la moitié exacte de celle qui est indiquée dans son tableau (voir page 37) qui, par conséquent, peut servir de base pour les premiers comme pour les seconds marnages.

La marne propre aux amendements des sols peu ou point calcaires, n'est pas bien répandue, on le sait, dans le canton de Fontaine-Française.

Cependant toutes celles que nous connaissons dans les diverses communes de ce canton (voir pages 23 et 24), en quelque petite quantité qu'elles puissent être, sont toutes calcaires et par conséquent méritent d'être employées comme amendements.

Aussi engageons-nous les cultivateurs à ne jamais manquer d'utiliser les marnes qu'ils pourront trouver, soit au moment de l'extraction des minerais de fer, soit dans les fouilles pour la construction des puits, des citernes, des bâtiments, etc., etc.

DE LA CHAUX.

§ I. — *Nature et description de la Chaux.*

Les terres, nous croyons l'avoir dit, sont des substances métalloïdes combinées avec l'oxygène (air vital) de l'air, et leurs deux grands composants sont la *silice* et l'*alumine* ou l'*argile*. « Ces deux principes, » dit « M. Puvis, « suffisent pour donner aux terres tous les degrés d'adhérence « et pour former les sols les plus légers et les plus compactes. Unis à un « peu d'humus ils remplissent les conditions nécessaires au développe- « ment d'une grande partie des végétaux, mais avec eux cependant la « végétation est languissante, et des familles entières de végétaux, même « des plus utiles à l'homme, peuvent à peine y vivre si l'on n'introduit pas « dans ce sol un *principe actif* qui le modifie. »

Ce principe est la *chaux* ou ses composés naturels ou artificiels.

La chaux est une espèce de terre alcaline et une substance métalloïde. Sa base est le *calcium*, métal blanc d'argent, solide et qui a beaucoup d'affinité pour l'oxygène et l'eau. C'est pourquoi on a appelé la chaux *protoxyde de calcium*.

On peut encore la définir : une espèce de cendre qui reste des minéraux soumis à l'action violente du feu. Son poids, dans nos localités, au sortir du four, varie entre 850 et 1,000 kilogrammes le mètre cube.

On distingue deux espèces de chaux : la chaux grasse et la chaux maigre. Cette dernière peut être hydraulique ou non hydraulique.

La chaux grasse, la seule que nos pays produisent, est formée par la calcination du calcaire, contenant 10 pour 100 au plus de matières étrangères.

Eteinte, elle foisonne beaucoup et augmente en volume de 1 à 2 fois et demi. Son énergie fécondante est très grande, aussi c'est elle qui est le plus employée en agriculture.

La chaux maigre contient de 10 à 30 pour 100 de matières étrangères. Celle qui est hydraulique (ainsi appelée parce qu'elle a la propriété de durcir sous l'eau) en renferme jusqu'à 34 pour 100, particulièrement de l'argile. Peu active, mais employée en quantité assez forte, elle dure très longtemps.

La chaux maigre non hydraulique foisonne peu, elle est moins énergique que la chaux grasse, un peu plus que la chaux maigre hydraulique et doit, comme celle-ci, s'employer à haute dose.

Toutes les pierres mureuses ou autres de nos carrières produisent des chaux grasses de qualité différente pour les constructions, mais toutes très bonnes pour amender les terres.

Tout le monde sait comment, par la calcination, nous obtenons la chaux grasse au moyen de fours formés de la pierre même qu'on veut calciner et qui est disposée en forme de cône tronqué, au milieu de la base duquel on ménage un foyer, avec embouchure à la circonférence, pour y introduire les fagots qui, en brûlant, produisent la chaleur nécessaire à la transformation de la pierre calcaire en chaux.

Dans bien des localités les cultivateurs font eux-mêmes la chaux qui leur est nécessaire. A cet effet ils construisent de petits fours, si c'est possible, sur le sol même à chauler ou au moins sur des points les plus rapprochés de leurs terres.

Dans le canton de Fontaine-Française, où la pierre à chaux grasse est si commune, pourquoi les cultivateurs ou du moins des ouvriers intelligents ne suivraient-ils pas l'exemple de ceux desquels nous parlons? La chaux produite ainsi coûterait moins cher, les transports seraient presque nuls et, sous le rapport de la qualité, elle ne laisserait rien à désirer, puisqu'elle pourrait, au sortir du four, être immédiatement transportée et enfouie dans les terres.

§ II. — *Effets de la Chaux.*

Nous avons détaillé, dans le chapitre de la marne, les bons effets qu'elle produit, particulièrement par l'introduction du *calcaire* qu'elle renferme, dans les sols qui ne contiennent que peu ou point de cette substance.

Si la marne donne de si beaux résultats, à plus forte raison la chaux, le principe même qui fait employer la marne, doit-il efficacement agir sur les terres.

Physiquement ou *matériellement parlant*, la chaux ameublit le sol, le rend plus perméable, moins froid, facilite la décomposition des engrais dont les sels sont plus tôt absorbés par les suçoirs des racines, détruit les plantes nuisibles à la végétation des céréales et des légumineuses, et permet à celles qui caractérisent les bons terrains, de végéter et de remplacer celles des terrains froids, compactes et imperméables.

Chimiquement parlant, la chaux fournit aux plantes un de leurs éléments constituants et essentiels. La décomposition des matières organiques est accélérée, et les bases de sels de soude et de potasse, si utiles à la végétation, sont mises en liberté. Elle décompose et neutralise les sels de fer, de manganèse et les acides des sols en se combinant avec eux. Elle détruit les larves des insectes nuisibles, les semences des mauvaises plantes, ainsi que les causes de certaines maladies des plantes, telles que la rouille, le charbon, la carie, etc.

Au contact de l'air, la chaux se transforme en *carbonate*, par l'absorption de l'acide carbonique ambiant; mais au moment de son enfouissement, il convient que cette transformation ne soit pas complète. Plus tard l'extrême division dans laquelle la chaux se trouve, favorise beaucoup son action et permet une répartition et une incorporation plus intimes de cette matière à la couche arable.

Un des effets remarquables et incontestables de la chaux, c'est son efficacité dans les terres légères. « La chaux pulvérulente (en poussière), » « dit M. Malaguty dans son cours de chimie agricole, « a la propriété de « retenir l'humidité plus que l'argile elle-même. D'après les expériences « de Schüller, on a vu ce résultat qui paraît extraordinaire ; mais il est « clair que si la chaux n'avait pas été fine, sa faculté d'imbibition eût été « moindre et l'argile eût conservé sa primauté. »

La chaux sert donc de liant aux terres légères par la consistance qu'elle leur donne et permet la culture du froment dans des terres qui ne produisaient que du seigle et du blé noir.

Nous devons néanmoins dire qu'un sol léger chaulé a besoin d'humidité, et qu'il craint plus la sécheresse qu'avant le chaulage. Aussi est-ce avec beaucoup de circonspection qu'on doit introduire de la chaux dans une terre légère.

Le sol chaulé change en quelque sorte de nature; il devient de fait calcaire puisqu'il en prend les propriétés.

Quant un sol *naturellement calcaire* est bien fumé, les céréales versent souvent, tandis que *dans un sol chaulé*, les récoltes se soutiennent mieux et la paille y acquiert de la fermeté. Les blés y versent rarement, les grains sont plus gros, plus lourds, ont une écorce plus mince et fournissent plus de farine que dans un autre sol, même naturellement calcaire.

Si les effets de la chaux se manifestent par des signes qu'on ne saisit pas au premier coup d'œil, ils se prononcent aussi par des caractères extérieurs : tels que la disparition du chiendent, des agrostis et des petites graminées. Les petits trèfles, des terrains calcaires, se montrent à la deuxième année de chaulage ; mais, en attendant, la terre se tapisse d'une petite mousse verte, courte et basse qui a une grande influence sur la fécondité du sol.

On a voulu expliquer les grands effets de la chaux sur la végétation par une seule cause ; on a dit : que la chaux n'agissait sur le sol que par la faculté qu'elle a de rendre l'humus (acide humique, extrait du fumier) plus soluble et de le mieux disposer à passer dans les plantes. Les causes d'amélioration par la chaux sont beaucoup plus nombreuses. Nous en avons déjà énuméré quelques-unes.

Cette observation nous conduit à dire de suite que la chaux, précipitant la décomposition du fumier et de l'humus, et les plantes en absorbant une plus grande quantité, *les fumures doivent être augmentées* dans un sol chaulé. Si d'un côté il y a dépense excédante d'engrais, de l'autre il y a augmentation de produits et, par suite, non seulement large compensation mais bénéfice réel.

On sait que le sol calcaire se délite lorsqu'après avoir été séché il reçoit l'influence de l'humidité. Le sol chaulé jouit à plus forte raison de cette propriété : il est rompu en tous sens par l'action de l'eau et il en résulte un état d'ameublissement très favorable à la végétation, qui permet aux racines de traverser facilement la couche arable et à l'atmosphère, comme à toutes circonstances atmosphériques, de la pénétrer et d'agir sur ses molécules.

« On conçoit alors, » dit M. Puvis, « comment il peut arriver qu'en même « temps que la chaux donne de la consistance aux sols légers, elle ameu- « blisse et allége les sols forts et tenaces. » Nous expliquons cette considération par la faculté que la chaux transmet aux sols non calcaires de se déliter et de s'ameublir spontanément sous l'influence des changements atmosphériques, tels que la pluie, la rosée, les brouillards, etc.

Qu'on veuille bien se rappeler que la chaux grasse, la seule employée avec tout le succès possible en agriculture, foisonne beaucoup au contact de l'eau en se délitant et se divisant, et on comprendra de suite pourquoi, dans un terrain chaulé, l'humidité, en faisant augmenter la chaux en volume, divise le sol, le rend facile à cultiver et plus pénétrable aux racines.

Nous pensons que ce que nous avons dit de la chaux et de ses effets, dans les deux chapitres précédents, suffit à l'intelligence du lecteur que nous renvoyons, s'il désire une étude plus complète, au savant ouvrage de M. Puvis, sur les amendements calcaires et autres.

§ III. — *Usage de la Chaux.* — *Sols auxquels elle convient.*

L'emploi de la chaux, en agriculture, date des temps les plus reculés. Les Carthaginois même, le peuple le plus ancien qui ait laissé des traces d'agriculture perfectionnée, ont dû l'employer dans leurs terres, puisque les auteurs romains disent que ces Africains employaient la chaux pour conditionner leurs vins.

Les Romains n'ont pas fait usage de la chaux pour leurs sols. Cependant Pline rapporte qu'ils l'employaient pour les vignes, les oliviers et les cerisiers, dont elle rendait les fruits plus hâtifs. Pline dit encore que du temps des Gaules, les Eduens (peuple qui habitait la rive gauche de la Saône, non loin de nos contrées qui appartenaient aux Séquanais) se servaient de la chaux pour fertiliser leurs terres.

Les Gaulois, que les Romains appelaient des barbares, ont dû posséder des connaissances étendues en agriculture et une grande perfection dans l'application des procédés.

Rien ne doit nous étonner de la part de ce grand peuple, qui devait céder au nombre, non sans défendre vaillamment ses droits, son pays et sa liberté.

L'usage de la chaux n'a guère été repris qu'au XVIe siècle, dans quelques localités en France. Resté stationnaire pendant deux siècles, cet usage reprend dans celui-ci une extension considérable et tend aujourd'hui à se propager partout, même dans les lieux où l'emploi de la chaux avait échoué par suite d'une mauvaise application.

Pourquoi dans nos pays, où la chaux est appelée à jouer un si grand rôle, ne marcherions-nous pas avec le progrès et ne ferions-nous pas tous nos efforts pour transformer nos sols et les rendre aptes à toute sorte de culture, en augmentant leurs qualités physiques et chimiques?

Nos cultivateurs sont trop intelligents pour rester en arrière. Nous savons d'avance qu'une innovation, de nouvelles méthodes, sont difficiles à être adoptées; mais quand les faits parlent aux yeux et à la bourse, ce n'est qu'une affaire de temps et nous espérons voir bientôt nos pays s'améliorer au moyen des amendements calcaires, si faciles à se procurer et qui doivent augmenter notre fortune publique, en augmentant nos produits et en favorisant la culture des plantes racineuses et pivotantes, telle que la betterave, qui est une source de bien-être dans les contrées où elle est cultivée.

La chaux, comme la marne, ne s'emploie très efficacement que dans des sols dépourvus ou ne renfermant qu'une faible proportion de calcaire assimilé à ses molécules.

Elle convient surtout aux terres argileuses, siliceuses (terres fortes, herbues), humides, tourbeuses et à celles qui, comme dans nos contrées, sont chargées de sels de fer ou de terreau acide.

Il faut cependant se garder de l'employer : 1° dans un sol très humide avant de l'avoir assaini, soit au moyen du drainage, soit avec des fossés à ciel ouvert; 2° dans un sol dont la couche arable est déjà composée d'une forte proportion de calcaire.

Dans le premier cas, la chaux, en contact constant avec l'humidité, s'hydraterait, se durcirait, ne pourrait pas, dans les circonstances nécessaires, jouer son rôle diviseur et nuirait beaucoup au sol. Dans le second cas, en ajoutant du calcaire à un sol qui en contient déjà assez, on risquerait de rendre trop friable, brûlante et infertile une terre qui ne demandait peut-être que de l'humus ou des mélanges de terres argileuses.

On doit employer la chaux, et le succès n'en est pas douteux, dans les sols où croissent la fougère, les joncs, les laiches, le genêt, la petite oseille, la bruyère, le pas-d'âne, l'ajonc marin, le persicaire, etc.; ces plantes disparaissent sous l'influence de la chaux et le terrain devient accessible à une production plus variée. Les plantes-racines, les végétaux oléagineux, les fourrages légumineux, le trèfle, le sainfoin, les vesces y réussissent admirablement, de même que toute espèce de céréales.

Il serait trop long et superflu d'énumérer ici tous les climats du canton de Fontaine-Française où la chaux doit être employée comme amendement. Ce travail sera l'objet d'un chapitre spécial. Il nous est cependant permis, dès maintenant, de dire que plus de la moitié des terres de notre canton ont besoin d'amendements calcaires.

§ IV. — *Dose de Chaux à donner aux sols.* — *Manière de l'employer.*

On a vu dans l'emploi de la marne qu'il suffisait souvent d'ajouter au sol non calcaire 2 pour 100 de chaux pour en changer la nature, l'améliorer et le rendre plus fertile.

Il est certain, comme le disent tous les auteurs, que pour bien chauler une terre il faut en connaître, avant tout, la composition et ne lui donner en chaux que ce que l'analyse et l'essai ont pu déterminer. Pour commencer, il faut employer des doses médiocres, sinon faibles ; les chaulages ont, il est vrai, moins d'énergie, on est obligé de revenir plus souvent à leur application, mais « si c'est là un inconvénient, » dit M. Fouquet, « il « n'est pas suffisant pour autoriser à enfreindre une recommandation, « dont l'oubli peut compromettre le succès de l'opération. »

Nous allons passer en revue les doses de chaux employées dans différents pays, et indiquées par les divers agronomes dont nous avons les ouvrages sous les yeux.

En Angleterre on emploie, selon le cas, de 13 à 50 mètres cubes à l'hectare, parce que le sol, froid par sa nature et sa position géographique au nord, exige plus de calcaire pour l'échauffer, le rendre en bon état de culture et propre à une belle végétation.

En France, les plus fortes doses sont de 10 à 18 mètres cubes à l'hectare. Elles descendent jusqu'à huit dixièmes (800 décimètres cubes) dans la Sarthe, ces quantités étant données pour douze ans.

En Allemagne on emploie, tous les quatre ans, 1 mètre à 1 mètre et demi. En Flandre et en Belgique le chaulage se fait à la proportion de 4 mètres cubes tous les douze ans, ou 1 mètre cube tous les trois ans, ou enfin un peu plus de 3 hectolitres (15 doubles-décalitres) tous les ans par hectare.

Dans le Calvados, la dose est de 6 à 8 mètres cubes tous les quatre ou cinq ans. Dans le Nord, la Mayenne, la Vendée 4 à 5 mètres tous les dix ans; dans la Sarthe 800 décimètres cubes tous les trois ans; dans l'Ain, où nous avons vu pratiquer un certain nombre de chaulages, la dose varie de 6 à 15 mètres cubes, suivant que le sol est léger ou argileux et compacte.

La moyenne générale en France paraît être de 500 à 600 décimètres cubes (5 à 6 hectolitres, ou 25 à 30 doubles-décalitres) par an et par hectare.

Pour nos pays, la dose de chaux peut varier de 6 à 12 et même 15 mètres cubes par hectare tous les neuf ans. La dépense n'est pas considérable; car en admettant que nous achetions la chaux 8 fr. le mètre cube, que le prix moyen du chargement, du transport et du déchargement soit de 3 fr., et que l'épandage et autres soins coûtent 2 fr., nous pourrons chauler convenablement un hectare de terre en y employant, selon le cas, de 6 à 12 (1) mètres cubes de chaux qui, au prix de 13 fr. l'un, produisent une dépense de 78 à 156 fr. pour neuf ans, ou de 8 fr. 66 à 17 fr. 33 par an et par hectare.

Mais comme les cultivateurs peuvent très bien, dans les saisons mortes, au moment de l'emploi de la chaux, faire les transports et l'épandage, le prix de revient du mètre cube serait réduit à 8 fr., soit de 48 à 96 fr. par hectare pour neuf années, et de 5 fr. 33 à 10 fr. 66 par an et par hectare.

Si les terres s'amodient en moyenne 14 fr. le journal de 34 ares 28 centiares, ce prix pourrait être augmenté (le cultivateur faisant lui-même les transports et la main-d'œuvre) de 1 fr. 77 à 3 fr. 54 par an, soit en moyenne 2 fr. 65, bien faible dépense même pour le fermier qui, dès la seconde année de chaulage, verrait sensiblement augmenter ses produits et ses terres lui rendre en bénéfice, les années suivantes, dix fois la dépense qu'il aura faite en amendement.

---

(1) Ce chiffre ne peut être considéré comme maximum. On verra dans les tableaux géognostiques que plusieurs climats ont besoin d'un cube qui atteint même de 15 à 18 mètres.

En prenant pour base du prix de la chaux le chiffre de 8 fr. le mètre cube, nous avons supposé que la culture soit obligée de payer ce prix au fabricant qui en fait son industrie; mais ainsi que nous le verrons plus loin, § v, comme il peut être facile à chaque exploitation de faire elle-même sa chaux, le prix du mètre cube de celle-ci descendrait à 5 ou 6 fr., compris même les transports des matières premières que les cultivateurs peuvent encore faire eux-mêmes. Les dépenses du chaulage, que nous avons doublées plus haut, seraient ainsi réduites d'un tiers, et cette dépense ne serait plus que de 30 à 60 fr. par hectare pour neuf ans, soit en moyenne 1 fr. 66 par journal et par an, le prix du mètre cube étant de 5 fr.

Il ne faut pas perdre de vüe que les données ci-dessus peuvent varier suivant la nature du sol, le prix de la chaux, la difficulté des transports, *l'aisance du cultivateur et l'abondance des autres engrais.*

Si dans nos pays les chaulages prenaient de l'extension, il est à peu près certain que le prix de la chaux diminuerait d'au moins un tiers, et par suite, ainsi que nous venons de le dire, les dépenses ci-dessus se trouveraient réduites d'un tiers. Ainsi, au lieu d'une dépense moyenne de 2 fr. 65 par journal de 34 ares 28 centiares, on aurait plus à ajouter au prix du fermage que 1 fr. 66 par an et par tiers d'hectare.

C'est ici le cas de répéter que pour obtenir d'un chaulage, comme d'un marnage, tous ses bons effets, il faut étudier avec soin le sol et même le sous-sol sur lesquels on veut opérer, se rendre un compte aussi exact que possible de leur composition, n'employer pour commencer guère plus que le minimum indiqué par les calculs d'essai, et faire l'emploi avec tous les soins et la manipulation désirables.

Du bon emploi de la chaux dépend tout le succès de l'opération.

Les agronomes ont indiqué plusieurs méthodes que nous reproduirons et qui peuvent être mises en pratique dans notre canton.

Il faut d'abord bien se rappeler que la première partie de l'opération, celle qui a une grande influence sur les effets de l'amendement calcaire, consiste à *réduire la chaux en poussière,* parce que dans cet état elle se mêle bien au sol, s'y assimile, et que son action est en rapport avec la ténuité de ses parties.

On peut laisser, pour arriver à ce résultat, la chaux s'éteindre spontanément (d'elle-même) sous des hangars; mais il faut se méfier de cette méthode : il est des chaux qui fusent mal, d'autres qui fusent trop lentement; en outre une chaux fusée est difficile à charger, elle se perd en route, s'envole au vent et incommode celui qui la répand.

Quoique cette manière de réduire la chaux en poussière soit employée en Angleterre, nous ne la conseillerons pas de préférence à nos cultivateurs.

M. Puvis a indiqué et expérimenté un moyen que nous recommandons particulièrement, parce que nous l'avons vu employer dans la Bresse et que, dans tous les cas, il réussit parfaitement.

« On amène sur le terrain avec la chaux, et sur l'une des voitures, un « cuvier plein d'eau ; on met la chaux de chaque tas qu'on doit faire, dans « un panier à anses qu'on trempe dans l'eau jusqu'à ce que la chaux com« mence à éclater; on verse alors chaque tas à sa place. Cette chaux ainsi « préparée est en poussière peu d'heures après ; on la répand alors, on « laboure et on fume. » Si l'on craint la pluie, on sème et on recouvre le tout aussitôt.

Il est toujours bon, quand le temps le permet, de laisser la chaux s'essorer sur le fumier et recevoir un peu de soleil : l'effet immédiat sera assuré, et la première récolte et le sol s'en ressentiront.

On peut voir que cette méthode est très expéditive, puisque dans un temps fort court on peut amender, fumer, labourer et semer une pièce de terre.

Différentes autres méthodes de l'emploi de la chaux en agriculture sont en usage. Elles varient du reste suivant les localités et les essais qui ont été faits. Avant de les indiquer, qu'on nous permette de répéter : *Que la chaux ne produit d'effets utiles que si son application a eu lieu en poudre fine, par un beau temps et sur un sol sec ou assaini.*

Un des moyens le plus répandu pour l'emploi de la chaux consiste à la conduire sur le champ, à la disposer en petits tas (dont le cube est calculé suivant la quantité totale à employer dans la pièce de terre), espacés de cinq à six mètres les uns des autres; et aussitôt qu'elle est éteinte et réduite en poussière, à la répandre le plus uniformément possible par un temps sec et calme, puis à l'enterrer au moyen de hersages et d'un léger labour à huit ou dix centimètres de profondeur, afin que les plantes puissent, dès la première année, profiter de cet amendement.

Un autre moyen analogue au précédent et qui, selon nous, est meilleur, consiste à disposer toujours la chaux en petits tas, mais à les recouvrir de 0,15 centimètres d'épaisseur de terre ou de gazon, de manière à empêcher le dégagement de l'acide carbonique et l'infiltration de l'eau, afin de prévenir l'hydratation de la chaux (effet chimique qui durcit celle-ci et rend difficile la pulvérisation); et, au bout de quinze jours environ, profitant d'un temps sec, à mélanger la chaux et la terre, ensuite à répandre ce *compost* sur le sol.

Si quelques morceaux de chaux n'étaient pas fusés on les recueille, et on en fait des tas qu'on recouvre encore de terre et qu'on répand plus tard.

M. Fouquet dit qu'au lieu de disposer la chaux par petits tas, on peut n'en faire qu'un ou deux monceaux allongés auxquels on a donné le nom de tombes, en raison de leur forme pyramidale tronquée; on les recouvre d'une bonne couche de terre, on opère à deux fois le mélange complet de la chaux et de la terre qui la recouvrait, et on répand ensuite le tout sur le sol.

La chaux en fusant augmentant de volume, il faut avoir soin de boucher, de temps en temps, les fissures qui se forment dans la couche de terre qui la recouvre.

Cette manière de traiter la chaux, en la mélangeant avec la terre qui la recouvrait, forme ce que l'on appelle un *compost*. Seulement quand on veut bien suivre le mode des composts, voici comment on doit opérer. On dispose la chaux, à sa sortie du four, par lits alternatifs avec des gazons, des curures de fossés ou d'étangs, des vases de rivière, des boues de route, des tourbes ou toutes autres matières fertilisantes, à la dose d'environ *une partie* en volume de ces matières et de *deux parties* de chaux, et on recouvre de terre tout ce mélange.

A des époques plus ou moins éloignées on recoupe deux ou trois fois le compost, qui ne doit être employé que quand la chaux est entièrement délitée, bien mélangée avec les matières terreuses et que celles-ci sont arrivées à un état convenable de décomposition.

Notons, en passant, que, quand on veut chauler un sol léger, il faut toujours employer la chaux à l'état de compost.

Si l'on ne craignait pas la main-d'œuvre il y aurait toujours avantage à se servir de la chaux sous forme de compost. On ne risque pas d'épuiser la terre, et plus le compost est vieux mieux cela vaut. Dans plusieurs localités du Nord on fait ainsi ces composts. On étend sur le sol 3 centimètres de chaux, qu'on recouvre de 12 centimètres de terre et ainsi de suite par couches successives, et on recouvre le tout de terre. Au bout de six mois on répand le compost, et on opère ensuite comme pour les autres procédés d'emploi de la chaux.

Au contact de l'air les composts s'enrichissent de nitrates (sel de nitre, ou salpêtre); aussi plus ils sont maniés plus ils acquièrent de qualités.

Les diverses méthodes d'emploi de la chaux, que nous avons décrites, nous paraissent suffire aux besoins de nos localités; nous recommandons surtout la seconde et les composts, ainsi que le procédé de M. Puvis.

Nous ne pouvons pas clore ce chapitre sans entrer dans quelques considérations sur les résultats généraux et particuliers du bon emploi de la chaux, notamment sur les céréales et les fourrages légumineux.

Nous devons aussi quelques détails sur les manipulations que nous avons brièvement indiquées dans les pages précédentes, et sur le parti à tirer du sol après le chaulage.

La chaux, nous l'avons dit et nous le répétons encore, doit toujours *être réduite en poussière fine* pour l'employer. Il faut choisir pour l'épandage un temps sec, parce que, sous l'action de l'humidité, la chaux forme pâte, se granule, et, pour peu qu'elle soit hydraulique, durcit sous la pluie. Si le temps est au beau on peut laisser la chaux plusieurs jours sur le sol avant de l'enterrer. Cet enfouissage ne se doit faire qu'à une faible profondeur, au moyen d'un ou deux labours superficiels suivis de hersages.

Si la chaux est enfouie profondément, elle croûte sous le sol, nuit aux plantes, et l'action des pluies finit, en l'entraînant, par la mettre hors de portée des racines. C'est pourquoi nous insistons sur l'enfouissement à 8 ou 10 centimètres au plus.

Après le chaulage, M. Puvis ne conseille pas le changement d'assolement. Nous sommes bien de cet avis, car, dans nos contrées, cette opération serait toute une révolution qui sortirait l'agriculture de ses habitudes, l'isolerait et la mettrait en opposition avec le voisinage.

L'assolement en usage étant conservé, il faut bien se pénétrer de cette règle : *c'est que dans toute exploitation chaulée on devra se donner pour but principal de ménager et de conserver* PAR DES ENGRAIS *la fécondité* dont on vient de doter un sol auparavant relativement médiocre et pauvre.

On sait déjà que le marnage et le chaulage, accompagnés de fumures suffisantes, augmentent de deux à trois semences le produit des céréales d'hiver. Mais son action est encore plus active sur les récoltes de printemps. *Le colza est de toutes les plantes celle qui profite le plus du chaulage.* Dans bien des pays le colza, qu'on ne cultivait sur les sombres que pour avoir l'huile du ménage, a doublé de produit et laisse le temps de préparer parfaitement le sol pour les semailles d'autómne.

Les chaulages ayant, au bout de deux ans, fait disparaître le chiendent, la petite oseille, toutes les graminées, et surtout la flouve odorante qui empeste les jachères de seigle de son odeur cadavéreuse, le sol est désormais plus meuble et apte à tous les produits. On conçoit dès lors que les cultures sarclées deviennent plus faciles, plus productives, qu'elles peuvent s'étendre sur la jachère, et que si les instruments qui en facilitent le sarclage étaient plus répandus, la jachère tendrait à diminuer tous les jours, et le cultivateur laborieux verrait augmenter ses produits et sa fortune, au lieu de rester en quelque sorte stationnaire et à cheval sur la vieille routine, qui ne connaît que la culture des céréales et ne fait récolter qu'une faible partie des plantes sarclées qui devraient être consommées à l'étable.

Le trèfle, qui ne réussit pas toujours sur nos sols silicéo-argileux (herbues), y viendrait très bien après le chaulage. On prétend même qu'il deviendrait inutile de le plâtrer. Il est à remarquer que le trèfle peut être semé plus fréquemment sur les sols chaulés que dans des terres de qualité beaucoup meilleure, ne renfermant pas de chaux.

La *terre chaulée* se plaît à porter alternativement des récoltes qui se recueillent en vert et des récoltes qui se ramassent après la maturité. On dit que les produits foliacés, à récolter en vert, rafraîchissent le sol et que leur alternance avec les produits secs adoucit et produit l'effet de la chaux. Ce qu'il y a de certain, c'est que les produits des deux espèces en sont plus abondants.

Les engrais à enterrer en vert conviennent mieux que jamais dans les champs chaulés; ainsi les lupins, le sarrasin, les pois, les vesces, enterrés sur la jachère, peuvent assurer sans autres engrais une excellente récolte de blé et offrent, avec les engrais animaux, une alternance qui profite à la fois au fond et aux récoltes. La deuxième récolte de trèfle enterrée produit le même effet, et la troisième récolte, si on lui laisse prendre quelque développement et qu'on la renverse dans le sol avant la semaille, équivaut presqu'à une demi-fumure.

Ne perdons jamais de vue que la chaux donnant aux terres une fécondité nouvelle, et leur faisant subir une métamorphose immédiate, pour que ses effets se soutiennent il faut donner au sol chaulé des engrais en proportion des récoltes, c'est-à-dire plus qu'avant le chaulage; il faut aussi multiplier les fourrages de toute espèce, semer des vesces d'hiver et du trèfle incarnat pour les avoir à la fin de mai, semer du trèfle ordinaire et de la luzerne pour consommer en vert pendant l'été et en sec pendant l'hiver; on peut cultiver la betterave et autres racineuses et augmenter les semis de raves après la moisson, parce qu'elles pourront maintenant réussir sur beaucoup de fonds.

M. Larrivée, ancien vétérinaire en chef des armées, vice-président du Comice agricole de Fontaine-Française, a fait, dans une des séances de ce comice, en 1864, une savante dissertation sur la culture des prairies artificielles.

Il a démontré très clairement aux cultivateurs que leur avenir dépend de l'élevage du bétail, de la production des engrais, et par conséquent de l'extension des cultures fourragères. M. Larrivée est dans le vrai; mais il a vu les résultats, nous, nous voyons les moyens d'y arriver et nous disons : que pour élever le bétail il faut récolter beaucoup de fourrage, que pour en récolter en quantité suffisante il faut d'abord amender les terres, leur donner ou compléter les principes qui leur manquent pour les rendre aptes à porter la culture des plantes fourragères. Voilà le point de départ, le principe de l'opération, les bases d'une culture bien entendue et de la sage administration d'une ferme.

Un industriel de notre canton, M. Bouchard, tuilier à Bourberain, homme intelligent et laborieux, a chaulé, en 1862, 1863 et 1864, environ six hectares de terres (desquelles il est fermier) de nature silicéo-argileuse, froides, compactes, humides, stériles, privées de calcaire et d'humus et couvertes de plantes des terrains argileux. Il a employé la chaux à la dose de 7 à 9 mètres cubes par hectare; les résultats ont dépassé ses espérances : dès la deuxième année le blé rendait 84 doubles-décalitres à l'hectare. Cependant ce sol avait presque été abandonné à cause de son peu de fertilité. Nul doute que cette année et les suivantes, au fur et à mesure que le sol s'ameublira et que les plantes nuisibles disparaîtront, si les fumures sont en proportion des produits, ceux-ci deviendront de plus en plus beaux et abondants.

C'est le seul chaulage bien dirigé et bien entendu que nous connaissions jusqu'alors dans notre canton; cependant nous savons que plusieurs propriétaires de Fontaine-Française ont employé la chaux dans leurs terres argilo-siliceuses fortes il y a dix ans au moins, et que le sol et les produits s'en ressentent toujours.

Autrefois nous allions passer une partie de nos vacances dans la Bresse jurassienne, arrondissement de Lons-le-Saulnier; nous avons vu faire beaucoup de chaulages, de cendrages, et nous avons pu juger des merveilleux effets produits, dans ces terres ingrates, siliceuses et froides, par les amendements calcaires ou autres, employés convenablement et en quantités raisonnées, selon la nature préalablement reconnue du sol à améliorer.

§ V. — *Différents procédés de fabrication de la Chaux.*

Nous pensons être utile à nos lecteurs en leur décrivant les divers moyens de fabrication de la chaux propre à l'amendement des terres.

Obtenir la chaux à bon marché et pouvoir la produire sur place ou au moins à la plus faible distance possible du lieu d'emploi, telle est la grande question qui, dans bien des pays, si elle était résolue, permettrait aux cultivateurs de chauler une grande partie de leurs terres et d'en augmenter les produits.

Dans le canton de Fontaine-Française et dans les cantons voisins où la pierre à chaux grasse, celle qui ne contient que dix pour cent d'argile ou matières autres que le carbonate de chaux, est si abondante, on construit les fours à même avec les pierres de l'exploitation. A cet effet, on se sert de la fouille qui a fourni la pierre et on élève une sorte de tour circulaire en forme de cône grossièrement maçonné de 6,50 à 7 mètres de diamètre au bas, 6 mètres à 6,50 au haut, et d'environ 6 mètres de hauteur, compris 2 mètres dans le sol. On établit au milieu de cette tour une voûte ovoïde de 4 à 5 mètres de diamètre sur pieds droits circulaires et dont la clef est à peu près à 4 mètres au-dessus du fond du foyer, pour l'alimentation duquel on ménage un orifice latéral où l'on introduit le combustible. On remplit ensuite l'espace entre l'extrados de la voûte et la tourelle, jusqu'au raz du couronnement de celle-ci, avec des pierres rangées convenablement à la main.

Toute cette masse de maçonnerie étant faite, on enveloppe les parements extérieurs d'une duite de terre végétale de 0,40 d'épaisseur qu'on masse le mieux possible entre ces parements et ceux d'un fascinage extérieur solidement établi à la distance indiquée ci-dessus.

Le chauffournier n'a plus qu'à allumer son fourneau et, en en alimentant le feu, à veiller à ce que la chaleur soit régulièrement conduite pour que toutes les pierres cuisent également.

Quand on tombe sur un calcaire propre à faire de la bonne chaux, pour un four des dimensions ci-dessus, qui peut donner environ 150 mètres cubes, il faut à peu près 7,000 fagots de ramille. La chaux peut ainsi revenir, tous frais comptés, de 5 à 6 fr. le mètre cube.

Ce procédé, pour la fabrication de la chaux en grand, ainsi que celui de l'emploi des fours permanents construits en briques réfractaires, ne peuvent être employés que par des industriels qui en font leur commerce.

Voici la description d'un four à chaux de petites dimensions pour l'usage d'une grande exploitation agricole, ou de plusieurs exploitations ordinaires réunies. « Sa forme est celle d'un cône renversé, ayant 2 mètres à sa « gueule et 1 mètre à la base inférieure. Les murs sont en briques « de 0,32 d'épaisseur, le tout est complétement enfoui dans la terre, « sauf le côté d'orifice du foyer. On commence à charger le four par le « bas, en formant une espèce de voûte soutenue par les barreaux « de fer. On fait dans le foyer, au-dessous de cette voûte, un feu de « bois qui allume une première couche de houille ; on place la première « assise de pierres de chaux fermant la voûte ; puis on fait un autre lit « de pierres à chaux et une seconde couche de houille ; et ainsi succes- « sivement jusqu'au haut à mesure que le feu s'élève. Lorsque la pierre « du bas est cuite, on la fait couler avec un ringard et on la retire par la « porte du fourneau ; la masse s'affaisse, et on recharge la partie supé-

« rieure de pierres et de houille. La quantité de houille brûlée varie de « 1 hectolitre 50 à 2 hectolitres 25 pour 10 hectolitres de chaux; la pierre « à chaux perd ordinairement de son poids 0,40 à 0,48, et en volume « 0,10 à 0,20. On compte en bois par mètre cube de chaux environ 1 stère « 75 de bois, ou 7 à 800 kilogrammes de fagots secs. La bâtisse d'un four « de cette dimension avec de la brique revient dans le Nord à 80 fr., parce « que le 1,000 de briques ne coûte que 12 fr. » (Extrait du *Traité des sols et engrais* de Lefour.) Dans nos pays, où la brique vaut 25 fr. le 1,000, le four dont il s'agit coûterait environ 200 fr. C'est encore une trop forte dépense pour notre agriculture et un procédé qui n'est pas à la portée de nos cultivateurs. Il est vrai qu'en employant la pierre à chaux même pour construire le four la dépense serait diminuée de plus de moitié, mais alors on n'obtiendrait pas, comme dans le Nord, une production constante de chaux, attendu que le procédé des rechargements successifs de houille et de pierres permet de faire de grandes quantités de cet amendement avec bien peu de frais et de main-d'œuvre.

Voici un procédé pour faire la chaux *en petit*, qui est pratiqué dans bien des localités, et duquel on obtient toujours un plein succès en prenant les précautions nécessaires.

On choisit ou on prépare, tout à fait à proximité de la carrière, un terrain plat sur lequel on décrit une circonférence de 3 mètres 50 centimètres de diamètre. On trace dans le cercle ainsi formé, sur deux diamètres d'équerre, une croix de 0,20 à 0,25 centimètres de largeur. La pierre destinée à faire la chaux étant préalablement concassée de 0,10 environ de grosseur, se place dans les parties du cercle en dehors de la croix, de manière à garnir complétement ces espaces en ayant soin de mettre à la circonférence des fragments plus petits que ceux du centre. On fait ainsi une couche de pierre de 0 mètre 10 et on garnit de copeaux, de brins de fagots et de morceaux de bois bien secs, l'espace laissé en forme de croix. Sur le combustible on dispose, de distance en distance, des pierres plates et un peu longues qui forment couverture, mais qu'on a soin de ne pas faire joindre. Cela fait, on place une première couche de charbon de terre d'environ 0 mètre 02 à 0 mètre 03 d'épaisseur, puis un lit de pierres de 0 mètre 12 à 0 mètre 15 aussi d'épaisseur, en mettant toujours les plus petits morceaux de pierre vers la circonférence. On continue ainsi successivement et alternativement à placer une couche de houille et un lit de pierres, jusqu'à la hauteur de 1 mètre 40 à 1 mètre 50, en donnant au tout la forme conique tronquée d'un fourneau à charbon de bois, ayant à la base supérieure 0 mètre 50 centimètres de diamètre. Il faut prendre la précaution de ne mettre au centre que du charbon de terre, de manière à avoir une colonne de ce charbon de la base au sommet. On revêt ensuite le cône d'un enduit de terre forte de 0 mètre 15 à 0 mètre 20 centimètres d'épaisseur, dans laquelle on fait bien de mélanger de la menue paille pour lui donner du liant. Il est bien entendu que la pointe du cône reste ouverte. On met ensuite le feu aux quatre canaux de la base, et une fois que ce feu est bien allumé, on place des abris ou paillassons devant les canaux à air, pour empêcher que la combustion n'aille trop vite. On laisse ainsi brûler jusqu'à extinction du charbon en bouchant avec du mortier d'herbue les fissures de la terre qui entoure le cône.

Selon la qualité de la pierre, il faut de 1,000 à 1,200 kilogrammes de charbon de terre maigre, ou environ 1 mètre 500 décimètres cubes pour 10 mètres cubes de pierres.

Le cône dont nous avons donné les dimensions, cubant 5 mètres 591, il faudrait 0,728 décimètres cubes de charbon et 4 mètres 863 de pierres pour l'établir. Les pierres de nos pays pouvant perdre par la calcination de 10 à 15 pour 100 en volume, le four à chaux que nous avons décrit fournirait 4 mètres 280 décimètres cubes de chaux qui reviendrait ainsi, tous frais faits, à 5 fr. 50 le mètre cube. Ce prix pourrait être diminué de toute la main-d'œuvre et des transports que les cultivateurs feraient facilement eux-mêmes.

En augmentant les dimensions du four on arriverait assurément à obtenir la chaux à un prix inférieur, et on serait plus certain de la réussite de l'opération. Il faudrait alors établir 6, 8, etc., canaux à air, selon les dimensions de la base du cône tronqué.

Au lieu de couches alternatives de charbon de terre et de pierres, sur toute la surface, on pourrait disposer ces couches en divisant le cercle en six secteurs et faire trois de ces secteurs en pierres et les trois autres en charbon, séparant les secteurs de pierres par un secteur de houille, et *vice versa*.

Les couches qui seraient superposées à la première, disposées comme nous venons de le dire, seraient faites toujours en six secteurs, mais en plaçant les pierres sur le charbon et le charbon sur les pierres de la couche inférieure, et ainsi de suite jusqu'au sommet, en ayant toujours soin de ne faire le centre qu'en charbon de terre.

Voici un autre moyen, à peu près semblable au précédent, pour fabriquer de la chaux propre aux amendements des terres. Nous devons ces renseignements à l'honorable M. F. de Chabrillan, président de notre comice, qui nous les a communiqués, tels qu'il les a reçus de son homme d'affaires, de Thugny (Ardennes) :

« Dans le courant de janvier dernier, j'ai fait, sans me servir de four, l'essai de fabrication de chaux avec du calcaire crayeux. Quoique le temps eût été peu favorable à mon entreprise, j'ai constaté depuis, en mettant cette chaux en compost, que j'avais obtenu un parfait résultat.

« Voici comment j'ai opéré : pour 10 mètres cubes de calcaire crayeux j'ai employé 1,100 kilog. de charbon de terre, représentant environ 1 mètre 500 décimètres cubes. J'ai fait casser cette pierre de manière à la réduire à la grosseur de 0,08 à 0,10 centimètres, de manière que les morceaux soient plus longs et moins épais, pour en faciliter la cuisson. J'ai tracé sur le sol, préalablement préparé, une circonférence CC (fig. 1re) de 1 mètre 75 de rayon; j'ai ensuite fait ouvrir, perpendiculairement entre eux, les deux fossés AA de 0,40 de profondeur et à peu près autant de largeur. Ces quatre ouvertures sont destinées à établir des courants d'air, qui se réunissent au centre de la circonférence, où j'ai placé une grille en fer de 0m 50 au carré.

Fig. 1re.

« L'expérience m'a démontré que les courants d'air AA. étaient trop éloignés pour que la cuisson pût être parfaite entre chaque bouche. Il est donc utile de pratiquer de nouveaux courants d'air BB. dans des dimensions à peu près semblables aux courants AA.

« Ces courants d'air étant ouverts, comme je viens de l'expliquer, avant de poser le premier lit de calcaire, j'ai fait étendre un peu de fagot sur la surface du sol et fait recouvrir les courants d'air avec ces mêmes fagots, car c'est ce qui doit aider à allumer le charbon de terre. J'avais même fait remplir les courants d'air avec du fagot, avant de mettre le premier lit de pierres; mais je ne le ferai plus à l'avenir, j'en ai reconnu le grand inconvénient, et voici pourquoi : pendant l'opération, qui dure plusieurs jours, si le temps se met à la pluie, le bois prend l'humidité de la terre, et c'est avec beaucoup de peine que l'on parvient à l'allumer. J'ai ensuite posé un premier lit de pierres d'environ 0m 15 d'épaisseur, et j'ai recouvert les courants d'air avec les pierres les plus longues, en ayant soin de laisser un vide entre chacune d'elles pour y placer du charbon. Ce premier lit de pierres étant bien arrangé, j'ai établi une couche de charbon de terre de deux centimètres d'épaisseur. Ce sont ces deux premiers lits qui demandent le plus de soin; on règle ensuite, le mieux possible, ceux qui leur succèdent à 0 mètre 15 d'épaisseur de pierres pour un lit de deux centimètres de charbon. Le tas doit être monté en forme de cône (fig. 2e) de 2 mètres 50 de hauteur. La grille, qui se trouve à la réunion des quatre principaux courants, est placée pour recevoir une petite colonne de charbon de terre, que l'on établit, dans le milieu, au fur et à mesure que le tas monte; pour faciliter la construction on place au centre une perche, la partie la plus petite au bas; on la tire lorsque le tas est monté, et elle laisse ainsi un vide utile à la combustion. La colonne de charbon, qui entoure la perche, peut avoir 0 mètre 30 de diamètre au bas et 0 mètre 15 au haut; elle sert à alimenter le feu qui se communique ainsi au charbon placé entre chaque couche de pierres.

Fig. 2e.

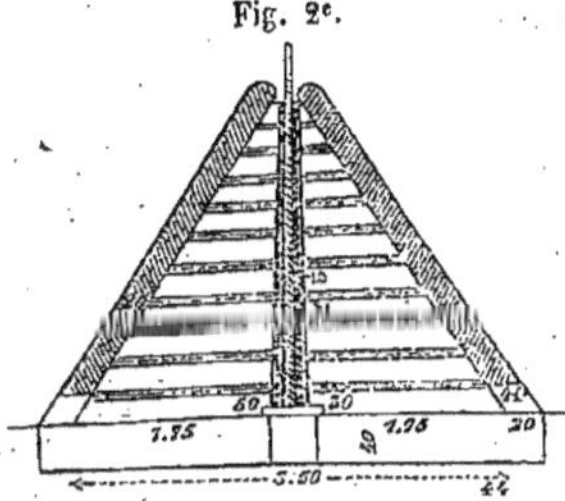

« Il faut avoir soin de bien entourer le tas de pierres, soit avec du gazon épais, soit avec de la terre humide, de manière à faire un bon enduit en ne laissant au haut du cône qu'une ouverture de 0 mètre 20, afin d'obtenir la plus grande concentration de chaleur possible. Cet enduit doit se faire tout en montant le tas pour l'empêcher de se démolir.

« Il convient encore, lorsqu'on fait les lits de pierres, de mettre les fragments les plus petits à la circonférence et les plus gros vers le centre, où la cuisson s'opère plus facilement.

« Il a été employé, pour le cône, 10 mètres 500 décimètres cubes, et il restait un peu de charbon. Les circonstances atmosphériques étaient détestables; le résultat a cependant été parfait. J'ajouterai qu'il faut avoir soin d'abriter les ouvertures avec des paillassons pour éviter les coups de vent et régulariser la combustion. Il est aussi à propos, lorsqu'on allume les fagots, de percer, avec un bâton, à 1 mètre 25 de hauteur, quelques trous pour faciliter le tirage. Il ne faut pas oublier de boucher ces trous lorsque le feu y arrive.

« Dans cette expérience le feu a duré cent vingt heures, c'est-à-dire cinq jours et cinq nuits. »

Ce dernier procédé de la fabrication de la chaux en petit, a beaucoup de ressemblance et de rapport avec les deux procédés que nous avons expliqués dans les pages précédentes. Ce n'est, en quelque sorte, qu'une variante qui permet, il est vrai, de fabriquer une plus grande quantité de chaux à la fois.

DU PLATRE.

Le plâtre (sulfate de chaux, gypse) est un composé de chaux, d'acide sulfurique et d'eau combinés entre eux.

Le plâtre, appelé *gypse* à l'état naturel, est composé ainsi qu'il suit, selon M. Boussingault :

Sulfate de chaux. . .	79.2, contenant	Chaux.	41.5 pour 100.
		Acide sulfurique . . .	58.5 pour 100.
Eau.	20.8		
	100.0		

Le gypse est assez répandu dans la nature; il appartient particulièrement aux formations secondaires. Il est peu soluble dans l'eau, et, soumis à une température élevée, il laisse échapper son eau de constitution et se réduit alors très facilement en poudre. Sous ce nouvel état il prend le nom de *plâtre* et devient alors très avide d'eau.

On dit avec raison que le plâtre cuit ne conserve longtemps ses propriétés que lorsqu'il a été placé dans des tonneaux fermés ou autres lieux privés d'air.

Tout le monde sait que le plâtre convient particulièrement sur les plantes légumineuses, le trèfle, la luzerne, le sainfoin, les vesces, etc. On a essayé depuis quelque temps de l'employer sur les graminées : seigle, blé, orge et avoine; il y produit de bons effets; mais il faut le mélanger avec du fumier ou des terrées pour en faire un compost avant de le répandre sur les plantes.

Le plâtre convient aux légumineuses comme la chaux aux graminées, parce que les premières contiennent, dans leurs tiges et leurs feuilles, du sulfate de chaux, et les secondes du carbonate de chaux. M. Puvis dit : « Que ce serait peut-être au besoin de sulfate de chaux qu'ont les légu- « mineuses, dans leur composition intime, que serait dû, en grande par- « tie, l'effet du plâtre sur la végétation. »

Ainsi que la chaux, le plâtre ne donne de bons résultats que sur les sols secs ou assainis. Il convient spécialement aux sols légers et riches, aux limons argilo-siliceux (nos récipients de patouillet), mais *quand ils sont sains et déjà fertilisés par la chaux ou autre amendement et les fumiers.*

On doit se méfier du plâtre sur les sols naturellement calcaires, à moins qu'ils ne contiennent une grande quantité d'humus.

M. Lefour, dans son livre *Sol et engrais*, dit : Que les effets du plâtre sont presque nuls quand on le répand sur les sols humides, acides et marécageux; et, suivant M. de Gasparin, son action est nulle sur les terrains d'alluvions modernes, formés depuis le déluge et qui se continuent de nos jours, tels sont les remblais qui forment nos prairies.

On est convaincu que le plâtre agit très bien sur les fèves, les vesces, les haricots et les pois; mais il en rend la cuisson plus difficile. Cela se comprend fort bien, puisque ces plantes contiennent déjà une quantité notable de sulfate de chaux. Les eaux séléniteuses, chargées de sulfate de chaux (comme celles des puits de Paris qui en sont saturées) deviennent purgatives et impropres à la cuisson des légumes.

Le plâtre est plutôt un amendement qu'un engrais, attendu qu'il force le sol à donner aux plantes ses ressources et ses propres forces, tandis que l'engrais en fournit au sol. Aussi le plâtrage est-il une excellente opération. Cependant il faut en user avec modération et réserve; et les doses à appliquer doivent varier selon les localités et surtout selon les essais qu'on a pu faire.

La proportion ou la dose la plus usitée, est en volume la semence du froment : soit de 200 à 300 kilogrammes par hectare (10 à 15 doubles-décalitres). A dose beaucoup plus petite il produirait encore de l'effet ; aussi est-ce l'amendement dont *l'action se fait sentir à plus petite dose.*

On emploie le plâtre cuit ou cru et en poudre. La cuisson ne le rend que plus facile à réduire en poussière sans rien ajouter à ses propriétés.

Nous devons prémunir nos lecteurs contre les falsifications, malheureusement trop nombreuses, du plâtre auquel les fabricants ajoutent du carbonate de chaux.

Il est facile de reconnaître un bon plâtre; voici des moyens que tout le monde peut employer pour son essai :

Contrairement à l'effet produit sur la chaux par les acides, ceux-ci ne font pas d'effervescence sur le plâtre; jeté dans du sirop de violette il ne le verdit pas, et par la lévigation (lavage) il ne laisse déposer que très peu de sable.

Nous recommandons aux cultivateurs de n'employer le plâtre, sur les récoltes foliacées vertes, que le soir et le matin lorsque les feuilles des plantes, déjà assez développées pour couvrir le sol, sont imprégnées d'humidité. Il faut choisir un temps calme et ne plâtrer que lorsque les gelées ne sont plus à craindre. Si le temps est chaud et humide, l'action du plâtre est favorisée : il pénètre mieux le tissu des plantes et les produits en sont plus considérables.

On peut avantageusement employer le plâtre avant ou après une petite pluie; mais il faut bien éviter les grandes pluies qui l'entraîneraient et empêcheraient complétement son action. Ainsi dans le département de l'Oise, pour se soustraire à l'influence des pluies, on ne répand le plâtre qu'après la première coupe, et lorsque la seconde pousse a 0,15 environ de hauteur, moment de la végétation le plus favorable pour recevoir le plâtrage.

L'effet bienfaisant du plâtre sur les légumineuses est assez bien connu dans nos contrées pour que nous nous bornions aux considérations qui précèdent en ce qui concerne son emploi sur les fourrages verts.

Mais en ce qui concerne l'application du plâtre comme amendement du sol, on peut en mélanger à la dose de 1 à 5 pour 100 aux fumiers qu'on emploie pour semer.

Un propriétaire des environs de Bourbonne-les-Bains, M. Didieux, a obtenu de ce mode des résultats et des produits remarquables.

Que nos lecteurs veuillent bien nous permettre d'extraire du *Journal d'Agriculture pratique* la manière d'opérer de M. Didieux.

Il compose son engrais de couches alternatives de fumier et de plâtre à la proportion de 5 kilogrammes de plâtre cuit pour 500 de fumier. Au bout de vingt-quatre heures il se développe une odeur forte et pénétrante, qui dure cinq à six jours. Le fumier arrive promptement à l'état de fumier consommé, sans blanc ni moisissure.

L'engrais est employé au bout de deux mois : un plâtrage plus ancien donne de moins beaux résultats.

Des expériences faites ont donné un tiers de plus, en paille et en grains, dans le sol ainsi plâtré que dans un sol non plâtré.

M. Didieux a essayé aussi avec succès du fumier plâtré sur la vigne qui a produit presque double récolte, sans altérer la qualité du vin.

Nous avons lu dans le *Guide des comices*, qu'on prétend qu'un litre d'acide sulfurique (huile de vitriol) mêlé à mille litres d'eau ou dix hectolitres, fait autant d'effet que le plâtre sur les plantes légumineuses. Je conseille de l'essayer, dit M. J. Bujault, auteur du *Guide des comices*, en petit d'abord, et en grand si l'on a du succès.

C'est peu coûteux. Le litre d'acide sulfurique peut revenir à 1 fr. 50 c. On arroserait 30 ou 40 ares avec cette quantité. Il faudrait un gros tonneau dans une charrette avec un appareil à peu près semblable à celui qu'on a pour arroser les rues. C'est un gros robinet dont l'extrémité est en forme de pomme d'arrosoir aplatie et percée d'une quantité de petits trous.

DES PLATRAS.

Comme complément ou corollaire de ce que nous avons dit du plâtre, nous ne pouvons passer sous silence l'action produite instantanément, par les *plâtras* ou *débris de démolition*, qui agissent puissamment comme amendements par la chaux, les nitrates, les sels ammoniacaux et la potasse qu'ils contiennent. Les plâtras renferment même des substances organiques et la plupart de leurs constituants étant très solubles dans l'eau, on conçoit dès lors leur promptitude d'action.

C'est surtout aux terrains non calcaires, froids, compactes, humides, que conviennent les plâtras. Ils produisent d'excellents résultats dans les prairies, qu'ils améliorent en détruisant les mousses et en accroissant l'abondance et la qualité des fourrages.

On répand les plâtras, réduits en poudre autant que possible, dans le moment où le sol est sec, et on les enfouit par un beau temps sans les enterrer trop profondément.

C'est surtout aux sols argileux tenaces qu'il faut les appliquer; dans les sols légers et calcaires on doit les employer avec prudence et en très petite quantité.

Dans les jardins à sol compacte, même calcaire, on répand assez fréquemment les plâtras, qui y produisent de bons effets, surtout sur le sol à asperges qu'ils adoucissent très bien.

Les plâtras réduits en poudre s'emploient généralement à la dose de 20 à 25 mètres cubes par hectare, quand on veut obtenir un amendement du sol quelque peu complet. A la dose de 10 à 15 mètres cubes par hectare, les effets sont fort beaux et le sol s'en ressent pendant un temps assez long.

On a rarement dans nos localités de bien grandes quantités de plâtras. Ce n'est pas une raison pour les perdre, on doit au contraire les utiliser quel que soit le volume qu'on en ait. Le tirage des déblais, le transport des plâtras et l'épandage sont toujours largement payés par l'amélioration immédiate que ces amendements apportent dans les terres froides

DES CENDRES.

Dans bien des localités les cendres sont jetées aux déblais, et cependant leur composition et leurs propriétés doivent les faire classer parmi les amendements calcaires. Dans nos pays on les utilise quelquefois; néanmoins nous remarquons fréquemment qu'on n'en fait à tort aucun cas et qu'on les perd au préjudice de l'agriculture.

On distingue dans les cendres de bois, les seules de notre localité, les *cendres neuves*, non lessivées, et les *charrées*, ou cendres lessivées.

§ I. — *Cendres non lessivées ou neuves.*

Les cendres neuves ou vives, provenant de l'incinération des matières ligneuses, contiennent des principes propres à la végétation, puisque les éléments qui les composent ont fait partie de l'organisation végétale.

Les cendres renferment des carbonates de chaux, de potasse, de soude, de magnésie, de la silice, de l'oxyde de fer, des phosphates, etc.; ces sels sont les uns solubles et les autres insolubles. Les premiers agissent comme engrais, et les seconds, tels que la chaux, la magnésie, la silice, agissent comme amendement.

Ces deux manières réunies d'agir des cendres, rendent celles-ci très précieuses en agriculture.

M. Lefour résume ainsi l'emploi des cendres neuves, non lessivées :

« On les répand, par un temps sec, sur les terres égouttées de natures « siliceuses » (telles que les herbues froides), « argileuses » (terres fortes et glaiseuses) « granitiques et schisteuses, toutes dépourvues de « calcaire. »

On les applique avec le plus grand succès sur les trèfles, les luzernes et les céréales en végétation, à la manière et à la dose du plâtre. Elles ont une action remarquable sur les prairies naturelles, acides et marécageuses, en détruisant la mousse qui appauvrit le sol et étouffe les plantes fourragères.

Les cendres ameublissent, dégraissent, comme on dit vulgairement, les sols compactes, donnent de la consistance aux sols légers et détruisent les mauvaises herbes. Elles conviennent plutôt aux sols humides et frais, comme ceux de la Bresse, les prairies moussues, etc., qu'aux sols naturellement secs.

Les propriétés des cendres étant communes avec celles de la chaux, de la marne et du plâtre, il faut les répandre sèches et les enterrer légèrement. L'action des cendres se manifeste particulièrement sur le blé noir, la navette et le chanvre; et il est à remarquer qu'elles favorisent plus la production des grains que celle de la paille.

Les cendres conviennent dans la majorité des sols du canton de Fontaine-Française, mais à des doses plus ou moins grandes.

M. Fouquet indique de 20 à 80 hectolitres (2 à 8 mètres cubes) par hectare. Dans les sols argileux (*terres fortes*) et les sols siliceux (*herbues*) la dose devra être au moins le double de celle qu'on mettrait dans un sol léger comme celui de Pouilly, longeant le chemin vicinal de Vars, celui de Montigny, du côté de Champlitte, de Fontaine-Française, vers la levée romaine, etc., etc.

Dans tous les cas, terres fortes ou légères, les cendres agissent comme engrais et comme amendements : comme engrais par les sels solubles, et comme amendements par la silice, la chaux, etc.

Les meilleures cendres sont celles qui proviennent du faux ébénier (érable), de l'orme, du hêtre, du sarment de vigne, du chêne et du frêne. Les moins bonnes sont celles du tremble, du peuplier, de l'aulne et du saule.

Les tiges de pavots, de fougères, de colza, de navette, de topinambour, de maïs et de fèves, font des cendres excellentes.

M. Bouchard, tuilier à Bourberain, duquel nous avons déjà parlé, emploie depuis deux ans à l'amendement de ses terres, les cendres vives provenant de son exploitation, à la dose de 3 mètres cubes par hectare. On peut dès aujourd'hui se rendre compte sur place des magnifiques résultats obtenus par cet industriel, dans un sol auparavant inerte, compacte et qui ne produisait presque rien.

§ II. — *Cendres lessivées ou charrées.*

Ce sont surtout les cendres lessivées que nous pouvons utiliser et employer dans nos pays après qu'elles ont servi au blanchissage du linge.

Les cendres lessivées perdent une grande partie de leurs sels solubles et ne renferment plus que des silicates de potasse et de soude, ainsi que toutes les matières insolubles, les phosphates et les carbonates terreux.

Les analyses ont fait connaître que les charrées étaient composées, selon les localités et les matériaux qui les ont fournies, savoir :

Matières organiques.	de 2 à 9	pour 100
Sels solubles dans l'eau. . .	de 1 à 3 1/2	—
Silice	de 13 à 50	—
Oxyde de fer, alumine. . .	— —	—
Phosphate de chaux	de 10 à 27	—
Carbonate de chaux.	de 26 à 47	—
Magnésie et pertes	de 1 à 6	—

Les cendres lessivées sont employées, en grand et avec avantage, dans les départements de la Haute-Saône, du Jura, de l'Ain, où nous les avons vu répandre à haute dose, notamment dans la partie de la Bresse qui touche au Jura, du côté de Lons-le-Saunier.

Les charrées seront surtout profitables à nos sols compactes, tenaces, à nos terres argileuses et aux terrains tourbeux dont elles neutraliseront l'acidité. Elles agissent par les sels de chaux, la silice et les matières organiques comme puissant amendement. Moins actives que les cendres neuves non lessivées, elles produisent néanmoins d'excellents effets sur les prés humides, en détruisant la mousse, les laiches, et en favorisant la croissance des petits trèfles et autres plantes des sols calcaires.

Dans la Bresse, la dose de charrées, par hectare, est de 2 à 4 mètres cubes. Mais dans nos localités, où nous ne pouvons nous en procurer de grandes quantités, nous engageons les cultivateurs à employer les cendres du ménage en compost, tel que cela se pratique du côté de Louhans (Saône-et-Loire), où on emploie de préférence les cendres pour le froment. Voici comment on opère : on joint, par simple mélange, à la moitié de la dose ordinaire du fumier nécessaire à une pièce de terre, 8 à 10 hectolitres de cendres par hectare, et cette demi-dose, de l'une et de l'autre substance, produit plus d'effet que leurs doses entières employées séparément.

Ce mélange convient mieux aux sols demi-légers, graveleux ou d'herbue douce, qu'aux sols très tenaces et compactes.

Les charrées n'agissant, comme nous l'avons déjà dit, que par les sels calcaires, la silice et les phosphates qu'elles contiennent, leur effet est surtout sensible la première année, et leur action est remarquable sur les légumineuses, particulièrement le trèfle, la luzerne et les prairies naturelles un peu humides.

Elles conviennent aussi à toutes les plantes auxquelles nous avons dit que pourraient être appliquées les cendres neuves ou vives. Mais on comprend que la lixiviation leur ayant enlevé la majeure partie de leurs sels solubles, l'action qui s'exerce sur ces plantes a moins d'intensité, et les doses des cendres lessivées doivent être plus fortes que celles des cendres vives.

Ainsi que nous l'avons dit pour les cendres non lessivées, les charrées doivent être employées bien sèches ; et quand on ne les utilise pas de suite il faut avoir soin de les conserver dans un lieu couvert et à l'abri de l'humidité.

On les répand à la main, le plus uniformément possible, sur le sol, et on ne les enterre que très légèrement, le plus souvent par deux ou trois hersages.

Quelquefois on les emploie en même temps que la semence. On les applique même aux récoltes levées, soit en automne, soit au printemps, en choisissant un temps calme et sec.

Nous avons dit que les cendres vives agissaient comme engrais et comme amendements. Les cendres lessivées n'agissent guère que comme amendements, en raison de la perte qu'elles ont éprouvée de leurs sels solubles. « Appliquées avec discernement, » dit M. Fouquet, « les cendres « influent sans doute d'une manière fort heureuse sur les récoltes, mais « elles ne peuvent pas, à elles seules, maintenir l'équilibre de fécondité « d'une exploitation; l'expérience a démontré que, pour soutenir leurs « effets, le concours du fumier d'étable est nécessaire. »

Le lecteur doit se rappeler combien, en traitant la question de la marne et de la chaux, nous avons insisté sur la nécessité de fumer à plus haute dose les sols marnés ou chaulés. Il en est presque de même pour les sols cendrés, où l'union du fumier et des cendres double réciproquement leur action et où ce mélange augmente considérablement la fécondité naturelle.

En terminant cet article, nous recommandons aux cultivateurs et à tout le monde de ne pas perdre les cendres lessivées, de les mettre au contraire de côté et à l'abri de la pluie; et, quand ils en auront une certaine quantité, de les répandre, soit seules sur les terres fortes et dans les jardins, soit unies en composts au fumier pour les sols légers. Cet amendement que nous avons tous sous la main, ne coûte rien, n'exige pas de soins et est d'un emploi excessivement facile.

Dans bien des pays, les cendres vives, et même les charrées, sont jetées sur les jeunes trèfles et les colzas, à la manière du plâtre qu'elles remplacent avantageusement lorsqu'elles n'ont pas été exposées aux intempéries.

Cultivateurs, jardiniers, horticulteurs, ne perdez donc pas vos cendres et vos charrées; ce sont de trop précieux amendements desquels vos terres ont généralement besoin.

DE LA POUSSIÈRE ET DES BOUES DE ROUTE.

Nos routes, nos chemins vicinaux et nos rues fournissent, tous les ans, une assez grande quantité de poussière et de boues qui sont presque toujours perdues, et cependant elles renferment une notable proportion de fumier et autres matières organiques qui, unis au calcaire, provenant de la désagrégation des matériaux d'entretien et de leur écrasement, forment un compost naturel très énergique qu'on a le tort de ne pas utiliser à l'amendement des terres.

Les analyses auxquelles nous nous sommes livré, nous ont donné pour notre canton les résultats moyens suivants, les boues étant restées en repos pendant un an.

POUSSIÈRE ET BOUES DE VILLAGES.

Constitution physique.

Débris organiques	3,20	100,00
Cailloux calcaires	9,54	
Graviers —	22,10	
Sable fin —	39,00	
Matières entraînées par l'eau	26,16	

Composition chimique.

Eau	0,55	11,00 Produits volatils ou combustibles.
Matières volatiles ou combustibles	10,22	
Azote	0,23	
Résidu insoluble dans les acides	15,50	89,00 Matières minérales.
Alumine et peroxyde de fer	2,60	
Chaux	39,55	
Magnésie	0,50	
Acide carbonique et produits non dosés	30,85	
		100,00

POUSSIÈRE ET BOUES DE ROUTE EN DEHORS DES VILLAGES.

Constitution physique.

Débris organiques	1,16	100,00
Cailloux calcaires	7,54	
Gros sable et graviers calcaires	18,08	
Sable fin calcaire	32,57	
Matières entraînées par l'eau	40,65	

Composition chimique.

Eau	0,50	4,00 Produits volatils ou combustibles.
Matières volatiles ou combustibles	3,39	
Azote	0,11	
Résidu insoluble dans les acides	17,47	96,00 Matières minérales.
Alumine et peroxyde de fer	2,78	
Chaux	40,22	
Magnésie	0,58	
Acide carbonique et produits non dosés	34,95	
		100,00

En présence de ces données, quel est le cultivateur et même le simple manouvrier qui ne comprendrait pas que les *boues de routes ou de chemins, si éminemment calcaires, ne sont pas de puissants amendements pour les sols argileux, forts et tenaces et pour les sols argilo-siliceux où le principe calcaire manque complétement?* Nous ne répéterons pas ce que nous avons dit des effets de la marne calcaire et de la chaux sur les terres fortes et les herbues, nous prions le lecteur de se reporter aux chapitres qui traitent de ces matières. Ce que nous avons écrit de leur action s'applique à la poussière et à la boue de route. Si celles-ci agissent d'un côté comme amendements par rapport au carbonate de chaux qu'elles contiennent, elles agissent d'un autre côté comme engrais par rapport au fumier et aux matières organiques en décomposition incomplète qu'elles renferment en proportion assez notable.

M. le docteur Nicard, de Pouilly-sur-Vingeanne, a un jardin dont le sol argilo-siliceux est compacte, tenace et d'une culture très difficile. Depuis plusieurs années il emploie la boue de route à haute dose; c'est au point que la couleur même du sol en est changée. Les bons effets n'ont pas tardé à se faire sentir et si la boue, comme on le dit, engendre la production et facilite la croissance des mauvaises herbes qu'on parvient facilement à détruire, elle a eu du moins, dans le cas présent, l'immense avantage d'ameublir le sol, de le diviser, d'y introduire l'élément calcaire et de faciliter aux racines leur développement et la succion des sels nutritifs contenus dans le sol et dans les engrais qu'on y met.

Les labourages et les binages se font actuellement sans difficulté dans le terrain dont il s'agit; la couche arable est très maniable, se laisse facilement pénétrer par la pluie, et les influences atmosphériques peuvent y jouer tout leur rôle bienfaisant.

Partout où l'emploi des boues de route a été fait, la végétation a acquis un degré immense de supériorité. Ne voit-on pas, en effet, tous les jours, sur le bord des chemins, les récoltes constamment plus belles qu'à quelques mètres? Cette circonstance tient entièrement à la fécondité que donnent les boues et les curures des fossés que nos cantonniers jettent sur la lisière des terres voisines.

Beaucoup de cultivateurs ont pu se rendre compte en pratique des bons effets de la boue de route dans leurs terres fortes; pourquoi en hiver, quand les travaux des champs leur laissent beaucoup de loisirs, n'emploient-ils pas ces moments à l'amendement de leurs terres, soit en amassant les boues qui gênent la circulation sur nos chemins, pour les conduire dans leurs champs, pendant les gelées; soit en faisant des échanges de sols? Dans ce dernier cas prendre, par exemple, dans une terre légère un certain volume de la superficie, conduire ces matériaux dans une terre forte et ramener de celle-ci, par contre-voiture, un volume égal dans le sol léger. De cette manière, soit avec les boues de route, soit au moyen des échanges de sur-sols, au bout de deux ou trois ans, ils pourraient, sans aucuns frais, améliorer plusieurs hectares de terres en donnant l'élément calcaire à celles qui n'en ont pas, ou la consistance et le fond qui manquent aux unes, la légèreté et l'ameublissement aux autres.

N'oublions pas en terminant cet article que si les boues et la poussière des routes et chemins forment un excellent engrais, elles ne doivent être employées, surtout dans les jardins et les terres destinées à la culture des plantes sarclées, qu'après avoir reposé en tas pendant cinq à six mois. Il est bon aussi de les recouper une ou deux fois, leur action augmenterait sensiblement.

DU MÉLANGE DES TERRES COMME AMENDEMENTS.

En terminant le chapitre précédent nous avons dit un mot du mélange des terres. Quelques détails nous paraissent nécessaires.

M. Puvis, auquel nous emprunterons le raisonnement et l'opinion, a traité cette question sur ce qu'il a pu juger des essais qui se font en Bresse.

La marne, la chaux, les cendres, sont des substances terreuses dont nous avons décrit les bons effets et l'action dans les sols auxquels ces amendements conviennent.

L'effet mécanique des mélanges *du sable sur l'argile* et de *l'argile sur le sable*, le premier comme ameublissant les sols trop compactes, et le second comme donnant de la consistance aux sols trop légers, a été souvent étudié par les agronomes qui n'ont pu expliquer les succès de ces mélanges.

Dans la nature tout contact nouveau de deux corps donne lieu à une action chimique : il y a réaction réciproque et travail intime dont nous ne connaissons ni les lois ni les causes, mais dont nous recueillons et renouvelons les effets quand ils nous sont favorables.

Les personnes qui font de la culture savent toutes qu'une terre infertile, dans la place qu'elle occupe, alors même qu'elle semble ne contenir ni humus ni moyens d'aider la végétation, produit le plus souvent de bons effets conduite sur un autre sol et mélangée avec lui.

M. Puvis dit que, tous les jours, dans le département de l'Ain, on voit conduire avec succès, sur la surface du sol, des terres qui appartiennent au sous-sol tout à fait inférieur; après quelque temps de leur exposition à l'air et de leur mélange intime avec la couche arable, celle-ci s'en trouve très sensiblement améliorée. Nous avons été nous-même témoin de ces essais, et nous avons vu, dans la partie du Jura qui touche à la Bresse, les bons effets produits par ces mélanges.

Dans la Bresse, où ces mélanges se font en grand, la fécondité du sol est augmentée, l'ameublissement s'ensuit et les terrains absorbent une plus grande quantité de gaz ambiants, qui influent d'une manière très favorable sur la végétation.

Voici un exemple de fécondité obtenue au moyen du mélange d'argile (*terre forte*) sur un fond argilo-siliceux (*terre compacte, du deuxième genre des sols non calcaires*).

Un cultivateur de la Bresse a chargé son fond argilo-siliceux d'une argile grise qu'il prenait pour de la marne. Les récoltes s'accrurent très sensiblement.

Il a continué ses mélanges et amendé de même le reste de ses champs, son argile ne contenait pas de chaux, et cependant la fécondité de son sol se soutient très bien.

Il est vrai que l'*argile* contient presque toujours de l'humus, de la potasse, et qu'elle absorbe facilement l'azote, l'oxygène, l'hydrogène et les émanations animales ; elle contient en outre une forte proportion d'ammoniaque (8,000 *kilogrammes par hectare*).

A tous ces titres, l'argile doit être fécondante. Peut-on hésiter dans nos pays à l'employer sur les sols légers ? Assurément non, car le cultivateur y gagnerait sous tous les rapports.

D'un autre côté, la *silice*, substance sèche, inodore, insipide, aride et inerte, produit aussi beaucoup d'effets sur la végétation quand elle est mélangée avec des terres trop compactes. Elle forme, nous le savons déjà, une partie constituante et essentielle de la charpente des végétaux et particulièrement de la paille des céréales ; c'est elle qui lui donne sa consistance et l'empêche de verser. Dans un sol où cet élément manque, les récoltes doivent être faibles, chétives et étiolées.

C'est au moyen de la combinaison du silicate de potasse soluble que la silice arrive en grande partie dans la circulation végétale.

L'argile et la silice (*parties exclusivement constituantes de nos terres*), on vient de le voir, agissant l'une et l'autre comme amendement, on doit comprendre facilement l'importance des mélanges de nos sols.

Plus loin, lorsque nous en serons aux chapitres du compte rendu de nos analyses des terres arables ; lorsque nous en aurons indiqué la composition et que nous aurons établi les données de leur amendement, nous parlerons de l'application du mélange des terres. Nous serons alors plus à même que maintenant de désigner les cantons où les échanges pourraient et devraient avoir lieu ; et, s'il est possible, approximativement, les quantités qu'il conviendrait de prendre dans le sol d'un climat, pour les conduire sur le sol d'un autre et réciproquement.

DES SCORIES OU CRASSES DES HAUTS-FOURNEAUX.

La plupart des personnes de nos pays ne se doutent guère de la valeur, comme amendement, de ces masses de *scories* ou *crasses* des hauts-fourneaux qu'on trouve à Fontaine, à Licey, à Saint-Seine et à Montigny.

Ces scories, qu'on appelle *laitier* ou plus vulgairement *crasses*, proviennent, tout le monde sait cela, du fondant, castine ou herbue, qu'on emploie dans la fabrication de la fonte de première fusion.

Elles sont plus légères que le fer et la fonte, surnagent sur le creuset des hauts-fourneaux et sont retirées par le fondeur, au moyen d'un ringard en fer, au fur et à mesure de leur formation. Leur état est vitreux, compacte, de couleur noire ou bleuâtre, ou tirant sur le vert-obscur. C'est un véritable émail qui ressemble beaucoup aux pierres obsidiennes des volcans.

Si au moment de leur sortie du fourneau, les scories étaient plongées dans l'eau froide, elles seraient immédiatement décomposées, se boursoufleraient, augmenteraient considérablement en volume et deviendraient blanchâtres, très poreuses, légères, friables et, sous beaucoup de rapports, semblables à la pierre ponce, ce produit volcanique qu'on emploie tant à écurer, parce que sa pâte fine se met facilement en poudre.

Les scories réduites en poussière, soit naturellement, ainsi que cela arrive avec le temps malgré leur dureté relative, soit artificiellement en les plongeant dans l'eau à leur sortie du fourreau ou en les triturant au moyen de machines *ad hoc*, les scories, disons nous, en raison de leur état sec, pulvérulent et anguleux, feraient un amendement excellent pour les terres rouges, froides, argileuses et glaiseuses. Si ce produit de nos hauts-fourneaux ne donne ni n'ajoute rien aux éléments constituants et assimilants du sol, il divisera celui-ci, le rendra plus perméable et partant accessible aux influences de l'atmosphère qui pourra, dans un délai très court, changer notablement la composition de la couche végétale, et, en facilitant la décomposition des engrais, permettre aux racines de se développer normalement en s'emparant des gaz et des sels propres à leur nutrition, que l'état auparavant humide, compacte et trop serré du sol empêchait totalement.

Ainsi, ces crassiers qu'on croit destinés à nuire éternellement aux climats où ils se trouvent, sont au contraire des dépôts d'amendements que notre culture est appelée à utiliser sans frais dans toutes les terres trop compactes, trop argileuses et qui sont d'une si grande difficulté à labourer.

Nous ne connaissons pas la composition chimique des scories, mais leur état vitreux nous fait penser qu'elles doivent être nécessairement quartzeuses, siliceuses et très propres, pour cette raison, à améliorer les terres où ces éléments manquent. Notons en outre qu'avec le temps ces scories, qui paraissent si dures, finissent par se diviser, d'abord en menus fragments; puis, les agents atmosphériques et les pluies aidant, à se réduire en une sorte de terre qui n'est certes pas stérile du tout, ainsi que nous avons pu nous en rendre compte à Montigny et à Saint-Seine.

Nous engageons donc fortement nos cultivateurs à cribler les scories et à employer les parties fines dans leurs terres fortes. Ils peuvent facilement faire eux-mêmes la main-d'œuvre et les transports et se procurer ainsi, sans aucuns frais, un amendement destiné à produire d'heureux effets dans leurs fonds d'herbues fortes et amères.

Nous ne ferons que deux recommandations pour achever cet article: 1° n'employer les scories qu'à l'état de poussière ou de sable; 2° ne les employer que dans les sols argileux, froids et imperméables.

Dans les autres terres elles produiraient des effets désastreux en brûlant les plantes et en rendant la couche arable trop sèche.

CHAPITRE VII.

Engrais et Amendements végétaux.

Nous ne dirons que quelques mots des *engrais et amendements végétaux;* notre but étant surtout l'étude des *amendements minéraux,* mis à notre portée et que tous les cultivateurs peuvent se procurer facilement.

Les amendements végétaux se font par l'enfouissage en terre de certaines plantes cultivées à cet effet. Ils ne sont pas nouveaux; et, dans nos localités, on les pratique tous les jours en retournant, comme on dit, les trèfles, les jachères, etc. M. Langlois-Millot, de Saint-Seine-sur-Vingeanne, a employé avec succès la méthode des enfouissages sur plusieurs points du territoire, notamment au climat dit le Veuilley où il a enterré des vesces, du sarrasin; le résultat a été satisfaisant. Malheureusement il n'a pu continuer ses essais et malgré son exemple, personne ne songe à suivre cette méthode.

Il est utile, nous le croyons, d'expliquer la cause des effets produits par les enfouissements en vert.

Les plantes puisent, dans la terre et dans l'air, les principes nécessaires à leur végétation. Cette double action est indispensable à leur vitalité et, pour qu'une plante végète bien, il devrait toujours y avoir équilibre entre la nourriture qu'elle prend dans le sol et celle qu'elle aspire de l'atmosphère.

Aussi, pour que les racines puissent sucer les sels contenus dans le sol qui leur sert de base, il faut que les feuilles aspirent l'acide carbonique de l'air.

Mais il est des plantes qui jouissent particulièrement de la propriété d'absorber les sels du sol où elles sont plantées et de s'en nourrir presque exclusivement; d'autres sont douées, au contraire, de la propriété d'aspirer et d'emprunter à l'air presque tous les éléments de leur développement.

Partant de là, si, choisissant, selon la nature du sol à amender, la plante qui est douée de l'une ou de l'autre de ces deux propriétés, on l'enfouit en vert au lieu de la récolter, il est sûr et certain que l'on enfouira, en même temps, tous les éléments qu'elle aura puisés dans le sol et dans l'air; et il est encore plus certain que la fertilité du terrain sera augmentée, parce que la plante enfouie lui rendra les principes qu'elle y avait puisés, plus ceux, non moins utiles, qu'elle avait empruntés à l'atmosphère.

Ce sera donc un véritable engrais que le terrain recevra, engrais d'autant plus riche que les plantes enfouies auront été choisies eu égard au climat et à la composition du terrain à amender, et qu'elles seront arrivées à un degré de végétation et de croissance convenables, tel qu'au moment de l'épanouissement des premières fleurs.

Les enfouissements en vert n'ont pas seulement la propriété physique d'amender et de fumer le sol. Ils ont encore la propriété chimique de neutraliser et d'enlever de ce sol les matières ferrugineuses qui le rendent acide ou amer, comme on dit dans nos pays.

Nous lisons, en effet sur le *Prodrome de Géologie*, de M. A. Vézian, tome II, page 126 : « L'action exercée par l'acide carbonique sur les « substances ferrugineuses permet de penser que les plantes à l'état vi- « vant ou lorsqu'elles entrent en décomposition, sont le siége d'une élimi- « nation exercée sur ces matières ferrugineuses. »

D'après M. Daubrée, « la décoloration d'argiles et de sables ferrugi-

« neux, par les racines des plantes en putréfaction, s'observe sur une « vaste étendue dans les plaines du Rhin, en Lorraine; une racine située « dans l'argile sableuse enlève le fer en général jusqu'à une distance « de 1 à 5 centimètres. Si le terrain est très perméable, comme le sont « les sables, cette dissolution donne plus bas naissance à de nombreuses « sources ferrugineuses. »

Les engrais en vert doivent être choisis parmi les plantes qui végètent avec vigueur sur les sols peu fertiles, et qui peuvent donner, en racines, tiges et feuilles, le plus grand volume possible. Il faut aussi que l'enfouissement soit facile, et qu'à ce moment la plante contienne encore assez d'humidité pour qu'elle puisse se décomposer dans un très court délai.

Dans nos pays, où l'assolement triennal est en usage, l'année dite de *sombre*, a pour but non seulement de laisser reposer le sol, mais encore l'enfouissement des plantes qui ont spontanément crû depuis la dernière récolte. C'est ainsi que le trèfle, qu'on coupe en vert d'ordinaire deux fois et qu'on enfouit au moment du labourage d'automne, produit pour la semence suivante un véritable engrais.

Les agronomes recommandent de ne pas faire un usage immodéré des engrais verts, et de ne pas se faire illusion sur les résultats, attendu qu'ils ne peuvent pas exclusivement suppléer aux engrais animaux. Dans des circonstances données, les enfouissements sont excellents surtout si le sol, trop sec, a besoin d'humidité.

Les engrais de nos étables, les fumiers ordinaires fournis par les déjections animales, associés à une certaine quantité de litière, sont toujours ceux qui sont doués de l'énergie et des propriétés fécondantes que ne sauraient avoir les autres engrais ni les plantes enterrées en vert.

Cependant les fumiers étant parfois rares, on fait bien de chercher à y suppléer; et nous croyons que les enfouissements en vert peuvent, dans ce cas, être très favorables à la culture.

C'est surtout dans les fermes où chez les cultivateurs qui ont des champs éloignés des habitations et dans des parcelles en pente dont l'accès est difficile, que les engrais verts s'emploient avec avantage. Là, ils rendent de véritables et bons services; il est seulement à regretter que leur action ne dure qu'une année.

Nous avons dit que le moment le plus favorable pour opérer les enfouissements est celui où les fleurs des plantes commencent à s'épanouir. On couche alors les plantes au moyen d'un rouleau, dans le sens du labourage, et la charrue se charge ensuite de les enterrer.

Il est des localités où le sol est argileux, argilo-sableux et où l'on peut enfouir jusqu'à trois fois dans la même année, savoir : dans le mois de mai un seigle et des choux ou du colza semés ensemble à l'automne; dans le mois de juillet un sarrasin semé lors du premier enfouissement; et, aux semailles de seigle, le second sarrasin, semé à la fin de juillet, sur le second enfouissement. Si l'on fait une avoine d'hiver après le seigle, on peut, après la récolte, semer un sarrasin, et l'enfouir en semant l'avoine.

Si l'on fait une avoine d'été, on sèmera aussitôt après la récolte un seigle ou du colza qu'on enfouira en semant l'avoine.

Sur les terres calcaires on enfouira des vesces noires, avec un mélange de colza et quelques grains d'orge. On enfouira en mai, quand les vesces seront en fleur. Sur les jachères mortes on jettera des graines de colza et on les enfouira au moment de la semaille des blés.

Il faut bien choisir les plantes à enfouir : c'est là le point important de la question.

Dans les *terres fortes*, les *argiles*, les *sols argilo-siliceux* (1), il faut employer les plantes ligneuses d'une certaine consistance : le *colza*, le *trèfle*, les *fèves*, les *vesces*, les *lentilles*, qui agissent mécaniquement, en facilitant la division et l'assainissement de la couche arable.

Dans les *sols légers*, *pierreux* et *graveleux*, il faut enterrer de préférence les plantes sèches en parties herbacées, qui ont le moins de consistance et qui forment une sorte de liant dans le sol trop meuble : la *spergule*, les *lupins*, le *sarrasin*, le *sainfoin*, etc.

Nous allons sommairement donner la nomenclature des plantes les plus ordinairement employées *comme engrais verts, en indiquant* les terrains où elles conviennent.

1° La Spergule, plante de la famille des *Caryophyllées*, du genre *Spergula*, convient dans les terres sablonneuses, fraîches et dans les sols pauvres. Elle se sème, une première fois à la mi-avril, à raison de 50 kilogrammes de graine par hectare, et peut s'enfouir et se semer jusqu'à trois fois de suite sur le même sol, avant d'effectuer la semaille qui doit profiter de cette fumure;

2° Les Lupins, plantes du genre *Lupinus*, de la famille des *Légumineuses*. C'est surtout le lupin varié qui convient très bien dans les terres pauvres, sablonneuses et ferrugineuses, sèches et complétement privées de calcaire. C'est l'engrais en vert le plus avantageux parce que la plante est très azotée et qu'elle végète sur les terres les plus pauvres et desquelles on ne peut souvent tirer aucun parti. On les sème fin juin, à rai-

(1) Voir la description de ces terrains pages 12 et 25.

son de 150 à 200 litres par hectare, et on les enterre au moment de la semaille d'automne.

3° Le Sarrasin, plante du genre *Renouée*, de la famille des *Polygonées*, vient très bien dans les sols pauvres, pierreux, mais non complétement épuisés. On sème le sarrasin, même après la récolte des céréales précoces, à raison de 60 litres de graines par hectare. Si c'est en juillet, on l'enfouit en octobre ou fin septembre. Cette plante, peu riche en matières fertilisantes, demande, après son enfouissage, un temps assez long pour entrer en décomposition.

4° La Fève, du genre *Faba*, de la famille des *Légumineuses*, se sème dans les sols argileux, compactes, un peu humides, comme nous en avons beaucoup sur Fontaine-Française, Saint-Maurice, etc. On emploie environ 200 litres de graine par hectare. Cette plante, un peu glauque, poisseuse, entre assez vite en décomposition lorsqu'elle est enfouie, et amène promptement la division dans le sol, en lui fournissant une quantité notable de principes fertilisants.

5° Les Trèfles, plantes du genre *Trifolium*, de la famille des *Légumineuses*, conviennent très bien dans les terrains compactes, argilo-siliceux et silicéo-argileux de nos pays. On les sème à la dose de 3 kilogrammes et demi environ par hectare ; et, pour obtenir de bons effets de l'enfouissage, il faut ne faire qu'une récolte. Cette plante ligneuse agit bien sur tout le sol en le divisant et l'assainissant.

6° Le Colza, plante de la famille des *Crucifères*, qui est à nos yeux le meilleur des engrais verts. On sème à raison de 4 kilogrammes à l'hectare.

Ce qui devrait tout d'abord faire préférer cette plante c'est qu'elle coûte de graine de 2 à 3 francs par hectare, tandis que les autres peuvent coûter de 10 à 15 et même 20 francs ; qu'elle végète très rapidement, qu'elle fournit 33 pour 100 de plus de matières à enfouir que les autres plantes destinées au même usage, et qu'elle passe l'hiver, ce qui permet de la semer et de l'enfouir deux fois pendant une année de sombre.

Vingt-cinq jours au plus suffisent pour la décomposer. Elle forme une matière grasse, filante, ammoniacale, très aqueuse, qui se transforme en engrais dont l'effet très prompt permet d'ensemencer moins d'un mois après l'enfouissement.

7° Les Vesces, plantes du genre *Vicia*, de la famille des *Légumineuses*, se sèment en juin, à raison de 80 litres de graine par hectare. Ces plantes conviennent bien dans les sols compactes, fertiles et les herbues, dont nos terres sont en grande partie composées. Comme les trèfles, elles agissent mécaniquement sur le sol, en facilitant l'ameublissement de la couche arable. Il faut semer les céréales au moment de l'enfouissement des vesces.

Plusieurs essais d'enfouissage en vert des vesces, ont été faits dans le canton, et nous savons que les résultats ont été satisfaisants.

Les pois, la navette, le chanvre s'emploient quelquefois en engrais verts, mais le prix trop élevé de ces graines en empêche l'usage.

Pour obtenir des engrais verts une plus grande fertilité on peut y joindre de 1 à 2 mètres cubes par hectare de fumier bien divisé qu'on enterre en même temps que les plantes.

Les engrais verts ont un avantage très marqué : c'est que, coûtant fort peu d'acquisition, ils ne demandent que de la main-d'œuvre, que le cultivateur fait toujours dans les moments où son exploitation le laisse presque libre.

8° Le Sainfoin possède aussi comme engrais en vert des propriétés remarquables. D'abord il réussit très bien dans les terres graveleuses calcaires très légères, et ensuite quand il est épuisé et qu'on le retourne, les racines entrent promptement en décomposition et améliorent tellement la couche arable, qu'elles rendent possible la culture du froment dans les terres qui jusqu'alors n'avaient pu produire que du seigle.

Les terres ainsi améliorées sont à perpétuité propres à la culture du froment, si celle du sainfoin y revient périodiquement, même à d'assez longs intervalles. Cette plante est la seule qui possède cette propriété transformatrice.

9° Parmi les engrais végétaux les plus utiles en agriculture, quelques agronomes placent en première ligne, *les engrais-composts d'écume de* Betteraves *et les pulpes*. Les premiers à base de chaux, ainsi qu'on les fabrique à l'usine d'Aiserey (canton de Genlis), sont très riches en matières azotées. Ils conviennent principalement aux terres froides, argileuses, siliceuses et dans les sols naturellement défrichés. On dit que la durée de leur effet peut être estimée à huit ans.

Les cultivateurs des environs de Genlis, Collonge, Aiserey, etc., emploient, avec grand avantage, comme engrais, les pulpes de betteraves et c'est pour eux une source de fumure très économique.

Ces résidus conviendraient on ne peut mieux dans toutes nos herbues : la facilité de les employer, la modicité de leur prix et leur activité *comme engrais et amendement*, rendraient d'immenses service à notre agriculture, si un jour nous avions le bonheur de posséder une distillerie ou une sucrerie, sur les bords de notre belle Vingeanne.

10° Les Tourteaux des graines et des fruits oléagineux sont, on le sait, les marcs ou résidus de la fabrication de l'huile. Ces débris végétaux contiennent, outre les matières organiques qui en forment la masse, des sucs et des sels, de l'azote et des phosphates très propres à favoriser la végétation des céréales et des légumineuses dans les terres franches, légères et dans les herbues ordinaires.

Tout le monde sait que les graines ou les semences sont les parties les plus riches des plantes, aussi les tourteaux constituent d'excellents engrais. L'huile n'étant pas favorable à la végétation, la séparation de la matière grasse n'appauvrit pas les résidus. Les matières les plus précieuses comme engrais se trouvent par conséquent concentrées dans les tourteaux.

Les cultivateurs de nos contrées qui les emploient s'en trouvent très bien, et nous sommes autorisé à dire que les tourteaux, appelés vulgairement ici *pains de navette*, fournissent un puissant engrais que notre culture a malheureusement trop dédaigné, mais dont elle commence à comprendre l'importance.

Les diverses analyses qu'on a faites des tourteaux ont donné les résultats moyens suivants pour le chenevis, le colza et la navette, les seules graines oléagineuses que nous cultivons en grand.

	Chanvre	Colza, Navette.
Eau.	138	132
Huile	63	141
Matières organiques.	694	662
Cendres ou sels minéraux.	105	65
	1,000	1,000

On emploie les tourteaux à la dose de 600 à 700 kilogrammes par hectare. La dépense s'élève ainsi, à raison de 14 francs les 100 kilogrammes, de 84 à 98 francs, soit en moyenne 91 francs par hectare, c'est-à-dire à peu près autant que le fumier ordinaire d'étable.

Du jour au lendemain, si la terre est humide et le temps chaud, et au plus dans quelques jours, les fragments de tourteaux, concassés de la grosseur d'une noisette, absorbent avec avidité une grande quantité d'eau; ils augmentent promptement en volume (*on estime à quatre cette augmentation*), et se fusent ensuite spontanément et très rapidement, sans produire, comme le grand fumier, des perturbations dans la couche arable qui la crevassent en nuisant à la bonne implantation desracines.

Les tourteaux resserrent la couche arable et sont ainsi on ne peut plus favorables à la culture du froment, qui veut un terrain quelque peu compacte où son pied et ses radicules racineuses tallent facilement et puissent maintenir convenablement la tige dans une position verticale.

C'est surtout sur les légumineuses, les plantes oléagineuses et les céréales que les pains de navette agissent d'une manière remarquable. On les emploie aussi avec les plus beaux résultats sur les prés naturels et pour fumer les pommes de terre à la dose de 300 à 350 kilogrammes par hectare.

Sur les vignes, les effets des tourteaux ont été signalés dans le Midi comme pouvant avantageusement remplacer tout autre engrais, en donnant plus de vigueur aux pousses et une sensible augmentation de produits.

Dans les bonnes herbues la fumure, à la dose de 700 kilogrammes à l'hectare avec l'addition d'un tiers d'engrais ordinaire, dure quatre années. On répand les tourteaux au moment de la semence du carémage et du trèfle. On récolte ce carémage; le trèfle l'année suivante; on sème le blé sans nouvel engrais, et la quatrième année on peut encore avoir une bonne récolte en avoine.

L'emploi des tourteaux ne présente aucune difficulté. On les réduit en poudre ou on les concasse, comme nous l'avons dit, de la grosseur d'une noisette environ et on répand ces fragments sur le sol, préalablement labouré, en choisissant un temps humide ou pluvieux pour faire cette opération. Il est bon de laisser quelques jours les tourteaux exposés à l'air et de les enfouir, ainsi que cela se pratique en Flandre, quand ils se couvrent de moisissure.

Il faut avoir bien soin de ne pas confier au sol les graines en même temps que les tourteaux; car on a observé que les marcs de graines oléagineuses entravent la germination, si elles ne l'empêchent complétement par leur contact avec les semences.

Il faut donc répandre les tourteaux dix à douze jours avant l'ensemencement, afin que l'eau de pluie puisse entraîner l'huile qu'ils renferment encore et qui nuit singulièrement à la germination en enduisant d'une matière grasse les enveloppes des graines qui, devenant ainsi imperméables, sont tout à fait isolées des deux agents indispensables à l'évolution du germe : l'air et l'eau.

On peut employer les tourteaux autrement que réduits en poudre ou en fragments plus ou moins gros. On les fait dissoudre dans du purin et on les associe aux autres engrais, ou on répand simplement le liquide sur le sol.

Il convient d'employer les marcs des graines oléagineuses avant ou après la levée des plantes, jamais avec les semences, soit au printemps soit en automne. Une bonne précaution à prendre, c'est de répandre la moitié de la dose avant l'hiver et l'autre moitié au moment de la reprise de la végétation, en raison de ce que ces résidus ont une promptitude d'action extraordinaire.

Nous avons vu que, pour fumer un hectare de terre, la dépense peut s'élever à 98 francs au maximum. Cette dépense est bien minime, eu égard aux récoltes qu'on peut faire, puisque cette seule fumure dure 4 ans, sans qu'il soit besoin d'une nouvelle addition d'engrais.

Nous ne voulons cependant pas être exclusif et donner aux tourteaux une valeur comme engrais, au dessus de tous autres, parce que nous croyons qu'il convient de ne pas les employer seuls. Mais nous dirons que nous avons vu, sur Fontaine-Française, au climat dit la Noue-de-la-Haie, dans une terre argileuse, glaiseuse, ferrugineuse, acide, très mauvaise en un mot, des trèfles si beaux qu'ils ont valu une médaille d'argent à leur propriétaire, au comice agricole du canton en 1866. M. Robelot, huilier, qui les avait semés, doit, dit-il, leur luxuriante végétation aux pains de navette qu'il a employés comme unique engrais dans cette partie de sa ferme. Il a pu constater que l'emploi du fumier ordinaire, même à haute dose, est loin de produire des effets aussi prompts et aussi avantageux que les marcs de navette dans les herbues et les terres argileuses de la contrée.

Dans les prés, à la dose de 300 kilogrammes par hectare, d'excellents résultats ont été obtenus. Mais pour que ces résultats atteignent leur maximum, outre les précautions que nous avons déjà indiquées, il faut enterrer très faiblement les débris de pain de navette, colza ou autre, parce que cet engrais, se trouvant dans la couche où se développent les racines, est plus promptement absorbé.

Il y a quelques années tous les tourteaux de nos pays étaient achetés par le Midi pour fumer les oliviers. Cette exportation n'a plus lieu parce que les prix des graines oléagineuses et de leur produit ont beaucoup augmenté.

11° — Les marcs de raisin et de fruits fournissent des résidus qui peuvent tous être utilisés comme engrais.

Dans nos pays, où il y a des vignes, on perd souvent les marcs de raisin au détriment de l'agriculture. Il en est de même des marcs de fruits, et cependant ces résidus renferment des matières très utiles à la végétation.

Il est bon de prendre quelques précautions et de faire subir certaine préparation à ces produits, avant de les employer comme engrais.

Souvent on emploie les marcs de raisin immédiatement après leur sortie des cuves ; mais on a généralement l'habitude d'en extraire des eaux-de-vie par la distillation. Au lieu d'employer simplement les marcs à leur état naturel, il faut les mettre en tas et les abandonner pendant quelque temps à eux-mêmes : ces marcs ne tardent pas à éprouver une sorte de fermentation qui accroît considérablement leurs propriétés. On peut ensuite les répandre à la manière des engrais ordinaires.

Les marcs de fruits à pépins renferment des substances acides contraires à la bonne végétation.

Il faut leur faire subir un traitement qui neutralise cette acidité. A cet effet on dispose les résidus par lits, alternant avec du fumier d'étable, et on a soin d'arroser de temps en temps le tas pour favoriser la fermentation. Il se forme ainsi de l'ammoniaque qui se combine avec l'acide et le neutralise. Ce procédé simple et qui ne coûte rien augmente la quantité de fumier, en augmentant aussi sa valeur fertilisante.

On peut aussi mêler de la chaux et de la terre en poudre avec les marcs. Le *Journal d'agriculture pratique* donne la méthode suivante que nous conseillons à nos cultivateurs et jardiniers : on emploie par lits successifs, 2 hectolitres de marcs, 2 hectolitres de terre et un hectolitre de chaux vive en petits morceaux. Trois jours après la chaux vive est délitée et tombée en poussière; on opère le mélange de ces matières à la bêche; au bout de trois semaines, on recoupe une seconde fois ; trois mois après, nouveau mélange. Le douzième mois on recoupe encore et on peut employer le compost. A cette époque, les marcs sont entièrement transformés en terreau, on n'en aperçoit plus de vestiges.

CONSIDÉRATIONS GÉNÉRALES SUR LES AMENDEMENTS VÉGÉTAUX.

M. le baron Thénard, dans le discours qu'il a prononcé le 4 septembre 1864, au concours du Comice agricole de Fontaine-Française, a pris pour texte de son discours cette grande vérité qu'un sage a dite : « *La nature est le plus grand maître que Dieu nous ait donné.* » Après être entré dans une savante dissertation pour expliquer cette grande vérité, M. Thénard nous a cité des exemples tellement frappants d'amélioration et de fumure naturelles des sols par les plantes qui y croissent spontanément, que nous croyons pouvoir faire plaisir à nos lecteurs en reproduisant les parties du discours de M. Thénard qui traitent de cette matière et qui viennent parfaitement à l'appui de ce que nous avons dit en commençant ce chapitre.

« Les céréales et principalement celles du printemps, la plupart de « nos légumineuses annuelles, la pomme de terre, les graminées de nos

« prairies naturelles et presque toutes les plantes repiquées, étalent « leurs racines très près de la surface du sol, et par conséquent vivent de « sa surface, tandis que les plantes à grands pivots, dont je viens de « parler (*le panais à fleurs jaunes dans les craies de la Champagne; la « fougère dans les sols siliceux et humides; l'ajonc épineux dans les schistes « et les granits; le pas-d'âne dans les argiles plastiques; la prèle dans les « rougets humides de bonne nature; la sauge blanche et la renoncule « puante dans nos herbues froides; l'hièble et le chardon dans nos meil- « leurs terrains*), tout en vivant du sol, comme les précédentes, vivent « plus particulièrement encore du sous-sol. Cela dit, rien n'est plus sim- « ple que d'expliquer l'apparition des plantes pivotantes dans un sol « appauvri : par le fait seul de son appauvrissement, la surface, devenue « paresseuse, n'engendre plus assez de plantes traçantes pour étouffer « les plantes pivotantes, qui, dès lors, trouvant dans le sous-sol une « énergie plus grande que dans le sol lui-même, viennent aussi réclamer « leur part de soleil.

« Quant au fait concernant la luzerne, il s'explique par la différence « de fécondité entre le sous-sol et le sol.

« Voici maintenant les faits que la nature met sous nos yeux.

« En Bretagne, » dit M. Thénard, « il est d'immenses pâturages occu- « pant de vastes plateaux inaccessibles à toute irrigation; le terrain, d'une « qualité généralement inférieure, y est pourtant tapissé d'une herbe « nourrissante, mais qui en partie est cachée par de nombreux ajoncs « qu'il serait cependant facile de faire disparaître, mais qu'avec intention « on laisse subsister. L'ajonc n'est pas alimentaire et il ne sert pas à pro- « téger l'herbe d'un soleil brûlant, car, sous ce climat brumeux, l'ombre « est plutôt nuisible. L'herbe disparaîtrait bientôt faute des dépouilles « que l'ajonc lui apporte sans cesse et qui la fument constamment. « L'ajonc épineux est, en effet, une plante pivotante qui pénètre profon- « dément dans le sous-sol et finit par vivre à ses dépens; de sorte que « les dépouilles de l'ajonc proviennent, non du sol, mais du sous-sol, et « l'herbe qui en hérite, mais qui vit du sol, synthétise en quelque sorte « en elle seule la puissance de tous les étages du sol.

« Dans les landes de la Gascogne, si célèbres par leur infertilité, ce « n'est plus l'ajonc, c'est la fougère qui remplit ce rôle important; là « aussi paissent des troupeaux. Cependant, au milieu d'un océan de ver- « dure, tâchez d'apercevoir quelques animaux : sont-ils rares et chétifs, « la fougère est peu abondante et la bruyère domine; sont-ils un peu « meilleurs, la fougère se multiplie davantage et la bruyère diminue;

« acquièrent-ils une valeur véritable, la proportion de fougère augmente « encore et l'herbe remplace presque complétement la bruyère.

« Cependant ces troupeaux ne paissent ni la fougère ni la bruyère ; « ils ne paissent que l'herbe.

« Mais de quoi donc vit cette herbe ? En dehors du sol, d'ailleurs très « pauvre, c'est évidemment de la fougère, comme tout à l'heure de l'ajonc, « et pour les mêmes raisons ; mais ce n'est pas de la bruyère qui, comme « plante traçante, lui fait au contraire la plus rude concurrence.

« Permettez-moi de vous citer un dernier exemple, où vous allez voir « la plante la plus maudite, le *chardon*, entrer dans l'assolement régu- « lier, comme *moyen de fumer et de régénérer la surface du sol* quand « elle est épuisée.

« En Pologne, dans la Podolie, et en Russie, sur les bords du Don et « du Volga, il est des terres renommées par leur fécondité et qu'on « nomme *terres noires*. Les céréales diverses y prospèrent à l'envi et s'y « succèdent, sans fumier et sans interruption, pendant cinq ou six ans. « Mais au bout de ce temps la jachère morte arrive, c'est-à-dire sans « culture, et elle dure dix à douze ans et se divise en deux périodes : la « première est celle des chardons, la seconde des prairies. Sitôt, en effet, « que ces terres sont ainsi abandonnées à elles-mêmes, les chardons s'en « emparent, et ils viennent si drus, si gigantesques, qu'ils sont compa- « rables aux taillis de nos forêts. Cependant au bout de cinq à six ans, « quand le sol s'est suffisamment enrichi de leurs dépouilles et que la « différence entre la richesse du sol et du sous-sol s'est inversée, une « herbe touffue, succulente, apparaît à son tour et détruit les chardons. « Or, pendant cinq ou six ans les bestiaux pâturent, puis la rotation re- « commence. »

De tout cela, on peut conclure, comme le dit M. Thénard, que la nature ramène constamment, quand elle est abandonnée à elle-même, les richesses du fond à la surface, et que nous, nous les y laissons enfouies ; que nous ne tirons aucun parti de ces richesses qui pourraient nous donner d'excellents fourrages ; enfin que, chez nous, le fond ne travaillant jamais et la surface toujours, nous usons celle-ci dans un temps proportionnellement plus court, au grand détriment de la production.

Nous sommes donc autorisé à croire que nous donnons un bon conseil aux cultivateurs en leur disant : labourez plus profondément que vous ne le faites, enfouissez des plantes vertes dans vos terres, cultivez beaucoup de plantes pivotantes, augmentez le nombre de vos têtes de bétail, fumez beaucoup et vous récolterez beaucoup. Si vous voulez augmenter l'étendue de vos prairies artificielles, donnez à vos mauvaises herbues l'élément qui leur manque, le *calcaire* par la *chaux* ou tout autre amendement à base de chaux ; et vous pourrez, comme dans tous les sols calcaires, y faire végéter avec avantage le trèfle, la luzerne et le sainfoin même que, jusqu'à présent, vous n'avez pu y faire réussir d'une manière assez complète.

FIN DE LA PREMIÈRE PARTIE.

DEUXIÈME PARTIE

CHAPITRE VIII.

Description générale du canton de Fontaine-Française.

Le canton de Fontaine-Française, situé au nord-est du département de la Côte-d'Or, fait partie de l'arrondissement de Dijon et est borné, au nord, par les communes de Percey-le-Grand, Leffond et Champlitte, de la Haute-Saône; à l'est, par les communes de Champlitte, Vars, Auvet, Faby et Autrey, du même département; au sud, par les communes de Verfontaine, Attricourt et Lœuilley, également de la Haute-Saône; Beaumont et Bèze, de la Côte-d'Or; enfin, à l'ouest, par les communes de Lux, les Véronnes, Chaume et Sacquenay, de la Côte-d'Or, et Montormentier, de la Haute-Marne.

Son altitude, ou élévation par rapport au niveau de la mer, varie de 216 mètres dans les prés de Dampierre, à 295 au nord de Mornay et à 307 au-dessus de Mariageot, à Bourberain, point culminant du canton.

Il se compose de treize communes, d'une population ensemble de 5,506 habitants, et d'une superficie de 17,957 hectares qui se divisent ainsi :

Terres labourables.	10,565	hectares.
Prés et pâturages.	1,022	id.
Vignes.	310	id.
Bois et plantations	5,282	id.
Jardins et vergers.	67	id.
Cultures diverses	74	id.
Superficies non cultivables (friches, routes, chemins, maisons, cours d'eau, etc.).	637	id.

La culture des céréales et des autres plantes nécessaires à l'alimentation occupe la majeure partie des habitants du canton.

La moyenne annuelle de ses produits peut se résumer ainsi qu'il suit, savoir :

Froment	3,323	hectares,	à 15	hectolitres	par hectare,	= 49,845	hectolitres.
Méteil	30	id.	à 15	id.	id.	= 450	id.
Seigle	50	id.	à 16	id.	id.	= 800	id.
Orge	528	id.	à 19	id.	id.	= 10,032	id.
Avoine	2,795	id.	à 20	id.	id.	= 55,900	id.
Sarrasin	17	id.	à 11	id.	id.	= 187	id.
Pommes de terre	307	id.	à 100	id.	id.	= 30,700	id.
Maïs	17	id.	à 11	id.	id.	= 187	id.
Plantes légumineuses	15	id.	à 13	id.	id.	= 195	id.
Plantes oléagineuses	40	id.	à 15	id.	id.	= 600	id.
Houblons	15	id.	à 12	quintaux	id.	= 180	quintaux.
Betteraves	25	id.	à 190	id.	id.	= 4,750	id.
Prairies naturelles	1,022	id.	à 37	id.	id.	= 30,792	id.
Prairies artificielles	1,760	id.	à 45	id.	id.	= 79,200	id.
Vignes	310	id.	à 41	hectolitres	id.	= 1,271	hectolitres.
Chènevières	5	id.	à 16	id.	id.	= 80	id.

NOTA. — La moyenne de 45 quintaux, pour les prairies artificielles, a pour base les produits suivants :

Luzernes	56 quintaux	56	par hectare.
Trèfles	37 id.	66	id.
Sainfoins	30 id.	82	id.

les luzernes et les trèfles étant comptés, par rapport aux sainfoins, comme 3 est à 1.

La consommation moyenne annuelle du canton, compris les semences, étant en blé de 20,000 hectolitres, en orge et avoine de 35,000 ; l'exportation en blé peut être évaluée à 29,845 hectolitres, et en orge et avoine à 30,932.

Tous les autres produits sont consommés sur place ou à peu près.

On commence, depuis quelques années, à cultiver le houblon qui réussit parfaitement dans toutes les communes.

Il est question d'introduire la culture de la betterave à sucre et de construire une distillerie. Nous désirons de grand cœur voir la réalisation de ce projet, parce qu'il serait une source de grands bénéfices pour les cultivateurs.

Les bois où le chêne, l'orme, le charme, le tremble dominent, sont de bonne qualité et très recherchés pour la fabrication du charbon destiné à la confection de la fonte de fer.

Le sol du canton est demi-montagneux. Les plaines, en pentes généralement douces, sont coupées, particulièrement du nord-ouest au sud-est, par des monticules, des collines et des monts, qui sont ou boisés ou cultivés et qui rendent l'aspect du pays fort agréable, principalement dans le vallon de la Vingeanne.

Le canton de Fontaine-Française n'est arrosé que par une seule rivière, *la Vingeanne*, qui coule du nord-ouest au sud-est, avec une pente moyenne de 0m,0018 par mètre, soit de 1 mètre 80 centimètres par kilomètre. Le lit de cette rivière est creusé dans l'étage moyen de la série oolithique. Elle fait rouler neuf moulins ayant ensemble 34 paires de meules dont 30 marchent pour le public et 4 seulement pour le commerce, qui peut livrer par an environ 6,000 sacs de farine de 125 kilogrammes.

La Vingeanne et quelques ruisseaux peu importants arrosent de vastes et bonnes prairies formées d'alluvions anciennes et modernes, qui produisent du foin de première qualité.

Les vignes, que l'on cultive surtout à Dampierre, Licey, Saint-Seine, Fontaine-Française, Bourberain et Courchamp, donnent des vins, rouges et blancs, que les travailleurs préfèrent à ceux de la Côte, en raison de leur acidité qui n'a rien d'exagéré et qui les rend plus rafraîchissants.

Autrefois, il y avait plusieurs forges et hauts-fourneaux dans le canton. Ces usines ont disparu. Le seul fourneau de Fontaine-Française est en roulement. Ses produits, en fonte de fer de première qualité, peuvent s'élever à environ 1,200 tonnes.

La disposition du sol, les couches tertiaires et le remaniement des terrains par le diluvien, ont donné naissance à une quantité de dépôts de minerai de fer hydroxydé, généralement très bon, soit miliaire, soit pisolitique, sur presque toutes les communes du canton, notamment à Fontaine-Française, Fontenelle, Licey, Lavilleneuve, Fley et Orain.

On trouve dans le corallien de nombreuses carrières de moëllons propres à la construction, et de la taille qui n'est malheureusement pas toujours de première qualité. Nous en excepterons cependant celle de la carrière des Creux-de-Four, à Fontaine-Française, dont le calcaire à astartes est un peu siliceux et ne gèle jamais, en quelque saison qu'on l'extraie; ainsi que celle de Chaluet, à Montigny, où le bathonien supérieur (combrasch) y est, par exception, de qualité vraiment supérieure.

La carrière réouverte en 1865, par M. le marquis Étienne de Saint-Seine, dans le corallien moyen et dans le supérieur, paraît bonne. On dit que c'est de cette même carrière que provient toute la pierre avec laquelle a été construit, dans le Xe siècle, le château-fort de Rosière, qui a conservé, avec ses machicoulis et ses souterrains, tout le style de son époque.

Malheureusement les sables siliceux ou calcaires purs nous manquent totalement. Nous ne possédons à Saint-Maurice, Mornay et Saint-Seine, que quelques graviers d'arène, appelés *groises* dans la localité, qui gèlent et sont trop terreux, mais qu'on est obligé d'employer, avec les boues et les détritus de routes, dans les constructions ordinaires. Pour les travaux hydrauliques et ceux qui demandent plus de soins, on emploie le sable siliceux de la Saône, qu'on se procure à Gray et qui nous revient en moyenne à 8 francs le mètre cube.

Des poteries à Bourberain, des scieries à Licey, Montigny et Saint-Maurice occupent, avec la vannerie et l'extraction du minerai de fer, un certain nombre de bras ; mais en général l'industrie n'est point développée, toutes les forces et le travail se reportent sur l'agriculture qui occupe, à elle seule, les neuf dixièmes de la population. Cependant, le commerce des grains à pris à Montigny, Pouilly et Saint-Seine, une extension considérable ; et, depuis quelques années, il se fait, dans ce genre d'industrie seulement, pour environ trois millions d'affaires par an.

Si, en somme, les terres du canton donnent des produits qui ont relativement une certaine importance, elles ont besoin de grandes améliorations, d'amendements et de soins spéciaux. Le progrès forcera bientôt le cultivateur à les leur apporter et ils augmenteront considérablement ses récoltes, ses bénéfices et son bien-être.

L'assolement triennal est en usage dans tout le canton. Au blé succède l'avoine ou l'orge, puis la jachère morte sur laquelle revient le blé. De cette manière, sur trois années le sol ne rapporte que deux récoltes en grains. Nous espérons qu'on arrivera à supprimer totalement *le sombre* (terme local employé pour jachère morte). Mais cela demandera beaucoup de temps, car il faudrait une production d'engrais considérable, et nous avons déjà dit que nos cultivateurs sont loin encore d'en faire assez, même pour fumer, d'une manière complète, les deux tiers de leurs terres.

La géologie du canton de Fontaine-Française est assez variée et présente, parfaitement caractérisées, les couches successives depuis le calcaire ruiniforme du bathonien à Orain ; le callovien aussi à Orain ; l'oxfordien encore à Orain, à Saint-Maurice, Montigny et Courchamp ; le corallien à Saint-Seine, Pouilly, Mornay, Montigny, Lavilleneuve, Fontaine-Française, etc. ; le kimméridgien à Fontaine-Française, Fontenelle et Licey ; le portlandien à Dampierre et Bourberain ; les terrains crétacés inférieurs à Fontenelle, Licey et Bourberain ; les terrains tertiaires éocènes à Fontaine-Française, Fontenelle et Licey ; les miocènes à Fley ; enfin les terrains tertiaires supérieurs ou pliocènes, quelques lambeaux de terrains quaternaires, et les alluvions anciennes forment toutes nos terres arables ; tandis que les alluvions modernes forment une grande partie de nos prairies et les abords des cours d'eau.

CHAPITRE IX

Description géologique et géognostique du sol par commune.

Constitution physique, composition chimique des terres et améliorations à y apporter.

Nous croyons avoir rempli, dans les chapitres qui précèdent, une partie essentielle de la tâche que nous nous sommes imposée. Nous allons maintenant décrire *géologiquement* et *géognostiquement, au point de vue agricole,* le sol de chaque commune, rendre compte des analyses que nous avons faites et, nous devons le dire, de celles qui ont été, soit vérifiées, soit entièrement faites par l'honorable et savant ingénieur M. Hervé Mangon, directeur du laboratoire de l'École impériale des ponts et chaussées, à Paris.

Ces analyses, qui ont eu pour but d'étudier la *constitution physique* et de déterminer la *composition chimique* des sols, ont été faites sur plus de cent cinquante échantillons de terres, roches et marnes, recueillis par nos soins, dans les divers climats des communes qui composent le canton de Fontaine-Française.

Pour rendre plus clair le résultat de nos analyses, en embrasser, d'un seul coup d'œil, l'ensemble et les détails et faciliter les recherches qu'on aurait à faire, nous avons classé les communes par ordre alphabétique et nous avons dressé, à la suite de l'exposé de chaque territoire, des tableaux qui comprennent la nomenclature des climats, les caractères extérieurs du sol, la composition et la constitution des terres, ainsi que tous les renseignements que nous avons pris, nous-même, sur le terrain ou auprès des cultivateurs les plus expérimentés et d'autres personnes notables que nous avons cru devoir consulter.

Nous avons enfin établi, pour chaque commune, le tableau de production et de rendement moyen annuel et actuel des terres. Ces derniers tableaux ont été faits avec le plus d'exactitude possible. Leurs données, par comparaison, nous feront connaître le degré des progrès que notre agriculture pourra faire dans l'avenir.

Nous pensons qu'il est maintenant utile de donner quelques explications sur la valeur et le but des renseignements et des chiffres qui composent les *tableaux géognostiques et analytiques* placés à la suite de la description, nous dirons même de l'histoire du sol de chaque commune et des diverses observations faites sur sa culture.

L'indication, *N° ..... de la Carte*, est le numéro correspondant, avec la carte géognostique, de la réunion des climats dénommés au paragraphe ou § 1, et dont la composition et les caractères généraux extérieurs, étant sensiblement pareils, sont indiqués aux § 2, 3 et 4.

Le § 3 n'est rien moins que pratique : c'est la *constitution physique* ou matérielle du sol végétal ; sa composition en *matières organiques, en pierrailles, gravier* et *sable* plus ou moins ténus, en tant pour cent, ce nombre étant pris pour terme de comparaison en poids. De ces cinq données on pourra de suite déduire la valeur physique du sol, sa manière d'être, sa facilité de culture, sa légèreté ou sa ténacité et presque sa valeur vénale.

Ainsi plus les chiffres de pierrailles et gravier seront élevés et ceux du sable et des matières ténues seront faibles, plus le sol pierreux et graveleux sera léger, pauvre, peu productif, mais facile à cultiver. Quand ces premiers chiffres atteindront 15 à 20 pour 100 de pierrailles et 6 à 10 de gravier, la terre, excessivement pierreuse, n'aura pas de fond et le sol sera brûlant, aride et improductif. Tandis qu'au contraire, si les chiffres de pierrailles et de graviers ne dépassent pas 2 à 7, la terre sera de bonne constitution, légère, tout étant assez compacte et très productive. Mais si les quantités de pierrailles, de graviers et de sable sont très faibles et la quantité de matières ténues élevée, le sol sera compacte, fort, très argileux, difficile à mettre en bon état de culture, imperméable, goutteux, froid, donnant peu de produits et demandant beaucoup d'engrais et d'amendements modifiants.

La quantité de *débris organiques* joue un rôle important dans le compte qu'on peut se rendre d'une terre à étudier, comprise dans les climats portés à nos tableaux analytiques. Ces débris sont ceux des plantes, du fumier et de toutes les matières qui, pouvant entrer en décomposition ou étant déjà à cet état, doivent contribuer à l'alimentation végétale.

Pour qu'une terre soit bien constituée, il ne faut pas qu'elle soit trop pierreuse ni graveleuse, car elle serait trop sèche et improductive. Il ne faut pas non plus qu'elle soit entièrement dépourvue de pierrailles, de graviers ou de sable, parce qu'elle serait trop compacte, forte et presque toujours humide et imperméable. Il faut, nous l'avons dit dans notre premier chapitre, une certaine proportion de sable, de gravier et de pierrailles, ensemble 15 à 20 pour 100, le reste étant en *sable très fin* et la plus grande partie en matières ténues, argileuses et siliceuses, facilement entraînables à la lévigation.

Le § 4 donne la *composition chimique* des sols : c'est la partie la plus essentielle de l'étude d'une terre ; car, que celle-ci soit plus ou moins pierreuse, graveleuse ou sableuse, si sa composition chimique accuse des matières azotées, de l'humus, des produits volatils ou combustibles, de la chaux, de l'argile et de la silice en proportions convenables, et que le sous-sol soit perméable on aura, en quelque sorte, le type de la bonne terre.

La quantité d'*eau* indiquée au § 4, donne approximativement le degré d'humidité du sol, de son affinité pour l'eau et de la propriété qu'il a de la retenir. Aussi, on remarquera dans nos tableaux que la quantité d'eau, trouvée dans la terre des prés et dans les terres fortes, argileuses ou glaiseuses, est toujours plus grande que dans les autres terres. Et cependant les analyses ont été faites l'eau étant complétement évaporée et l'échantillon de terre chauffé et séché à 100 degrés. Cette donnée nous fera connaître les terrains les plus humides.

Ceux qui, en dehors des prés, contiennent 2,50 pour 100 d'eau, ont besoin d'assainissement par fossés ou par drainage ; ceux des terrains étudiés qui contiennent 1,50 à 2 pour 100 d'eau, ne sont ni trop humides ni trop secs ; mais ceux qui n'en renferment que de 1 à 1,50 pour 100, sont généralement très secs.

Les deux autres chiffres, *matières volatiles* ou *combustibles* et *azote*, donnent une idée de la plus ou moins grande quantité d'humus que peut contenir une terre.

Sous le rapport de la richesse en humus d'une terre, on voit qu'il est très essentiel de tenir compte du total des produits volatils ou combustibles et de l'azote si utile à la nutrition des plantes.

Plus les résidus insolubles dans les acides, *argile* et *silice*, de la deuxième partie de la composition chimique, seront grands, plus la terre sera forte, tenace, compacte et froide, ou au moins d'une nature au-dessous de la moyenne qualité.

La terre est acide, peu fertile, si l'*alumine* et le *péroxyde de fer* s'y trouvent en grande quantité. Dans ces sols la chaux manquera ou on la trouvera en si faible proportion, que, pour détruire cette amertume et pallier les mauvais effets qu'elle produit, on sera forcé de chauler fortement et d'augmenter les fumures.

La *chaux* joue un si grand rôle en agriculture qu'à nos yeux (nous pensons que tous nos lecteurs seront de notre avis), et avec les simples données de la constitution physique, on peut, par la quantité de chaux contenue dans une terre, juger immédiatement de sa qualité et de sa valeur. Notre attention doit particulièrement s'arrêter à cet article. Il faut, en effet, se rappeler que nos sols, éminemment argileux ou siliceux et si peu calcaires, ont généralement grand besoin de ce puissant amendement.

Nous prions nos lecteurs de se reporter au chapitre qui traite de la chaux, de son usage, etc., et nous sommes persuadé à l'avance qu'ils voudront se rendre un compte plus intime de la composition de leurs terres et des amendements qu'elles demandent. A cet égard nous sommes entièrement au service des personnes qui nous feront l'honneur de nous consulter.

Le § 5 n'a pas besoin d'être expliqué. C'est tout simplement la *dénomination scientifique du sol*, ainsi que nous l'avons établie dans la première partie de notre ouvrage, pages 12 et suivantes.

Le § 6 donne la *puissance* ou l'*épaisseur*, non seulement de la couche végétale remuée ou non par les instruments agricoles, mais encore l'épaisseur de toute la terre, au-dessous de cette couche végétale, susceptible d'être cultivée et dont la constitution et la composition, sauf l'humus et les sels provenant des engrais, sont sensiblement les mêmes qu'à la surface du sol.

Le § 7 indique en masse les *améliorations* et les *amendements* à apporter aux sols. Nous ferons observer qu'ayant groupé les climats, les doses que nous indiquons peuvent et doivent varier. Il serait au-dessus de nos forces et du temps dont nous disposons, d'entreprendre le travail de l'analyse du sol de chaque lieu-dit; car, dans l'ensemble des terres qui le composent, nous trouverions des changements fréquents et les études devraient être poussées à l'infini. Les divisions que nous avons faites nous ont paru suffisantes pour établir la *géognosie* de notre canton. Il appartiendra à l'agriculteur, au cultivateur, d'étudier, par comparaison et séparément, les diverses natures de terres qui composent sa culture et d'y introduire, par essais successifs, les amendements, ou d'y faire les améliorations dont nous donnons les bases générales.

Il nous reste le § 8 qui indique la *valeur vénale* de la propriété en 1866, telle qu'elle nous a été fournie, soit par les ventes faites depuis un an, soit par les cultivateurs compétents que nous avons consultés à cet égard.

COMMUNE DE BOURBERAIN.

Population . . . . 676 habitants.
Etendue territoriale . . . . 3,071 h. 30 a. 45 c.
Revenus imposables . . . . 43,159 fr. 40 c.

Le territoire de Bourberain, ainsi que la majeure partie de ceux des communes voisines, reposent sur l'étage supérieur (kimméridgien et portlandien) de la *série oolithique des terrains jurassiques*.

Le *Portlandien* forme la masse du sous-sol. Les *marnes néocomiennes* et *aptiennes* y ont, au sud-est, une grande puissance et le *gault* ou *grès* vert des terrains crétacés, avec nodules de phosphate, occupe une certaine étendue vers la Fontaine de la Charme, la Pointe, Champ-au-Curé, la Nôle, etc. Mais, en somme, la couche arable est formée d'*alluvions anciennes* provenant de la désagrégation des roches, dont les parties ténues ont été entraînées et remaniées par les eaux, lors du déluge des géologues, et déposées, sur le sol dénudé, par couches plus ou moins épaisses et plus ou moins régulières, soit quant à la forme, aux déclivités et à la position topographique ; soit quant à la constitution mécanique ou physique et à la composition chimique.

Si quelques parties du territoire de Bourberain sont très pierreuses, sèches, arides et peu productives comme au nord, il en est d'autres, à l'est et au sud, qui sont susceptibles de recevoir toutes sortes de cultures et qui compensent largement le défaut de production des premières. Cependant, pour obtenir des dernières, généralement plates, basses, fortes et humides, tous les produits dont elles sont capables, il faut leur donner des marnes calcaires, de la chaux, mais au préalable assainir toutes celles qui sont goutteuses.

Le but de notre travail étant essentiellement agricole, nous avons laissé de côté l'étude complète des sols emplantés de bois, pour ne nous occuper que des terres arables propres à la culture des céréales, des plantes sarclées, ainsi que des fourrages naturels et artificiels.

Cependant, cédant à la demande de plusieurs personnes, nous ajouterons à la description du territoire de chaque commune une notice sur la nature du sol et du sous-sol des forêts et des bois communaux ou particuliers.

La partie au levant du territoire de Bourberain, comprise entre le village, les prés, le chemin vicinal de Dampierre, la voie romaine et le chemin vicinal de Fontenelle, est essentiellement argileuse et siliceuse et formée de terres que nous appelons vulgairement *terres herbues franches, douces* ou *fortes*.

Ces sols sont généralement froids et humides, parce qu'ils sont très compactes, se tassent facilement et ne se laissent pas pénétrer par l'eau de pluie, tandis qu'ils conservent trop bien leur humidité intérieure.

Le sous-sol lui-même, formé de couches marno et argilo-calcaires, est imperméable, conserve son eau, rend la couche arable toujours humide et empêche l'influence salutaire de l'atmosphère d'agir dans le sol, ainsi que cela arrive pour les terrains calcaires meubles à sous-sol perméable.

C'est dans cette partie du territoire de Bourberain et dans les climats dits les Echangés, Petits-Communaux, Grande-Mouille, Mouille-sur-Aubry, la Tuilerie, etc., que se trouve, sur une puissance de 2 à 3 mètres, l'argile à potier, des groupes *aptien* et *albien*, qui sert, dans la localité, à la fabrication de la tuile et de la poterie commune.

Les terres fortes, desquelles nous parlons, sont presque complétement dépourvues de l'élément chaux. Cet amendement est, par conséquent, appelé à modifier tellement la nature du sol que la dépense de chaulage, insignifiante en raison de ses bons effets, serait largement payée avant deux révolutions ternaires de culture. Voir dans la première partie, page 52, les résultats obtenus du chaulage par M. Bouchard, tuilier.

A l'est de cette portion du finage, contre la Voie romaine, où se montre le *terrain tertiaire éocène*, on remarque, dans les creux de Fontenelle, des *andusoirs*, entonnoirs où se perdent les eaux qui, par des canaux souterrains dans les argiles ou à travers les pierres perforées du portlandien, vont probablement alimenter la source de la Fontaine et toutes celles placées à une altitude moins élevée.

La partie du territoire comprise entre les prés et les bois de la Dame, au-delà du chemin de Dampierre, contient encore moins de chaux que la Grande-Mouille et les climats environnants. Le drainage, les chaulages, les cendres, les amendements appelés à diviser le sol, de fortes fumures et un labourage profond suivi de hersages répétés, pourraient seuls amener ces sols à rendre un produit sortable aux cultivateurs qui les exploitent. Ces améliorations et en particulier le chaulage, ont depuis longtemps été mis en pratique par M. Roch Lenoir, cultivateur aussi intelligent que laborieux, et nous ne doutons pas que le bien-être, parfaitement mérité, duquel il jouit, provient en grande partie de sa culture raisonnée, de ses chaulages, de l'emploi de ses purins, du soin qu'il a apporté à ses prairies artificielles et de ses larges et copieuses fumures.

Les climats qui renferment le plus de chaux, ainsi qu'on le verra au tableau analytique de Bourberain, existent au sud, à l'ouest et au nord. L'assise géologique appartient au *calcaire strombien* perforé de l'étage supérieur des terrains secondaires, série oolithique, et le calcaire portlandien proprement dit, forme la masse du sous-sol et tous les débris de pierrailles et de graviers qui entrent dans la composition des couches végétales. Ces terres sont généralement fertiles, elles manquent d'engrais et cependant leur composition chimique accuse de 5 à 7 pour cent de produits volatils ou comestibles qui constituent l'humus ou au moins les matières, sels, liquides, solides et gaz propres à la nutrition des plantes.

En labourant profondément les sols légers, les débarrassant des pierres les plus grosses et leur donnant des composts terreux ou des engrais en vert, tels que les lupins, le sainfoin, le sarrasin et la spergule ou les vesces, on arriverait à leur procurer un peu plus de consistance, d'humidité, de fraîcheur et à constituer convenablement la couche arable qu'on sait être tout à fait légère, trop perméable et brûlante sur bien des points. Les parties les plus pierreuses telles que les Couvrées, le chemin de Faâs, vers les dernières Veillées, auraient besoin d'épierrements continuels et de l'application de notre système, si peu coûteux, d'amendement *par le mélange des terres* (voir ce chapitre dans la première partie).

Au milieu de ces zones de terrains légers, où prospèrent les luzernes, se trouvent d'excellents fonds, tels que les Ceps-de-Vigne, le bas de la Veillée, les abords de la Voie romaine, etc. Là, la terre ne demande que des soins ordinaires avec de profonds labours, car le sous-sol est bon. Si les cultivateurs pouvaient y mettre assez d'engrais ils en feraient des terres de premier choix.

Nous avons souvent insisté sur l'augmentation des fumures dans un sol chaulé, on a vu pourquoi, nous ne nous répèterons pas. Nous dirons seulement aux cultivateurs : *rendez, rendez à la terre ce que les plantes y puisent, sinon vous l'épuiserez vite et elle deviendra bientôt improductive.*

Qu'on nous permette de dire, pour Bourberain comme pour toutes les autres communes dont nous avons étudié le sol, qu'on n'élève pas assez de bétail, qu'on cultive trop peu de plantes fourragères et que les engrais qu'on fait ne sont pas proportionnés aux besoins de la végétation.

On compte généralement en Bourgogne, — et l'expérience est venue confirmer ce fait, — qu'il faut une tête de gros bétail par hectare pour produire le fumier nécessaire à une bonne culture. Dix têtes de moutons équivalent pour l'engrais à une tête de gros bétail. On compte cependant que le fumier des porcs, la colombine et les autres menues productions de fumier et de débris ménagers, peuvent fournir, avec les balayures de ferme et les déjections humaines, un huitième de l'engrais qu'un cultivateur doit normalement employer dans ses terres.

Mais combien ne voit-on pas de cultivateurs qui, exploitant 30 ou 40 hectares de terres, n'ont que quatre chevaux et au plus quatre à cinq vaches ou génisses, soit huit à neuf têtes de gros bétail, tandis qu'il leur en faudrait au moins le double. Aussi les fumiers manquant, les récoltes manquent également. Il n'y a pas de bétail à vendre, le fermier ruine ses terres et se ruine lui-même, tandis que le cultivateur, propriétaire de son exploitation, au lieu de faire des bénéfices et des économies, vit tout bonnement et n'a rien de reste au bout de l'année.

Le paragraphe qui précède sort peut-être un peu de la question, mais nous avons cru devoir l'insérer dans l'étude de notre première commune parce qu'il peut s'appliquer à toutes les autres.

Quoi qu'il en soit, en égard à la nature très diverse de son sol, à sa composition, à sa position topographique, à son altitude (hauteur au-dessus du niveau de la mer, qui varie de 228 mètres à Mandinet à 307 au-dessus de Mariageot, point le plus élevé du canton) et aux produits de toutes les communes voisines, Bourberain fait de bonnes récoltes en céréales, plantes fourragères, légumineuses, oléagineuses, etc., de qualité assez recherchée. Mais si les terres froides et humides étaient drainées, chaulées ou marnées et cendrées, si en un mot elles recevaient l'élément *calcaire* et les autres sels qui leur manquent, tandis qu'on améliorerait les terres légères au moyen de mélanges d'herbues, de terres fortes, de composts, on verrait bientôt l'aspect du sol changer totalement, les produits en céréales et en artificiels augmenter sensiblement, les terres s'améliorer, s'ameublir et devenir propres à la culture des plantes sarclées qui enrichissent nos pays de plaine.

Le cultivateur aurait alors moins de maux, plus de récoltes et partant plus de bénéfices.

Le village de Bourberain, bâti en amphithéâtre sur une colline exposée au sud-est, est complétement dépourvu de sources. La seule de la localité, la Fontaine, éloignée d'un kilomètre du pays, coule à la base des *terrains crétacés*. Elle provient, en grande partie, des *andusoirs* des Creux de Fontenelle, des filtrations dans les couches perforées du portlandien et de ce que l'imperméabilité du sous-sol réunit les eaux pluviales au point le plus bas des versants qui l'entourent.

L'eau de la Fontaine de Bourberain occupe le douzième rang parmi les seize principales sources du canton; elle contient 328 milligrammes de matières étrangères, salines et organiques, par litre, dont 290 milligrammes de carbonate de chaux. Elle est bien moins bonne que celle qui alimente Dijon et qui ne contient que 260 milligrammes de matières étrangères.

On comprendra facilement pourquoi le finage de Bourberain est si peu riche en sources, si l'on veut bien se rappeler que le calcaire strombien ou le portlandien forme le sous-sol et qu'il paraît avoir ici une très grande puissance. Or le calcaire portlandien est perforé, dans tous les sens, de trous tortueux appelés *vacuoles*, par où l'eau pénètre et se perd dans les couches inférieures qui peuvent être plus basses même que les prés où existent, sur plusieurs mètres d'épaisseur, des dépôts tourbeux et des bancs de marnes des terrains crétacés empêchant, plutôt qu'ils ne favorisent, l'apparition des sources qui pourraient provenir des couches inférieures à ces terrains.

Plus on étudie un territoire, un climat, plus on trouve de variété dans la couche végétale. Si ces différences résultent, en général, des divers changements, des diverses perturbations que le sol a éprouvés pendant les dernières époques géologiques ; ces différences ont souvent des causes plus particulières : telles que les améliorations que la culture bien entendue a pu y introduire, ou la négligence du cultivateur qui, n'ayant pas soigné ses terres, les a appauvries en ne leur rendant pas en soins et en engrais, ou autres éléments organiques et constitutifs, les sels et les matières nutritives que les plantes y avaient puisés.

En dehors de ces différences résultant d'une culture plus ou moins bien faite, combien ne voit-on pas de champs, même d'une faible contenance, dont la couche végétale, formée d'alluvions déposées ou déplacées plusieurs fois, varie de constitution et de composition ? Circonstances dues à la déclivité du sol, à la formation des dépôts marins ou d'eau douce, à la dénudation plus ou moins complète des roches, au remaniement opéré lors du déluge, à la dégradation qui s'opère tous les jours, selon que les pentes sont plus ou moins fortes, en un mot à tous les faits produits naturellement et par la force des choses.

Ce petit exposé fera peut-être mieux comprendre aux lecteurs pourquoi nous avons groupé, sous un seul numéro et une seule espèce de sol, un certain nombre de climats qui, quoiqu'extérieurement ne paraissant pas tout à fait semblables, ont néanmoins au fond une composition identique et auxquels les mêmes améliorations peuvent être apportées. Nous avons déjà expliqué qu'il ne nous était pas possible d'étudier les sols champ par champ, la vie d'un homme n'y suffirait pas pour le canton seulement.

Il appartiendra maintenant, nous le disons encore une fois, aux cultivateurs intelligents et aux hommes qui comprendront nos conseils et les renseignements que nous leur donnons, d'établir avec nos données d'analyse, des chiffres que les essais en petit et d'année en année, avec l'expérience acquise, pourront leur faire adopter, pour connaître la composition de leurs terres et la quotité des améliorations que cette connaissance pourra leur faire introduire dans les différents sols qu'ils cultivent.

Ceci posé, disons, pour terminer, quelques mots des sols emplantés en bois.

Les bois des Petites et des Grandes Vacherosses et ceux de la Dame sont assis, partie sur le terrain crétacé, au nord, et partie sur des alluvions anciennes, formant des sols argilo-siliceux et siliceo-argileux graveleux, mais compactes, glaiseux, froids et imperméables. Ces fonds de bois sont très bons comme forêts. Le défrichement n'en ferait que de très mauvaises terres qui ne rapporteraient qu'à condition que celui qui les exploiterait y ferait d'énormes dépenses en assainissements, fumures et amendements.

Les petits bois des Chainots, des Veillées, de Marandeuil et le Buisson de Faâs sont très pierreux. Ce dernier ne l'est cependant qu'à l'est; tout le reste, quoique léger, est d'un excellent fond, plus terreux et très productif.

Tous ces bois reposent sur les assises portlandiennes; et quoique la couche arable soit peu épaisse, la végétation y est encore active et les racines peuvent, plus facilement dans ces terrains que dans tous autres, plonger assez profondément dans le sol, soit en passant dans les trous sinueux qui traversent la pierre en tous sens, soit en s'introduisant dans les nombreux joints que le retrait et la dislocation ont formés et qui, ainsi que les vacuoles, sont remplis d'une terre rougeâtre, calcaire et sableuse paraissant parfaitement convenir au développement des racines et du chevelu. C'est pour ces mêmes motifs que les prairies artificielles, à racines pivotantes, viennent si bien dans tous les terrains des Veillées.

Nous nous réservons de faire plus tard une étude spéciale de la belle et riche forêt de Velours. Nous dirons seulement qu'à l'est et au sud elle est sur les assises du portlandien et du kimméridgien; tandis qu'au nord et à l'ouest les bancs supérieurs du corallien font la base du sol et du sous-sol. Il y a peu de bois blanc dans la forêt de Velours, les essences dominantes sont le charme et le chêne. La masse du sol est généralement épaisse, bien constituée et assez régulière.

Tableau géognostique et analytique du territoire de BOURBERAIN.

N° 1 DE LA CARTE.

§ 1. *Climats ou lieux dits :* les Échanges, aux Petits-Communaux, sur la Grande-Mouille, Quartier-Bolot, Mouille-Saint-Aubry, la Pointe et l'étang Baudoin.

§ 2. *Caractères généraux extérieurs du sol :* terre ou argile à potier au niveau du sol et en sous-sol, éminemment argileuse, compacte, froide, humide et imperméable. Couleur bleuâtre, verdâtre et grise. Exposition en plateaux et en pentes douces au sud et au sud-est. Culture très difficile, produits bien minimes et de qualité inférieure.

§ 3. *Constitution physique :*

Débris organiques, pailles, racines, fumier, etc. .	0.01	100.00
Pierrailles, de la grosseur d'un pois à une noix ordinaire, ou de plus de 0m003 de diamètre	» »	
Gravier, de la grosseur d'un grain de navette à un pois, ou de 0m0005 à 0m003 de diamètre.	0.11	
Sable fin, au-dessous de la grosseur d'un grain de navette, ou du moins de 0m0005 de diamètre	1.61	
Matières ténues entraînées par l'eau, argile, silice, sels, etc.	98.27	

§ 4. *Composition chimique :*

Produits volatils ou combustibles.	Eau	5.00	6.10
	Matières volatiles ou combustibles : humus, sels divers et débris organiques	1.00	
	Azote	0.10	
Matières minérales	Résidu insoluble, argile et silice . . .	71.69	93.90
	Alumine et peroxyde de fer	7.04	
	Chaux.	5.49	
	Magnésie	0.51	
	Acide carbon. et produits non dosés.	9.17	
			100.00

§ 5. *Dénomination scientifique du sol :* argilo-siliceux. Gault ou grès vert. Argile albienne à potier.

§ 6. *Puissance ou épaisseur du sol végétal :* de 0m50 à 2 mètres, sur fond marneux et glaiseux imperméable.

§ 7. *Observations et améliorations que le sol réclame :* les données ci-dessus sont exclusivement relatives à la terre à potier. L'analyse et les améliorations de la couche arable se rapportent à ceux du n° 4 ci-après.

§ 8. *Valeur vénale :* de 450 à 650 francs l'hectare.

N° 2 DE LA CARTE.

§ 1. *Climats :* sur l'ancien chemin de Bèze, la Roture, Combe-de-Chevigny, partie des Échanges, Grands-Communaux, les Rangs, au-dessus de l'Abîme, l'Allier, Champ-aux-Pourceaux, Chemin-de-Bèze, les Périssottes, Grandes-Bornes et partie des Pomerols.

§ 2. *Caractères extérieurs du sol :* terre un peu pierreuse sur les hauteurs, forte et compacte dans les bas, herbue, douce et fertile, assez facile à cultiver, couleur blonde et jaunâtre ; rouget plus fort au levant ; sol peu incliné au sud-est, perméable, à sous-sol rocailleux et rocheux très disloqué.

§ 3. *Constitution physique :*

Débris organiques	0.03
Pierrailles	5.90
Gravier	0.93
Sable fin	6.58
Matières ténues entraînées par l'eau	86.56
	100.00

§ 4. *Composition chimique :*

Produits volatils ou combustibles.	Eau	3.80	7.60
	Matières volatiles ou combustibles.	3.61	
	Azote	0.19	
Matières minérales	Résidu insoluble, argile et silice.	73.60	92.40
	Alumine et peroxyde de fer	8.27	
	Chaux	3.74	
	Magnésie	0.14	
	Acide carbonique et pertes	6.65	
			100.00

§ 5. *Dénomination :* sols calcaires, argilo-siliceux, pierreux et sableux.

§ 6. *Épaisseur :* de 0m40 à 0m50 sur fond rocailleux et rocheux perméable.

§ 7. *Améliorations :* défoncements, labours profonds, chaux en composts et pas autrement, cendrage et chaulage ordinaires des parties basses et froides ; dans les autres enfouissement en vert du sarrasin, du sainfoin, etc. Boues de routes et curures de fossés dans les endroits très pierreux. Employer les fumiers courts, gras, bien pourris, dont la décomposition est avancée et qui produisent leur effet instantanément.

§ 8. *Valeur vénale :* de 900 à 1,200 francs l'hectare.

N° 3 DE LA CARTE.

§ 1. *Climats :* le Village, les Vignes, les Rougeottes, le bas du chemin de Fontaine et partie des Courtots.

§ 2. *Caractères extérieurs du sol :* terre à fond d'argile et de rouget, très pierreuse, en revers rapide au sud-est ; terrain léger, facile à piocher et propre à la culture de la vigne et des légumineuses. Sol très humifié, fertile, doux, mais trop pierreux.

§ 3. *Constitution physique :*

Débris organiques	0.10
Pierrailles	10.00
Gravier	2.05
Sable fin	7.06
Matières ténues entraînées par l'eau	80.79
	100.00

§ 4. *Composition chimique :*

Produits volatils ou combustibles.	Eau	4.45	8.23
	Matières volatiles ou combustibles.	3.60	
	Azote	0.18	
Matières minérales	Résidu insoluble, argile et silice.	73.74	91.77
	Alumine et peroxyde de fer	7.00	
	Chaux	4.50	
	Magnésie	0.33	
	Acide carbonique et pertes.	6.20	
			100.00

§ 5. *Dénomination :* sols calcaires, argilo-siliceux pierreux et graveleux.

§ 6. *Épaisseur :* de 0m30 à 0m70 sur fond rocailleux, disloqué, perméable.

§ 7. *Améliorations :* les boues et poussières de routes, les vases de la mare, les chaulages en composts et le défoncement pour ramener la terre vierge du sous-sol à la surface. Employer les fumiers gras, bien pourris.

§ 8. *Valeur vénale :* 2,000 francs l'hectare, en moyenne.

N° 4 DE LA CARTE.

§ 1. *Climats :* Montants-de-Beauregard, Grésille et partie nord-est des Échanges.

§ 2. *Caractères extérieurs du sol :* rougets compactes, glaiseux, très tenaces, humides, acides, peu inclinés, exposition au levant, mauvaise terre, infertile, dépourvue de chaux, à sous-sol glaiseux et imperméable.

§ 3. *Constitution physique :*

Débris organiques	0.07
Pierrailles	0.60
Gravier	2.21
Sable fin	4.35
Matières ténues entraînées par l'eau	92.77
	100.00

§ 4. *Composition chimique :*

Produits volatils ou combustibles.	Eau	1.80	3.22
	Matières volatiles ou combustibles	1.30	
	Azote	0.12	
Matières minérales	Résidu insoluble, argile et silice	86.34	96.78
	Alumine et peroxyde de fer	7.10	
	Chaux	0.43	
	Magnésie	0.10	
	Acide carbonique et pertes	2.81	
			100.00

§ 5. *Dénomination :* sols argileux, non calcaires, très ferrugineux, acides et glaiseux.

§ 6. *Epaisseur :* de 0m25 à 0m50 sur fond glaiseux imperméable.

§ 7. *Améliorations :* chaulages à la dose de 15 mètres cubes par hectare, après avoir labouré profondément la couche végétale, l'avoir assainie et cultivée deux années en prairies artificielles enfouies en vert dans le sol au moment de la floraison. Les cendres feraient très bien dans ces terres ainsi que le mélange de celle des climats pierreux, qui en faciliterait la division et la perméabilité; les fumures doivent être augmentées et la couche arable, ainsi traitée, changerait totalement, donnerait de bons produits qui se succèderaient pendant neuf à dix ans sans nouveau chaulage. Employer les fumiers longs, pailleux, peu pourris, parce qu'ils échauffent et divisent le sol.

§ 8. *Valeur vénale :* de 400 à 500 francs l'hectare.

N° 5 DE LA CARTE.

§ 1. *Climats :* Derrière-l'Allier, Mouille-Porcherot au levant, Montants-de-Beauregard, partie de l'Etang-Baudoin, en Maillot et partie des Petits-Communaux.

§ 2. *Caractères extérieurs du sol :* forte herbue, grasse, rougeâtre et blanchâtre; compacte, froide, humide, en plateaux et bas-fonds, à sous-sol glaiseux, amer, très humide et tout à fait imperméable.

§ 3. *Constitution physique :*

Débris organiques	0.12
Pierrailles	0.57
Gravier	2.12
Sable fin	17.81
Matières ténues entraînées par l'eau	79.38
	100.00

§ 4. *Composition chimique :*

Produits volatils ou combustibles.	Eau	1.70	4.36
	Matières volatiles ou combustibles.	2.54	
	Azote	0.12	
Matières minérales	Résidu insoluble, argile et silice.	86.89	95.64
	Alumine et péroxyde de fer	4.83	
	Chaux	0.57	
	Magnésie	0.24	
	Acide carbonique et pertes	3.11	
			100,00

§ 5. *Dénomination :* sols très peu calcaires, silicéo-argileux, très sableux, en partie composés de grés vert.

§ 6. *Epaisseur :* de 0m50 à 0m60 sur fond argileux, acide et glaiseux.

§ 7. *Améliorations :* les mêmes que celles applicables au n° 4 ci-dessus. La dose de chaux pourrait cependant être réduite à 12 mètres cubes par hectare. Employer les fumiers longs, peu fermentés.

§ 8. *Valeur vénale :* de 900 à 1,000 fr. l'hectare.

N° 6 DE LA CARTE.

§ 1. *Climats :* la Pointe, Champ-au-Curé, Mouille-St-Aubry en partie, Dessus-de-Fontaine, Quartier-Bolot, sur la Grande-Mouille, la Nôle, partie des Petits-Communaux, Pièce-du-Folot, Mandinet, Mouille-Porcherot au couchant.

§ 2. *Caractères extérieurs du sol :* herbue blonde, verdâtre et jaunâtre, froide, plate, humide, peu fertile, d'une culture très difficile ; exposition au sud-est, en plateaux ferrugineux amers vers la voie romaine ; sol et sous-sol imperméables, sableux, mais très compactes, marneux et imperméables, mélangés de nodules de phosphate de chaux du grés vert.

§ 3. *Constitution physique :*

Débris organiques	0.07
Pierrailles	1.83
Gravier	2.03
Sable fin	9.56
Matières ténues entraînées par l'eau	86.51
	100.00

§ 4. *Composition chimique :*

Produits volatils ou combustibles.	Eau	2.60	4.90
	Matières volatiles ou combustibles.	2.19	
	Azote	0.11	
Matières minérales	Résidu insoluble, argile et silice.	84.50	95.10
	Alumine et peroxyde de fer	5.47	
	Chaux	0.95	
	Magnésie	0.09	
	Acide carbonique et pertes	4.09	
			100.00

§ 5. *Dénomination :* sols peu calcaires, silicéo-argileux sableux, composés en grande partie de grès vert.

§ 6. *Epaisseur :* de 0m50 à 0m60 sur fond argileux imperméable.

§ 7. *Améliorations :* les mêmes qu'au nº 4 ci-devant.

§ 8. *Valeur vénale :* 900 francs l'hectare, en moyenne.

Nº 7 DE LA CARTE.

§ 1. *Climats :* les Breuils, l'Oserole, Champ-Rouget, Corvée-du-Buisson-Pirey, la Vonchère et Frimoisin à l'ouest.

§ 2. *Caractères extérieurs du sol :* terre presque toute à chenevière, herbue sablonneuse, jaune-blond et ocre pâle ; très bon sol, plat, un peu en pente au sud-est ; sous-sol rouget, peu perméable, mais aussi bon que le sol.

§ 3. *Constitution physique :*

Débris organiques	0.13
Pierrailles	2.05
Gravier	3.15
Sable fin	10.00
Matières ténues entraînées par l'eau	84.67
	100.00

§ 4. *Composition chimique :*

Produits volatils ou combustibles	Eau	2.86	6.67
	Matières volatiles ou combustibles	3.56	
	Azote	0.25	
Matières minérales	Résidu insoluble, argile et silice	82.72	93.33
	Alumine et peroxyde de fer	5.20	
	Chaux	1.30	
	Magnésie	0.10	
	Acide carbonique et pertes	4.01	
			100.00

§ 5. *Dénomination :* sols calcaires, argilo-siliceux sableux.

§ 6. *Epaisseur :* 1 mètre sur fond un peu pierreux et graveleux, peu perméable.

§ 7. *Améliorations :* assainissements, profonds labours, légers chaulages en composts, cendrage, enfouissements en vert, culture des plantes pivotantes et mélange de terres légères. Employer les fumiers demi-consommés, plutôt longs que courts.

§ 8. *Valeur vénale :* 2,000 francs l'hectare, en moyenne.

Nº 8 DE LA CARTE.

§ 1. *Climats :* les prés en amont et en aval de la mare jusqu'au Bois-de-la-Dame, et les Prés-de-Mandinet.

§ 2. *Caractères extérieurs du sol :* terre brune, tourbeuse, en partie postdiluvienne, grasse, acide, humide, peu fertile.

§ 3. *Constitution physique :*

Débris organiques	0.24
Pierrailles	1.77
Gravier	1.23
Sable fin	6.31
Matières ténues entraînées par l'eau	90.45
	100.00

§ 4. *Composition chimique :*

Produits volatils ou combustibles	Eau	1.80	3.66
	Matières volatiles ou combustibles	1.47	
	Azote	0.39	
Matières minérales	Résidu insoluble, argile et silice	75.39	96.34
	Alumine et peroxyde de fer	7.13	
	Chaux	4.91	
	Magnésie	0.39	
	Acide carbonique et pertes	8.52	
			100.00

§ 5. *Dénomination :* sols argilo-calcaires tourbeux.

§ 6. *Epaisseur :* de 1 à 2 mètres sur fond tourbeux et marno-glaiseux.

§ 7. *Améliorations :* d'abord les assainissements au moyen de fossés, puis des chaulages et des cendrages pour neutraliser l'acidité du sol et détruire la mousse.

§ 8. *Valeur vénale :* 2,500 francs l'hectare, en moyenne.

N° 9 DE LA CARTE.

§ 1. *Climats :* Buisson-Pirey, les Veillées, revers du chemin de Fontaine, Ceps-de-Vigne, devant le Marchet-Mony, Orgères, bas du chemin de Fontaine, Buisson-Renard, Fosse-Dieu, Dos-de-Velours, Plante-Midoine et partie des Combottes.

§ 2. *Caractères extérieurs du sol :* terre pierreuse et graveleuse dans les parties élevées, herbue douce, fertile et légère dans les bas; couleur ocre pâle; en pente et en plateaux au nord et au nord-est; sous-sol rocheux et rocailleux dans les crêtes et les revers; pierreux, mais argileux, et souvent humide dans les fonds. Le climat dit les Ceps-de-Vigne et toute la zone longeant la voie romaine jusqu'au Marchet-Mony, sont d'un excellent terrain, bien humifié, léger, très fertile et perméable.

§ 3. *Constitution physique :*

Débris organiques	0.34
Pierrailles	10.24
Gravier	1.39
Sable fin	2.22
Matières ténues entraînées par l'eau	85.81
	100.00

§ 4. *Composition chimique :*

Produits volatils ou combustibles.	Eau	4.50	4.98
	Matières volatiles ou combustibles	0.29	
	Azote	0.19	
Matières minérales	Résidu insoluble, argile et silice	77.92	95.02
	Alumine et peroxyde de fer	7.65	
	Chaux	2.71	
	Magnésie	0.33	
	Acide carbonique et pertes	6.41	
			100.00

§ 5. *Dénomination :* sols calcaires, argilo-siliceux, pierreux et graveleux.

§ 6. *Epaisseur :* de 0m20 à 0m30 dans les hauteurs, et de 0m50 à 0m80 dans les bas, sur fond rocailleux et rocheux mêlé d'argile.

§ 7. *Améliorations :* beaucoup d'engrais; dans les parties pierreuses défoncement, épierrement et mélange de 25 à 50 mètres cubes d'herbue froide par hectare. Enfouissement en vert du sarrasin, du sainfoin, des lupins, etc. Dans les parties de terre forte, argileuse, chaulages à 6 ou 8 mètres cubes par hectare, mais partout profonds labours. Employer les fumiers demi-consommés et un peu longs.

§ 8. *Valeur vénale :* 900 francs l'hectare, en moyenne.

N° 10 DE LA CARTE.

§ 1. *Climats :* derrière le Village, les Couvrées, les Petits et Grands-Essarts, les Creux, Mariageot, Combe-au-Darinet, Champ-Morvant, Chemin-de-Fâ, Épi-de-Fâ, Petite et Grande-Rassenote, les Pruniers, Champ-Maltot, Combe-Laurent-Bressant, la Tissière et Mariageot-entre-les-Chemins.

§ 2. *Caractères extérieurs du sol :* toutes ces terres sont plus ou moins pierreuses et bonnes. Nous les avons réunies parce que la composition chimique de leur fond est la même. Elles sont très légères, chaudes et brûlantes, même incultes comme aux Couvrées; la terre est argileuse, mais en trop petite quantité, sauf les bas-fonds où les pluies l'ont amenée; exposition du nord-ouest au sud, en plateau, et en revers peu rapides; couleur variant du blond au rouget foncé; sous-sol rocheux, rocailleux, très fendillé et très perméable.

§ 3. *Constitution physique :*

Débris organiques	0.10
Pierrailles	15.68
Gravier	1.41
Sable fin	1.59
Matières ténues entraînées par l'eau	81.22
	100.00

§ 4. *Composition chimique :*

Produits volatils ou combustibles.	Eau	4.45	5.66
	Matières volatiles ou combustibles	1.03	
	Azote	0.18	
Matières minérales	Résidu insoluble, argile et silice	76.18	94.34
	Alumine et peroxyde de fer	6.42	
	Chaux	4.62	
	Magnésie	0.33	
	Acide carbonique et pertes	6.79	
			100.00

§ 5. *Dénomination :* sols calcaires, argilo-siliceux, très pierreux.

§ 6. *Epaisseur :* de 0m20 à 0m30 dans les hauteurs, 0m30 à 0m60 dans les bas, sur fond rocailleux très fendillé, sauf au Chemin-de-Fâ où le calcaire se présente en bancs minces, continus et d'excellente qualité.

§ 7. *Améliorations :* les mêmes que pour le n° 9, mais surtout mélange de terres fortes dans celles très légères, et *vice versa*, enfouissements en vert des légumineuses et de toutes plantes pouvant donner du liant à la terre. Employer les fumiers courts, gras et bien consommés.

§ 8. *Valeur vénale :* de 600 à 900 francs l'hectare.

Production moyenne agricole de Bourberain.

Nos de la Carte et du Tableau.	PRINCIPAUX CLIMATS.	PRODUITS MOYENS PAR HECTARE : EN HECTOLITRES DE						EN QUINTAUX DE			
		Blé.	Seigle.	Avoine.	Orge.	Pommes de terre.	Vin.	Foin.	Luzerne.	Trèfle.	Sainfoin.
2	Chemin-de-Bèze	17	17	25	26	114	»	»	60	27	»
3	Le Village, les Vignes	21	»	27	27	125	54	»	60	»	»
4	L'Allier	16	»	27	»	»	»	»	»	54	»
5	Gresille	11	»	16	»	»	»	»	40	27	»
6	Grande-Mouille	18	»	21	»	»	»	»	40	54	»
7	Champ-Rougel	21	20	27	27	125	54	»	66	54	»
8	Les Prés-Naturels	»	»	»	»	»	»	46	»	»	»
9	Les Veillées	11	»	15	16	90	»	»	40	»	27
10	Maringeots	16	»	21	21	90	»	»	54	40	27
	Moyennes	16.3	18.5	22.3	23.4	108.8	54	46	51.4	42.6	27

On ne sème du seigle, sur les éteules des blés, dans les bonnes terres, que pour faire des liens.

Outre les produits généraux ci-dessus, on récolte encore à Bourberain, mais seulement pour la consommation locale, des légumes frais, des haricots, des carottes, des betteraves, de la navette et du colza qui y réussit très bien. Il n'existe pas de plantations spéciales d'arbres fruitiers. Ces arbres sont disséminés, au gré des propriétaires, dans les vignes et les jardins, selon leur espèce et le terrain qui leur convient.

On a commencé à cultiver le houblon. Les résultats sont satisfaisants. Les produits de cette plante et une partie de ceux des graines oléagineuses sont les seuls, en dehors des céréales, qui soient livrés au commerce.

COMMUNE DE COURCHAMP.

Population. . . . . 102 habitants.
Étendue territoriale . . . 419 h. 16 a. 54 c.
Revenus imposables . . . 9,016 fr. 24 c.

Le territoire de Courchamp peut se diviser en deux zones bien distinctes. La première, au sud-ouest, est formée de tous les plateaux et les petits revers compris entre les finages de Chaume, Sacquenay et Montormentier (Haute-Marne), la crête de Bellevue et le chemin rural de la Craie au-dessus des vignes de Montrecul, des Plantes, des Puisardes, etc., ainsi que le revers des Suémonts. Cette zone est assise sur les bancs calcaires du corallien à *cidaris florigemma* et à *polypiers*. La deuxième zone, au nord et à l'est, comprise entre le chemin de la Craie, les Vignes, la pente nord de Bellevue, le territoire de la commune de Montormentier et la Vingeanne, est presque plate, excepté le bas des côtes de la première zone, et repose sur les *marnes oxfordiennes* du sous-groupe *argovien* et les *chailles siliceuses*, aux abords du village, à droite et à gauche du chemin de grande communication, n° 21, de celui de Percey-le-Grand, et contre les prés; mais entre le chemin n° 21 et le moulin de Roche, le *bathonien supérieur* se montre tout à coup et en masse, continuant la *faille* qui se présente si distincte sur le territoire d'Orain.

Dans la première zone, les terres végétales sont généralement argileuses et mélangées de nombreux fragments calcaires qui rendent la couche très légère, sèche et d'un bien faible produit. Ajoutons à cela que le sous-sol, rocailleux et rocheux, fissile et très fendillé, se trouve de 0m10 à 0m25 au plus sous le sol, et on aura de suite la conviction que la majeure partie des climats qui composent cette première zone, sont très perméables, parce que la couche végétale est pierreuse aux trois quarts, peu ou point fertile et d'une valeur relativement très minime. Nous devons cependant dire que, dans la zone qui nous occupe, on trouve quelques climats privilégiés où le sol et le sous-sol diffèrent essentiellement des données générales ci-dessus. Ainsi aux lieux dits au Ménétrier, la Corvée-Genevrière, les Montants, les Essarts, etc., la couche végétale atteint une épaisseur de 0m50 à 1 mètre et plus, et est composée d'herbues calcaires silicéo-argileuses et argilo-siliceuses qui sont très bonnes, d'un grand produit et susceptibles de recevoir toutes sortes de cultures.

Lorsque nous mettons le sous-sol à découvert ou qu'il est naturellement à nu, comme en Bellevue et les Communes, nous trouvons le *calcaire argileux gris*, de la base du *corallien* et des couches supérieures de *l'argovien*, donnant une chaux un peu hydraulique et de bons matériaux pour l'entretien des chemins, mais tellement disloqué et si peu disposé en assises régulières, qu'il devient impropre à la construction. En descendant la Charrière, le revers sud-est du Village, le bas de Bellevue et Canjarlot, on trouve le *calcaire gris compacte*, du *corallien inférieur*, alternant avec des marnes graveleuses et des sables argileux, jaunâtres, très calcaires et très propres à l'amendement des terres à chailles.

Plus bas, à la hauteur de la rue principale, et à sept ou huit mètres sous le sol de la plaine de Bellevue, les marnes gris-noirâtres peuvent donner du ciment et de la chaux hydrauliques; celles-ci, avec les rognons marneux et les chailles siliceuses, forment la base du sous-sol. La marne est grisâtre, blanchâtre et jaunâtre dans les vignes qui produisent d'excellents vins blancs, ayant un peu le goût de pierre à fusil, dû aux chailles et à la silice qui dominent dans le sol.

Malheureusement ces vins graissent vite et doivent être bus dans l'année.

Dans tous les climats qui longent les chemins vicinaux de Chaume et de Sacquenay, le fond manque et la terre, très pierreuse, sèche, est excessivement pauvre et ne donne que de maigres produits. Le remède certain, l'amendement le plus convenable et le moins dispendieux est sur place, car dans ces climats quelques parties du sol sont composées d'herbue abondante, épaisse et d'excellente qualité. Cette herbue convient parfaitement pour amender les terres trop légères et trop pierreuses, pour leur donner du fond, de l'argile et, en même temps, rendre le sol plus apte à maintenir les racines dans un milieu normal d'humidité.

Au contraire, dans les climats où le sol argilo-siliceux est profond, froid, compacte, c'est de la terre légère, des graviers, des pierrailles de toutes les contrées sèches qu'il faut y amener pour diviser la couche arable, la rendre plus perméable, moins humide, en faciliter l'ameublissement et par suite le développement des racines et des plantes qui ont, pour des causes contraires mais aussi nuisibles, autant de peine à végéter dans un sol trop léger et brûlant que dans un sol trop compacte et humide.

Si, dans le premier, la grande perméabilité de la couche végétale et du sous-sol, la quantité de pierrailles qui constituent ces couches et les rendent sèches, brûlantes, arrêtent totalement le développement des racines; dans le second la terre trop serrée, forte, humide, empêche aussi ce développement et fait pourrir les racines.

Dans la seconde zone qui est siliceuse, chailleuse, marneuse, généralement humide et goutteuse à l'excès sur bien des points, c'est le drainage qui doit d'abord être appliqué, ou tout autre moyen d'assainissement. Amender ensuite avec la chaux à la dose de 12 à 15 mètres cubes par hectare, employée convenablement; ou avec les parties graveleuses et sableuses calcaires qu'on trouve dans la coupure de la Charrière.

Les marnes oxfordiennes de Courchamp sont trop argileuses et trop peu calcaires pour être employées à l'amendement des terres de la seconde zone. Mais elles conviendraient on ne peut mieux à la première, dans les terres pierreuses et sèches à la dose de 20 à 30 mètres cubes par hectare.

La marne grise qu'on trouve sous le village de Courchamp, est essentiellement argileuse et sèche. Sa composition, que nous donnons plus loin, suffit pour démontrer qu'on peut l'employer avec avantage et succès assuré dans les terres pauvres et légères, où elle serait appelée, en leur donnant du fond, à y introduire l'élément *argile* qui leur manque.

Le sous-sol des climats chailleux est un rouget glaiseux, imperméable, qui renferme du minerai de fer hydroxydé noirâtre, disséminé et impropre à la confection de la fonte. Ce minerai rend la terre acide, amère, tenace et nuit singulièrement à la végétation. La chaux est appelée à neutraliser cette acidité, à empêcher la rouille, à détruire la ténacité du sol et du sous-sol, à permettre aux racines d'y pénétrer plus facilement et de s'emparer des sels propres à leur nutrition et au développement de la tige des plantes.

La nature argileuse des pierres qui forment la base du sol de Courchamp nous porte à croire qu'elle devrait fournir une bonne chaux, c'est un essai à faire. Que cette chaux soit grasse ou maigre, elle peut être produite à bon marché, et le débit aurait des chances de devenir considérable, attendu qu'une grande partie des terres de Saint-Maurice, d'Orain et des villages voisins, réclament cet amendement.

On verra tout à l'heure ce que peuvent produire les bancs de marnes qui se trouvent sous la pierre à chaux dont nous venons de parler.

Il est probable que les couches marneuses du territoire de Courchamp sont plus inclinées au sud qu'au nord, car les sources y sont peu abondantes, quoiqu'il existe à la hauteur du village une quantisé de suintements qu'on ne saurait appeler sources, parce qu'ils tarissent les trois quarts de l'année. Ce sont ces suintements qui, coulant à un niveau à peu près régulier sur les marnes oxfordiennes ou à leur base, rendent si humide la partie basse et plate du territoire, au nord et à l'est du village.

Une seule source pérenne mérite d'être signalée : c'est celle dite la

Fontaine-du-Village, près le presbytère. Elle est abondante, limpide, très légère, ne tarit jamais et ne contient que 233 milligrammes par litre de matières étrangères, dont 211 de carbonate de chaux, ce qui la place au deuxième rang des sources du canton. Nous devons encore citer la source de la Ruotte, vers le chemin n° 21. Elle tarit rarement, est moins abondante que la Fontaine-du-Village, mais tout aussi bonne.

Une grande partie du territoire de Courchamp, dans les plateaux élevés et longeant le chemin vicinal de Chaume, pourrait produire du sainfoin. Cette légumineuse ne donnerait probablement pas un abondant fourrage, mais elle améliorerait la culture et ferait utiliser des terrains trop secs et trop pauvres pour produire des céréales. Les cultivateurs de Courchamp savent cela aussi bien que nous, la routine seule les empêche de cultiver autrement que leurs pères ; mais nous espérons que le jugement dont ils sont doués et leur intelligence domineront cette routine, et qu'ils augmenteront leur bien-être en amendant leurs terres, en cultivant plus de prairies artificielles, en élevant plus de bétail, de manière à augmenter les fumures et à récolter davantage.

Il n'y a pas de bois sur le finage de Courchamp. Mais la commune a 32 hectares de terres en friches qui pourraient être plantées d'arbres verts, tels que le pin sylvestre et l'épicéa. Malheureusement ses ressources presque nulles l'empêcheront toujours de faire cette amélioration qui serait dans l'avenir une petite fortune pour cette localité. Si les habitants s'entendaient bien, ils pourraient arriver, dans peu de temps, à planter toutes leurs friches dont l'aspect est disgracieux et l'inutilité parfaitement reconnue au point de vue agricole. Nous proposons le système suivant. Le conseil municipal demande à l'Etat, soit une somme d'argent à titre de secours pour acheter les jeunes plants d'arbres verts, soit ces plants eux-mêmes. Il s'engage, bien entendu, à faire la plantation par corvées volontaires. En plantant quatre ou cinq cents sujets par an, dans un laps de temps relativement court, environ dix ans, les habitants couvrent toutes leurs friches d'arbres que leurs petits-enfants, au plus tard, exploiteraient en bénissant la main de leurs grands-parents qui auraient ainsi créé à la commune des ressources suffisantes à ses modestes besoins, et utilisé des terrains où les troupeaux trouvent maintenant à peine quelques brins d'herbe à pâturer.

Nous avons spécialement étudié la marne oxfordienne que le sieur Berthiot exploite, par pure curiosité, dans le village en face de l'église. Ce particulier, dont les habitants ont le grand tort de se moquer, a fait une découverte de laquelle il ne se doute guère. Nous avons suivi son travail, qui n'a pas de but pour lui, et nous avons bien vite reconnu des marnes très argileuses, se présentant sous une puissance de dix mètres en bancs de un à deux mètres d'épaisseur.

Les assises supérieures, sur trois à quatre mètres, sont formées d'une marne bleuâtre, sèche, qui se désagrége facilement, et fournirait un puissant amendement pour les terres légères du territoire.

Les bancs de la partie inférieure, sur six à sept mètres d'épaisseur, sont formés de marnes grisâtres ou bleuâtres, très argileuses, dont l'aspect nous a fait soupçonner, à première vue, les qualités hydrauliques.

Nous avons analysé ces marnes, nous en avons calciné, et il nous a été ensuite facile d'en constater les propriétés. Mais craignant de nous être trompé, nous avons envoyé des échantillons de cette marne à Paris, à l'Ecole Impériale des ponts et chaussées, et nous avons prié M. Durand-Clay, directeur du laboratoire de cette école, de faire une sérieuse analyse de nos échantillons et au besoin des essais. M. Durand-Clay a gracieusement répondu à notre demande et nous a donné ses résultats tels que nous les reproduisons dans le tableau et le certificat suivants :

« **Analyse des marnes de Courchamp.**

COMPOSITION CHIMIQUE.	MARNES	
	BLEUES.	GRISES.
Résidu insoluble dans les acides, argile	29.70	26.85
Alumine et péroxyde de fer	1.45	1.45
Chaux	35.60	38.35
Magnésie	0.45	0.40
Perte par calcination	32.80	32.95
	100.00	100.00

« La composition de ces échantillons est celle des calcaires pouvant « fournir du ciment. Le premier (le bleu) semble devoir se rapprocher « des ciments ordinaires de bonne qualité. Le second (le gris) un peu « moins argileux, rentrerait dans la catégorie des ciments limites inférieurs.

« Paris le 16 août 1866.

« *L'Ingénieur ordinaire chargé du laboratoire,*

« Signé DURAND-CLAY. »

Ce certificat ne doit plus laisser de doute sur la valeur des marnes de

Courchamp. *Notre localité possède une source de ciment et de chaux hydraulique.* Nous faisons appel aux industriels pour les exploiter : si la qualité des produits répond aux données de l'analyse, le débit sera assurément considérable et l'entreprise fructueuse.

Tableau géognostique et analytique du territoire de COURCHAMP.

N° 1 DE LA CARTE.

§ 1. *Climats ou lieux-dits :* les prés en général.

§ 2. *Caractères généraux, extérieurs du sol :* alluvions anciennes et modernes très argileuses, acides et compactes, en pente longitudinale suivant le cours de la Vingeanne. Sol humide et peu perméable en raison de la nature marneuse de son sous-sol.

§ 3. *Constitution physique :*

Débris organiques, pailles, racines, fumier, etc.	0.06	100.00
Pierrailles, de la grosseur d'un pois à une noix ordinaire, ou de plus de 0m003 de diamètre	6.68	
Gravier, de la grosseur d'un grain de navette à un pois, ou de 0m0005 à 0m003 de diamètre	2.88	
Sable fin, au-dessous de la grosseur d'un grain de navette, ou du moins de 0m0005 de diamètre	3.29	
Matières ténues entraînées par l'eau, argile, silice, sels, etc.	87.09	

§ 4. *Composition chimique :*

Produits volatils ou combustibles.	Eau	2.95	4.06
	Matières volatiles ou combustibles : humus, sels divers et débris organiques	1.01	
	Azote	0.10	
Matières minérales	Résidu insoluble, argile et silice	76.46	95.94
	Alumine et peroxyde de fer	7.96	
	Chaux	4.61	
	Magnésie	0.38	
	Acide carbon. et produits non dosés.	6.53	
			100.00

§ 5. *Dénomination scientifique du sol :* sols argilo-siliceux calcaires. Alluvions anciennes et modernes.

§ 6. *Puissance ou épaisseur du sol végétal :* de 1 à 4 mètres sur fond marneux et argileux du côté des terres, et graveleux en se rapprochant du lit de la Vingeanne.

§ 7. *Observations et améliorations que le sol réclame :* entretenir constamment les fossés et les noues d'assainissement. Cendrer les parties moussues et dans le cas d'insuccès employer la chaux avec deux ou trois hersages pratiqués dans tous les sens.

§ 8. *Valeur vénale :* de 2,400 à 3,600 fr. l'hectare.

N° 2 DE LA CARTE.

§ 1. *Climats :* en la Vesvre et au bas de la Vesvre.

§ 2. *Caractères extérieurs du sol :* herbue forte, rousse ou rougeâtre-ocrée, assez facile à cultiver et fertile; en pente douce au nord-est, avec minerai de fer hydroxydé disséminé et quelques parties très pierreuses, qui permettent l'écoulement facile de l'eau, quoique le sous-sol soit chailleux, glaiseux et imperméable, La couche arable a le fond très glaiseux et amer.

§ 3. *Constitution physique :*

Débris organiques	0.12
Pierrailles	9.48
Gravier	2.98
Sable fin	3.74
Matières ténues	83.68
	100.00

§ 4. *Composition chimique :*

Produits volatils ou combustibles.	Eau	3.25	5.00
	Matières volatiles ou combustibles.	1.62	
	Azote	0.13	
Matières minérales	Résidu insoluble, argile et silice.	79.33	95.00
	Alumine et peroxyde de fer	7.74	
	Chaux	2.99	
	Magnésie	0.43	
	Acide carbonique et pertes.	4.51	
			100.00

§ 5. *Dénomination :* sols calcaires, argilo-siliceux, un peu pierreux, mais très compactes.

§ 6. *Epaisseur :* de 0m50 à 2 mètres sur fond argileux, glaiseux, ferrugineux et imperméable.

§ 7. *Améliorations :* les assainissements par le drainage ou au moyen de fossés et rigoles; la chaux à la dose de 10 mètres cubes par hectare; les marnes calcaires graveleuses à 20 ou 25 mètres par hectare. L'écobuage ferait très bien dans ces climats comme dans tous les autres où l'argile domine. Il faut échauffer ces sols, les diviser et ne pas craindre les profonds labours. Mélanger aussi les terres et faire ainsi des échanges réciproques entre les terres légères et les terres fortes. Employer les fumiers longs, peu fermentés, qui échauffent et divisent le sol.

§ 8. *Valeur vénale :* de 1,500 à 2,000 fr. l'hectare.

N° 3 DE LA CARTE.

§ 1. *Climats :* les Plantes, les Picardes, les Fontenottes, en Montreculs, les Mangeottes et les Suémonts.

§ 2. *Caractères extérieurs du sol :* ce numéro comprend les vignes; ce sont de grosses terres, marno-compactes, rougeâtres, jaunâtres ou blanchâtres, selon l'altitude; fortes et tenaces, exposées en pentes raides au nord et au nord-est; difficiles à cultiver et souvent humides. Le sous-sol est de la marne argileuse tout à fait imperméable. Les terres, au sud et à l'ouest, quoique de la même nature, sont un peu pierreuses, plus légères et en pentes douces exposées au nord et au levant.

§ 3. *Constitution physique :*

Débris organiques	0.12
Pierrailles	5.13
Gravier	2.80
Sable fin	3 70
Matières ténues	88.25
	100.00

§ 4. *Composition chimique :*

Produits volatils ou combustibles	Eau	3.25	5.01
	Matières volatiles ou combustibles	1.65	
	Azote	0.11	
Matières minérales	Résidu insoluble, argile et silice	75.26	94.99
	Alumine et peroxyde de fer	7.96	
	Chaux	4.75	
	Magnésie	0.42	
	Acide carbonique et pertes	6.60	
			100.00

§ 5. *Dénomination :* sols calcaires, argilo-siliceux et marneux.

§ 6. *Epaisseur :* de 1 à 1m50 sur fond marneux dans les bas et à mi-côte; de 0m50 à 1 mètre sur fond rocailleux dans les revers et au-dessus de la côte.

§ 7. *Améliorations :* les mêmes que pour le n° 2, moins le drainage qui peut être remplacé par l'ouverture de bonnes saignées bien entretenues. Employer les fumiers longs, peu fermentés.

§ 8. *Valeur vénale :* de 3,600 à 4,000 fr. l'hectare.

N° 4 DE LA CARTE.

§ 1. *Climats :* les Tendons, Pré-Saint-Jacques, Champs-Brumeaux, Prés-Brangeons et Champ-Maillot.

§ 2. *Caractères extérieurs du sol* : forts rougets, par endroits noirâtres, très humides, compactes, goutteux, tenaces et amers ; en pentes très douces à l'est, à sous-sol argileux, glaiseux, même chailleux, avec minerai de fer brûlé disséminé et tout à fait imperméable.

§ 3. *Constitution physique :*

Débris organiques	0.11
Pierrailles	4.38
Gravier	1.53
Sable fin	2.01
Matières ténues	91.97
	100.00

§ 4. *Composition chimique :*

Produits volatils ou combustibles.	Eau	3.70	5.43
	Matières volatiles ou combustibles	1.60	
	Azote	0.13	
Matières minérales	Résidu insoluble, argile et silice	70.98	94.57
	Alumine et peroxyde de fer	11.59	
	Chaux	6.37	
	Magnésie	0.46	
	Acide carbonique et pertes	5.17	
			100.00

§ 5. *Dénomination* : sols argilo-calcaires.

§ 6 *Epaisseur* : de 0m30 à un mètre sur fond argileux, glaiseux imperméable.

§ 7. *Améliorations* : le drainage est indispensable à ces terres qui ont besoin, avant tout, d'être égouttées, assainies ; ensuite la chaux en composts ou la marne sablonneuse ; le mélange des terres pierreuses et légères pour diviser la couche arable, l'écobuage ; enfin les enfouissements en vert du colza, du trèfle, des vesces, etc. Employer les fumiers longs et pailleux pour échauffer le sol.

§ 8. *Valeur vénale* : de 1,500 à 1,700 fr. l'hectare.

N° 5 DE LA CARTE.

§ 1. *Climats* : en Champ-Chaussin, Moulin-de-Roche, sur Roche, Champ-Doué, Es-Fouchères, Es-Planches, en la Mare-Jean-Joannès, en la Grande-Borne, au Ru-Saint-Martin et au Petit-Bois.

§ 2. *Caractères extérieurs du sol* : terrains à chailles siliceuses, plats, humides, froids, noirâtres, plus faciles à cultiver que le n° 6, quoique tenaces et acides ; sous-sol rouget, compacte, marneux, imperméable, à minerai de fer disséminé. Ces sols, comme tous ceux du canton qui ont du fond et dont la nature est calcaire silicéo-argileuse, sont de bonnes terres à grains.

§ 3. *Constitution physique :*

Débris organiques	0.13
Pierrailles	6.20
Gravier	2.55
Sable fin	2.38
Matières ténues	88.74
	100.00

§ 4. *Composition chimique :*

Produits volatils ou combustibles	Eau	4.25	7.00
	Matières volatiles ou combustibles	2.59	
	Azote	0.16	
Matières minérales	Résidu insoluble, argile et silice	68.17	93.00
	Alumine et peroxyde de fer	12.74	
	Chaux	4.05	
	Magnésie	0.09	
	Acide carbonique et pertes	7.95	
			100.00

§ 5. *Dénomination* : sols calcaires, silicéo-argileux et chailleux.

§ 6. *Epaisseur* : de 0m30 à 0m80 sur fond marno-compacte, très acide, imperméable.

§ 7. *Améliorations* : ces terres goutteuses ont besoin d'être assainies par le drainage ; froides elles ont besoin de l'élément calcaire, de la chaux à la dose de 9 à 12 mètres par hectare ; les autres amendements comme au numéro précédent.

§ 8. *Valeur vénale* : 1,400 fr. l'hectare, en moyenne.

N° 6 DE LA CARTE.

§ 1. *Climats* : en l'Endusoir, Es-Meurgers, Es-Mensennes, Es-Coteaux, en Champ-du-Saule, les Plantes, Es-Theurelles et le Village au nord.

§ 2. *Caractères extérieurs du sol* : herbue très forte, jaunâtre et rouge-ocrée, très humide, très argileuse, difficile à cultiver, en pente au nord et au nord-est, à sous-sol goutteux à l'excès, marneux, glaiseux, acide à minerai de fer brûlé et chailles siliceuses, imperméable.

§ 3. *Constitution physique :*

Débris organiques	0.07
Pierrailles	6.23
Gravier	2.40
Sable fin	2.96
Matières ténues	88.34
	100.00

§ 4. *Composition chimique :*

Produits volatils ou combustibles.	Eau	3.15	6.62
	Matières volatiles ou combustibles	3.34	
	Azote	0.13	
Matières minérales	Résidu insoluble, argile et silice	71.53	93.38
	Alumine et peroxyde de fer	9.90	
	Chaux	4.18	
	Magnésie	0.09	
	Acide carbonique et pertes	7.68	
			100.00

§ 5. *Dénomination* : sols calcaires, argileux et argilo-siliceux.

§ 6. *Epaisseur* : de 0m25 à 0m70 sur fond glaiseux, marneux, acide et imperméable.

§ 7. *Améliorations* : les mêmes qu'aux nos 4 et 5.

§ 8. *Valeur vénale* : de 1,200 à 1,500 fr. l'hectare.

Nos 7 ET 7 BIS DE LA CARTE.

§ 1. *Climats* : les Epluets, en la Garenne, le Murger-Girard, en l'Echeneau, en Charme-Ronde, les Champs de Trente-Sous, en Belle-Vue, en Canjarlot, au Chaniot, Es-Pouries, la Marquise, les Combottes, et tous les climats au sud jusqu'aux territoires de Sacquenay, Chaume et Saint-Maurice.

§ 2. *Caractères extérieurs du sol* : terrains presque tous très secs, pierreux, brûlants, peu fertiles, sans fond, rocailleux, rocheux et tout à fait perméables. Les parties basses du n° 7 bis, en herbue douce], sont très bonnes, d'une culture facile et d'un grand produit. Tous ces sols sont en plateaux ou en légers revers au nord-est, au sud et à l'ouest. Au nord la pente est très abrupte et la terre tout à fait infertile. Les bas-fonds des combes donnent des produits doubles de ceux des plateaux et des hauteurs.

§ 3. *Constitution physique :*

Débris organiques	0.08
Pierrailles	16.78
Gravier	2.23
Sable fin	1.80
Matières ténues entraînées par l'eau	79.11
	100.00

§ 4. *Composition chimique :*

Produits volatils ou combustibles.	Eau	3.85	7.30
	Matières volatiles ou combustibles	3.36	
	Azote	0.09	
Matières minérales	Résidu insoluble, argile et silice	68.60	92.70
	Alumine et peroxyde de fer	10.38	
	Chaux	5.10	
	Magnésie	0.19	
	Acide carbonique et pertes	8.43	
			100.00

§ 5. *Dénomination* : sols calcaires, argilo-siliceux pierreux.

§ 5. *Epaisseur* : de 0^m05 à 0^m10 et 0^m20 dans les parties pierreuses, et de 0^m30 à 0^m70 dans les bas-fonds et les herbues sur rocaille et roches très divisées et disloquées.

§ 7. *Améliorations* : dans les parties sèches et arides le défoncement, l'épierrement, le mélange d'herbue, de marnes ou autres terres fortes pour donner du fond et un peu d'humidité. Par contre-voiture emmener de ces terres légères dans les grosses terres. Employer les fumiers courts gras, bien pourris, dont la décomposition est très avancée et qui produisent très promptement leur effet. Dans les friches plantation d'arbres verts; dans les climats moins secs, enfouissement en vert des plantes propres à rafraîchir le sol et à lui donner du liant et de la consistance. Dans les bas-fonds labourer profondément et faire le mélange des terres. Semer beaucoup de sainfoin et en enfouir en vert le plus possible.

§ 8. *Valeur vénale* : 400, 600 et 1,000 fr. l'hectare où les terres peuvent être cultivées.

Production moyenne agricole de Courchamp.

Nos de la Carte et du Tableau.	PRINCIPAUX CLIMATS.	PRODUITS MOYENS PAR HECTARE : EN HECTOLITRES DE						EN QUINTAUX DE			
		Blé.	Seigle.	Avoine.	Orge.	Pommes de terre.	Vin.	Foin.	Luzerne.	Trèfle.	Sainfoin.
1	Les Prés-Naturels	»	»	»	»	»	»	35	»	»	»
2	La Vesvre	14	14	17	»	»	»	»	»	35	30
3	Les Vignes, Musardes . .	»	»	»	17	»	52	»	»	»	»
4	Champs-Brumeaux. . . .	14	17	17	»	105	»	»	»	35	»
5	Les Murgers	17	17	21	»	110	50	»	»	35	»
6	Grande-Borne.	21	»	22	»	»	»	»	»	35	»
7	Epluets, Canjarlot	7	»	9	9	70	»	»	35	»	20
7 bis	Bois-Bruot	14	14	18	17	105	»	»	60	44	26
	Moyennes. . . .	14.5	15.5	17.3	14.3	97.5	51	35	47.5	36.8	25.3

On ne sème du seigle, sur les éteules de blé, dans les bonnes terres, que pour faire des liens.

Les autres produits, moins importants et de consommation locale, sont comme ceux de Bourberain.

COMMUNE DE DAMPIERRE ET FLEY.

Population. . . . . 225 habitants.
Étendue territoriale. . . . 945 hect. 23 a. 01 c.
Revenus imposables. . . . 21,843 fr. 76 c.

Comme le territoire de Courchamp, celui de Dampierre peut aussi être divisé en deux zones géognostiques parfaitement distinctes. La première à l'ouest et au nord, entre les finages de Beaumont, de Bourberain, de Licey et le chemin de Beaumont à Fontaine-Française au-dessus du village, comprend des terres calcaires argileuses et argilo-siliceuses qui reposent sur les formations marneuses néocomiennes des *terrains crétacés* et sur les calcaires portlandien et kimméridgien de l'*étage supérieur des terrains jurassiques.*

La seconde zone forme tout le reste du territoire; elle comprend des terres plus argileuses que celles de la première zone et qui reposent, en général, sur les assises supérieures du *corallien*, très développé à Fley. Le village de Dampierre est lui-même bâti sur ces dernières couches, parfaitement caractérisées en Champ-Potier et en Combe-Miard, puis sur des remblais composés d'alluvions anciennes et d'une quantité de débris calcaires coralliens et portlandiens.

Tout à fait à l'est, vers le bois Royet, les zones *eocène* et *miocène* des terrains tertiaires, ont acquis un développement considérable, renfermant à la base une puissante couche d'excellent minerai de fer pissiforme qu'on extrait à 15 ou 20 mètres de profondeur.

La partie la plus élevée du finage de Dampierre, du côté du bois du Coteau et vers Bessey, appartient au *kimméridgien*, caractérisé par l'*huître virgule* qu'on y trouve en grande abondance, et au *portlandien*, qui se distingue facilement par sa structure, sa couleur jaunâtre et la quantité de vacuoles ou trous sinueux qui le traversent en tous sens.

On doit de suite comprendre que le sol de Dampierre, variant ainsi des terrains argileux, siliceux et forts, à ceux éminemment calcaires, légers et rocailleux, la culture et les produits doivent aussi varier beaucoup.

Plus qu'à Fontenelle et Licey, le sol y est tourmenté et forme des combes, des monticules, des plateaux et des revers où les roches calcaires sont ou mises à nu et peuvent être exploitées, ou éparses en menus débris dans la couche végétale devenue, par cette raison, très pauvre, sèche et même aride.

On exploite à Fley, dans l'*oolithe miliaire*, de la taille ordinaire et des pierres mureuses de médiocre qualité, mais cependant employées dans toutes les constructions.

Les près sont très chargés d'alumine et de peroxyde de fer provenant, en grande partie et de temps immémorial, des boues résultant du lavage du minerai de fer. Ces prés sont avec cela très humides et ne produisent que de grands foins, de qualité inférieure, chargés de carex, de laiches et de menthe aquatique.

On pourrait cependant changer la nature de ces fourrages : pour cela il conviendrait d'abord d'assainir complétement le sol, puis de neutraliser son amertume et son acidité avec de la chaux, des cendres, des composts calcaires, etc.

Si les terres, et il y en a quelques-unes, se trouvaient dans ce cas, il faudrait, pour faire disparaître l'acidité en excès produite par le peroxyde de fer, employer la chaux à très haute dose, après avoir labouré profondément le sol et exposé ses couches, pendant un certain temps, aux influences de l'atmosphère et du soleil. Les terres ainsi préparées et recevant une bonne fumure, deviendraient moins tenaces, plus meubles, mieux constituées et plus propres à toutes les cultures.

Mais si à Dampierre la couche végétale est argilo-siliceuse, forte, tenace, comme dans les climats qui avoisinent la Voie romaine, l'Aige-Poinfolle, le Poirier-Thibaut, la Combe-à-la-Motte et en la Pièce-sur-Fley, et que l'élément calcaire, chaux ou marne calcaire sableuse, soit l'amendement qu'il convient d'y introduire, il nous paraît plus facile, beaucoup moins dispendieux et plus à la portée des cultivateurs, de faire des *mélanges de terres*. La position et la composition du sol de divers climats voisins se prêtent admirablement à ces mélanges. Ainsi, n'est-il pas très facile de prendre des terres graveleuses, pierreuses et légères à l'ouest du village, dans les Grandes-Vignes, en Champ-Pâquier, en Serrouard, en Champ-Rondet et même jusque contre les bois communaux du Coteau et du Vieux-Bouchereuil pour les transporter dans les terres froides, dans les herbues, dans les terres argileuses et tenaces, et ramener de celles-ci dans les climats précités ? On arriverait ainsi à amender et à améliorer des sols dont la valeur et le rendement doubleraient.

Cette opération, pratiquée en Bresse, dans le Nord et partout où la culture est bien entendue, peut parfaitement se faire par le cultivateur lui-même, en morte-saison, sans frais et petit à petit selon la nature de ses terres et le temps duquel il peut disposer.

Le mélange des terres produirait encore d'excellents effets en Findant contre les près, en la Pièce, derrière le Fourneau, à la Combe-du-Bois et Bois-Royet; cependant dans les trois derniers climats le mélange seul serait insuffisant; le calcaire y faisant défaut, il faudrait en outre y introduire de la chaux à la dose que nous avons indiquée dans le chapitre qui traite spécialement de cet amendement. Il en serait de même pour une partie des climats de la Charme-Ronde, la Louan, Poirier-Thibaut et Combe à la Motte.

Dans les sols légers où le mélange d'herbue et d'autres terres, pouvant donner du fond et de la consistance à la couche végétale, ne saurait avoir lieu en raison de l'éloignement des deux natures de terrains ou de toute autre circonstance, nous conseillons l'emploi des engrais végétaux.

Les plantes enfouies en vert, telles que le sainfoin, le sarrasin, le colza, rafraîchissent la couche arable en lui procurant, avec les matières organiques enfouies, tous les éléments nutritifs que ces plantes ont puisés dans le sol et dans l'atmosphère.

Dans ces terrains secs et brûlants il faudrait labourer profondément et épierrer régulièrement; on arriverait ainsi à rendre le sol plus profond, plus serré, moins léger, partant plus frais et beaucoup plus productif.

Dans les bons climats à grains, où le sol est à peu près normalement constitué, comme les Antes, aux Ayets et l'Huilerie sur Fley; Champ-Potier, Combe, Miard et Findant sur Dampierre, c'est l'engrais qui fait particulièrement défaut, et le labourage est trop superficiel. Rappelons-nous ce que nous disait M. Thénard, au Comice agricole de 1864 : « Chez « nous le fond ne travaillant jamais et la surface toujours, nous usons « celle-ci dans un temps proportionnellement plus court, sans aucune- « ment profiter des richesses du sous-sol. »

Les céréales prospèrent sur le finage de Dampierre et sont très estimées par le commerce. Une grande partie des climats élevés et légers pourraient recevoir du sainfoin qu'on cultive en trop petite quantité. Cela tient probablement à l'abondance des fourrages naturels. Cependant le sainfoin, tout en donnant un fourrage sain et très nourrissant, améliorerait les terres et la culture y trouverait ainsi un double avantage.

Autour du village, dans le corallien supérieur et à la base du kimméridgien, la culture de la vigne occupe à Dampierre une notable superficie de terrain. Le vin y est assez bon et certains coteaux emplantés de pineaux donnent des produits estimés qui se rapprochent de ceux de la Côte, mais qui n'en auront jamais le fin parfum, dû, assurent quelques viticulteurs, à la grande oolithe qui compose la majeure partie du sol de nos meilleurs crûs de Bourgogne.

Cependant, à l'ouest, derrière le village, et particulièrement dans la vigne appelée l'Abbesse, où le sol kimméridgien est un peu marneux, et où la pierre exhale à la percussion une odeur de pierre à fusil, les plants de pineaux produisent un vin qui a un excellent bouquet, très corsé, et qui se conserve longtemps.

L'altitude du territoire de Dampierre varie de 216 mètres dans les prés, à 272 contre le bois du Coteau, pour revenir à 228 au bord du ruisseau de Mandinet. Le sol de cette commune ne donne naissance à aucune source pérenne. Il est probable que sa grande déclivité à l'est et à l'ouest envoie d'abord rapidement toutes les eaux pluviales à la Vingeanne. En outre la nature rocheuse du sous-sol, très disloqué, perforé en tous sens, et le manque de lits marneux doivent être des causes réelles d'absorption des eaux, qui, filtrant trop facilement jusqu'aux couches inférieures, se perdent dans les nombreuses fissures du corallien jusqu'au niveau graveleux du sous-sol des prés, où la nappe, se mêlant aux eaux de la Vingeanne, ne se montre nulle part au-dessus de ce niveau.

L'eau du puits de la mairie comme celle des autres puits du village, doit venir par filtration de la Vingeanne en passant dans les couches graveleuses dont nous venons de parler. Elle est très chargée en matières étrangères (408 milligrammes par litre) et occupe le quinzième rang parmi les seize principales sources et puits du canton.

L'eau des puits de Dampierre ne saurait être considérée comme bonne. Elle est la plus chargée en matières salines et organiques, après celle du puits communal de Licey qui en contient plus du double.

Nous ne saurions passer sous silence les améliorations apportées aux terres de la ferme de Bessey. C'est un bon exemple, duquel les cultivateurs doivent profiter. Il ne s'agit pas de faire du drainage en grand et d'employer des amendements sur toute l'étendue d'une ferme ou d'une culture, dans un délai relativement court. Il faut aller lentement pour aller longtemps. Améliorer un journal, un hectare, et, le résultat obtenu, continuer sur d'autres parcelles. C'est une question de temps quand on a peu de capitaux. Mais ce temps, le travail, l'intelligence, tout est capital en agriculture, et les rentes ou, si l'on veut, les produits n'en ont que plus de valeur, parce qu'ils sont le fruit du travail matériel associé au travail intellectuel. Revenons à la ferme de Bessey et constatons d'abord que M. Jean Bourgeois qui l'exploite en a, en quelque sorte, changé la face. Ainsi, telle terre, très rocailleuse au levant, qui ne produisait que ronces, épines et chardons, est aujourd'hui, par suite du défoncement, des épierrements et d'une culture bien entendue, un fonds excellent qui donne de beaux produits en céréales et en fourrages artificiels. Telle autre terre au sud, qui, quoiqu'en pente de cinq à dix centimètres par mètre, était humide et goutteuse à l'excès, a été améliorée par le drainage, les amendements et les engrais, au point de devenir l'une des meilleures de la ferme. Telle autre encore a reçu des enfouissements en vert qui, en donnant à la couche arable une demi-fumure, lui ont donné aussi du corps et de la consistance. Enfin la quantité de moutons, de bêtes à cornes et de chevaux élevés par M. Bourgeois, forme un total de têtes parfaitement en rapport avec l'étendue de ses cultures pour la production des fumiers (une tête de gros bétail ou dix moutons par hectare). Aussi, au concours de 1864, le Comice agricole de Fontaine-Française a décerné à M. Bourgeois la grande médaille d'or, donnée par M. le Ministre à la meilleure exploitation agricole du canton.

Le sol du bois de la Côte, un peu ferrugineux au bas, est une grosse terre rouge, argileuse qui a une certaine puissance et repose, ainsi que celui du bois du Bas-de-Bessey, sur les roches portlandiennes. Ce dernier bois, comme les buissons de Bessey, présente, à sa superficie, une terre compacte, riche en humus, mais d'une faible épaisseur. Dans ces bois il y a bien des parties qui sont excessivement pierreuses et de peu de valeur.

Les bois du Coteau et du Vieux-Bouchereuil sont plus secs et plus pierreux; la roche portlandienne se montre partout et la végétation, faute de terre, y est très chétive.

Le bois des Mines, sur Fley, végète au contraire sur une puissante couche du terrain tertiaire, appartenant à la zone éocène comme sous-sol et aux zones miocène et pliocène à la superficie. La végétation y est fort belle, et le sous-sol est riche en minerai de fer hydroxydé pisolitique, en fer carbonaté et en sable siliceux.

Sous le point de vue du défrichement tous les sols des bois de Dampierre donneraient de pauvres terres à la culture : les unes seraient trop pierreuses et trop sèches; les autres, au contraire, seraient trop argileuses, trop froides, comme à la Malmiotte, où il faudrait de grandes quantités d'amendements calcaires et d'engrais pour en faire de bonnes terres arables.

Tableau géognostique et analytique du territoire de DAMPIERRE et FLEY.

N° 1 DE LA CARTE.

§ 1. *Climats ou lieux-dits* : Au Chaigne, les Grandes-Vignes et les Longues-Raies sur Fley.

§ 2. *Caractères généraux extérieurs du sol* : terres légères, grisâtres, ocrées, ferrugineuses, acides, mais fertiles, perméables et faciles à cultiver; sous-sol pierreux à l'ouest; compacte, ferrugineux, glaiseux et très fort à l'est. Exposition en pentes douces au sud et au sud-est.

§ 3. *Constitution physique :*

Débris organiques, pailles, racines, fumiers, etc.	0,07	100,00
Pierrailles, de la grosseur d'un pois à une noix ordinaire, ou de plus de 0m003 de diamètre	9,81	
Gravier, de la grosseur d'un grain de navette à un pois, ou de 0m005 à 0m003 de diamètre.	4,46	
Sable fin, au-dessous de la grosseur d'un grain de navette, ou de moins de 0m0005 de diamètre	4,10	
Matières tenues entraînées par l'eau.	81,56	

§ 4. *Composition chimique :*

Produits volatils ou combustibles.	Eau	3.45	6.00
	Matières volatiles ou combustibles : humus, sels divers et débris organiques	2.41	
	Azote	0.14	
Matières minérales	Résidu insoluble, argile et silice. . .	69.36	94.00
	Alumine et peroxyde de fer	11.67	
	Chaux.	4.18	
	Magnésie	0.28	
	Acide carbon. et produits non dosés.	8.51	
			100,00

§ 5. *Dénomination scientifique du sol* : sols calcaires, argilo-siliceux, pierreux et graveleux.

§ 6. *Puissance ou épaisseur du sol végétal* : de 0m30 à 0m60 sur fond pierreux perméable.

§ 7. *Observations et améliorations que le sol réclame* : labourages plus profonds, fortes fumures; une dose ordinaire (6 à 8 mètres) de chaux par hectare dans les terres les plus fortes, pour neutraliser les fâcheux effets de la rouille produite par le peroxyde de fer. Mélanger les terres dans les parties pierreuses et enfouir en vert des légumineuses au moment de la floraison. (Voir dans la première partie le chapitre qui traite des engrais végétaux.) Employer les fumiers assez longs, dont la décomposition est peu avancée, pour échauffer et diviser le sol.

§ 8. *Valeur vénale* : de 1,200 à 1,500 fr. l'hectare.

N° 2 DE LA CARTE.

§ 1. *Climats* : Es-Antes, Es-Beaux-Champs, Aux Ayets et l'Huilerie.

§ 2. *Caractères extérieurs du sol* : plateaux pierreux, secs, légers, mais à fond argilo-siliceux, faciles à cultiver, assez fertiles ; terres de couleur gris-rouille, reposant sur un sous-sol rocailleux, oolithique très perméable. Exposition au sud, à l'est et à l'ouest en pentes douces.

§ 3. *Constitution physique :*

Débris organiques	0.15
Pierrailles	10.06
Gravier	4.60
Sable fin	6.10
Matières ténues entraînées par l'eau	79.09
	100.00

§ 4. *Composition chimique :*

Produits volatils ou combustibles.	Eau	3.40	6.01
	Matières volatiles ou combustibles.	2.47	
	Azote	0.14	
Matières minérales	Résidu insoluble, argile et silice.	71.42	93.99
	Alumine et peroxyde de fer	9.50	
	Chaux	4.30	
	Magnésie	0.27	
	Acide carbonique et pertes	8.50	
			100.00

§ 5. *Dénomination* : sols calcaires, argilo-siliceux, très pierreux et graveleux.

§ 6. *Epaisseur* : de 0m20 à 0m60 sur fond pierreux perméable.

§ 7. *Améliorations* : les mêmes que pour le n° 1, mais particulièrement le mélange des terres et les enfouissements en vert.

§ 8. *Valeur vénale* : 1,300 fr. l'hectare, en moyenne.

N° 3 DE LA CARTE.

§ 1. *Climats* : A la Combe-du-Bois, Derrière-le-Fourneau, Bois-Royet et Bois-des-Mines.

§ 2. *Caractères extérieurs du sol* : terre argileuse, tenace, humide, jaune-rouille ou ocreuse, ferrugineuse, acide et amère. Exposition à l'ouest en légères pentes. Sous-sol marno-compacte, glaiseux et imperméable.

§ 3. *Constitution physique :*

Débris organiques	0.09
Pierrailles	1.92
Gravier	2.05
Sable fin	5.41
Matières ténues	90.53
	100.00

§ 4. *Composition chimique :*

Produits volatils ou combustibles.	Eau	3.05	5.30
	Matières volatiles ou combustibles	2.12	
	Azote	0.13	
Matières minérales	Résidu insoluble, argile et silice	80.35	94.70
	Alumine et peroxyde de fer	10.08	
	Chaux	1.33	
	Magnésie	0.33	
	Acide carbonique et pertes	2.61	
			100.00

§ 5. *Dénomination* : sols argilo-calcaires, sableux et ferrugineux-acides.

§ 6. *Epaisseur* : de 0m50 à 1 mètre sur fond argileux et imperméable quoique sableux.

§ 7. *Améliorations* : chaulages à 10 ou 12 mètres cubes par hectare, cendrage et écobuage pour échauffer et diviser la couche arable, tout en en neutralisant l'acidité. Mélange de terres légères et fortes fumures, de préférence avec les fumiers longs et peu fermentés.

§ 8. *Valeur vénale* : de 800 à 1,000 fr. l'hectare.

N° 4 DE LA CARTE.

§ 1. *Climats* : les prés en général.

§ 2. *Caractères extérieurs du sol* : Alluvions anciennes et modernes, argileuses, froides et très chargées de peroxyde de fer, qui, avec l'humidité constante et en excès, rend le foin de mauvaise qualité.

§ 3. *Constitution physique :*

Débris organiques	0.35
Pierrailles	0.07
Gravier	0.79
Sable fin	4.86
Matières ténues	93.93
	100.00

§ 4. *Composition chimique :*

Produits volatils ou combustibles.	Eau	8.15	9.98
	Matières volatiles ou combustibles	1.51	
	Azote	0.32	
Matières minérales	Résidu insoluble, argile et silice	69.05	90.82
	Alumine et peroxyde de fer	18.99	
	Chaux	5.09	
	Magnésie	0.54	
	Acide carbonique et pertes	6.35	
			100.00

§ 5. *Dénomination* : sols calcaires, argileux et argilo-calcaires, très ferrugineux et acides.

§ 6. *Epaisseur* : de 2 mètres à 2m50 sur fond graveleux.

§ 7. *Améliorations* : Employer tous les moyens possibles pour assainir. Ensuite les cendres vives ou lessivées pour détruire la mousse, et la chaux pour neutraliser l'acidité produite par le fer ; ne pas craindre, au moment de l'épandage de ces amendements, d'herser à plusieurs reprises pour les faire pénétrer dans le sol et les assimiler à la terre.

§ 8. *Valeur vénale* : de 3,000 à 4,500 fr. l'hectare.

N° 5 DE LA CARTE.

§ 1. *Climats* : Papin, la Côte, Millery, le Plateau, en Veuilley, le Vieux-Bouchereuil, Champ-Rond, en Serrouard, le Grand-Museveau, le Petit-Museveau, les Plantes, Champ-Pâquier, les Grandes-Vignes et enfin Craycolot qui se trouve plus à l'ouest.

§ 2. *Caractères extérieurs du sol* : terrain généralement très léger, très pierreux, peu épais, facile à cultiver, perméable et fertile, donnant peu de céréales mais d'assez bons vins et des fourrages artificiels où la couche végétale est un peu épaisse et moins pierreuse. Sols en pentes raides au levant, en plateaux au milieu et au couchant. Sous-sol rocailleux, rocheux, fendillé et disloqué, très perméable.

§ 3. *Constitution physique :*

Débris organiques	0.08
Pierrailles	15.43
Gravier	3.67
Sable fin	4.31
Matières ténues	76.51
	100.00

§ 4. *Composition chimique :*

Produits volatils ou combustibles.	Eau	4.00	6.80
	Matières volatiles ou combustibles	2.63	
	Azote	0.17	
Matières minérales	Résidu insoluble, argile et silice	55.17	93.20
	Alumine et peroxyde de fer	9.60	
	Chaux	13.42	
	Magnésie	0.56	
	Acide carbonique et pertes	14.45	
			100.00

§ 5. *Dénomination* : sols très calcaires, argilo-siliceux, pierreux.

§ 6. *Epaisseur* : de 0m10 à 0m30 et 0m40 au plus, sur fond pierreux et rocheux, très disloqué, perméable.

§ 7. *Améliorations* : il faut défoncer, épierrer souvent, mélanger des herbues froides ou des terres fortes, de 30 à 50 mètres par hectare au moins, pour donner du fond et de la fraîcheur. Enfouissement en vert, au moment de la floraison, des plantes qui peuvent donner aussi de la fraîcheur et du liant, telles que la spergule, les lupins, le sarrasin, le sainfoin. Employer les fumiers gras, bien pourris, qui agissent très promptement et produisent instantanément leur effet.

§ 8. *Valeur vénale* : de 800 à 1,200 fr. l'hectare pour les terres, les vignes jusqu'au-delà de 4,000 fr.

N° 6 DE LA CARTE.

§ 1. *Climats* : L'Aige-Poinfolle, les Poiriers-Thibaut, Combe-à-la-Motte, en Belley, la Côte-de-Bessey, la Louan et la Malmiotte.

§ 2. *Caractères extérieurs du sol* : herbue franche, froide, siliceuse, blancheâtre et blonde, tenace, compacte, difficile à cultiver, goutteuse, imperméable, en pentes à l'ouest, au sud et à l'est ; sol d'autant plus froid qu'il est presque totalement dépourvu de chaux. Sous-sol très compacte, à marne néocomienne calcaire mêlée de gravier et de quelques pierrailles, mais aussi imperméable que le sol lui-même.

§ 3. *Constitution physique* :

Débris organiques	0.11
Pierrailles	2.30
Gravier	2.40
Sable fin	3.63
Matières ténues	91.56
	100.00

§ 4. *Composition chimique :*

Produits volatils ou combustibles.	Eau	1.80	3.11
	Matières volatiles ou combustibles	1.22	
	Azote	0.09	
Matières minérales	Résidu insoluble, argile et silice	87.17	96.89
	Alumine et peroxyde de fer	7.51	
	Chaux	0.29	
	Magnésie	0.19	
	Acide carbonique et pertes	1.73	
			100.00

§ 5. *Dénomination* : sols non calcaires, silicéo-argileux compacte.

§ 6. *Epaisseur* : de 0m25 à 0m50 sur fond marno-compacte, graveleux, peu perméable.

§ 7. *Améliorations* : chaulages à haute dose, au moins 15 mètres cubes par hectare. Drainage préalable sur bien des points et ouverture de fossés ou rigoles. Labours profonds et répétés pour mettre au contact de l'air les couches inférieures du sol arable. Mélange de terres pierreuses et légères. Cendres, plâtras et tout ce qui peut diviser et amender le sol. Employer les fumiers longs, pailleux, peu fermentés.

§ 8. *Valeur vénale* : 900, 1,000 et 1,200 fr. l'hectare.

N° 6 BIS ET N° 7 DE LA CARTE.

§ 1. *Climats* : la Charme-Ronde, le Dessus-de-Bessey, la Ferme et les Buissons-de-Bessey, ainsi qu'une partie des Herbues.

§ 2. *Caractères extérieurs du sol* : herbue graveleuse, pierreuse par place, blonde, douce, d'une culture assez facile quoique la terre soit argileuse et peu perméable. Très bon fond dans les anciens Buissons, meuble, au milieu desquels se trouvent beaucoup de rochers. Exposition à l'ouest, à l'est et au sud, en plateaux et en pentes raides, surtout au sud où le sol est froid et goutteux. Sous-sol rocailleux, portlandien et marno-compacte.

§ 3. *Constitution physique :*

Débris organiques	0.11
Pierrailles	2.40
Gravier	2.58
Sable fin	5 92
Matières ténues	88.99
	100.00

§ 4. *Composition chimique :*

Produits volatils ou combustibles.	Eau	2.50	6.80
	Matières volatiles ou combustibles	4.22	
	Azote	0.08	
Matières minérales	Résidu insoluble, argile et silice	81.08	93.20
	Alumine et peroxyde de fer	9.51	
	Chaux	0.79	
	Magnésie	0.09	
	Acide carbonique et pertes	1.73	
			100.00

§ 5. *Dénomination* : sols silicéo-calcaires dans la plaine et les revers au sud-ouest ; et argilo-siliceux, calcaires, pierreux autour de la ferme de Bessey.

§ 6. *Epaisseur* : de 0m20 à 0m40 sur fond rocailleux et rocheux mêlé d'argile et de marne.

§ 7. *Améliorations* : chaulage à grande dose dans la plaine et drainage complet. Epierrement et défonçage dans les parties pierreuses ; emploi de chaux à petite dose dans ces dernières, de cendres partout et d'engrais végétaux enfouis en vert, surtout dans les parties pierreuses pour donner de la consistance et de la fraîcheur.

§ 8. *Valeur vénale* : de 1,200 à 1,500 fr. l'hectare.

N° 8 DE LA CARTE.

§ 1. *Climats* : Champ-Potier, Combe-Miart, Fontaine-de-Sied, la Findant sur Dampierre et en la Pièce sur Fley.

§ 2. *Caractères extérieurs du sol* : terre très fertile, généralement meuble, graveleuse, argileuse, humide sans excès, de couleur ocre foncée, en plaine et garantie des vents du nord par la côte de Dampierre. La Findant à l'est est plus forte, argileuse, non calcaire, d'une bonne herbue très épaisse, mais plus compacte et plus froide. Le sol de la partie ouest est pierreux, rocailleux et même rocheux à une faible profondeur.

§ 3. *Constitution physique* :

Débris organiques	0.08
Pierrailles	4.07
Gravier	2.09
Sable fin	3.55
Matières ténues	90.21
	100.00

§ 4. *Composition chimique* :

Produits volatils ou combustibles.	Eau	3.75	9.80
	Matières volatiles ou combustibles.	5.85	
	Azote	0.20	
Matières minérales	Résidu insoluble, argile et silice.	67.74	90.20
	Alumine et peroxyde de fer	11.73	
	Chaux	5.64	
	Magnésie	0.41	
	Acide carbonique et pertes	4.68	
			100.00

§ 5. *Dénomination* : sols argilo-calcaires, graveleux et pierreux à l'ouest et au milieu, argilo-siliceux, non calcaires à l'est.

§ 6. *Epaisseur* : de 0m60 à 1 mètre et plus, sur fond pierreux perméable en allant de l'ouest à l'est.

§ 7. *Améliorations* : quelques assainissements du côté des prés et de légers chaulages, 6 à 8 mètres par hectare. Beaucoup de cultures fourragères au milieu et à l'ouest, avec enfouissements en vert des vesces, du sarrasin, etc.; profonds labourages et fortes fumures avec les fumiers demi-fermentés.

§ 8. *Valeur vénale* : de 2,000 à 2,400 fr. l'hectare.

Production moyenne agricole de Dampierre.

Nos de la Carte et du Tableau.	PRINCIPAUX CLIMATS.	PRODUITS MOYENS PAR HECTARE : EN HECTOLITRES DE						EN QUINTAUX DE			
		Blé.	Seigle.	Avoine.	Orge.	Pommes de terre.	Vin.	Foin.	Luzerne.	Trèfle.	Sainfoin.
1	Les Grandes-Vignes . . .	14	14	18	18	130	50	»	52	30	»
2	Es Antes	15	15	19	19	130	50	»	»	»	30
3	Bois-Royet	14	14	18	18	»	»	»	»	52	»
4	Prés naturels.	»	»	»	»	»	»	38	»	»	»
5	Champ-Pâquier.	12	12	14	14	120	55	»	50	30	30
6	Combe-à-la-Motte	16	16	20	20	120	»	»	»	35	»
6 bis	Charme-Ronde	16	16	20	20	120	»	»	»	30	»
7	Ferme de Bessey.	21	21	24	24	140	»	30	60	58	30
8	Findant.	18	18	24	24	150	56	»	60	45	»
	Moyennes. . . .	15.7	13.6	19.6	19.6	130	53	34	55.4	40	30

On ne cultive du seigle, dans les bonnes terres, sur les éteules des blés, que pour faire des liens.

La culture de la vigne prend une extension considérable.

Les autres produits, moins importants et de consommation locale, sont comme ceux de Bourberain.

COMMUNE DE FONTAINE-FRANÇAISE.

Population.	1,108 habitants.
Etendue territoriale.	3,056 hect. 87 a. 35 c.
Revenus imposables.	77,712 fr. 31 c.

Nous avons longtemps cru que le territoire de Fontaine-Française reposait presqu'exclusivement sur l'*oxfordien*; mais les recherches et les études auxquelles nous nous sommes livré, les différentes fouilles que nous avons eu occasion de faire exécuter nous ont démontré, d'une manière évidente, que le sol de cette commune, quoique renfermant une masse énorme de minerai de fer hydroxydé, repose sur des terrains bien différents et de toute autre nature que celui dit d'Oxford.

Ainsi du côté de la Craie, entre cette ferme, l'étang du Fourneau, l'étang Chaumont, le Grand chemin des Prés, le sol appartient à l'étage supérieur des terrains secondaires ou jurassiques : c'est le calcaire marneux du *kimméridgien* qui fait partie du groupe *strombien* à ptérocères.

On trouve même dans ces climats un lambeau du *terrain crétacé*, sur la Charme-Robert, où s'extrait une marne néocomienne ou albienne propre au foulage des draps. Cette argile est, en effet, très douce, onctueuse, fine, pure, homogène et a toutes les qualités de la terre à foulon du *Fuller's-Earth*.

Toute la partie du territoire comprise entre le chemin vicinal de Fontenelle, la Voie romaine, l'ancien chemin de Bèze et au-delà, jusque derrière la remise du Champ-de-la-Tour, le Perrois, Morte-Vielle et Chamot-sous-le-Bois, a le sous-sol kimméridgien. Il en est de même en Pré-Morot, le le long du vieux chemin de Pouilly et jusque dans le petit bois Larrivée au haut du Mineroi.

Dans les climat s de Chamot, de la Morte-Vieille et Chamot-du-Milieu, aux abords de la Voie romaine, nous avons trouvé, sur une zone de 300 mètres environ de longueur et de 5 à 20 mètres de largeur, un sous-sol marneux, blanchâtre, très calcaire, sableux et graveleux, qui paraît, sur plusieurs points, avoir plus de deux mètres d'épaisseur. Cette terre marneuse et sableuse appartient aux terrains crétacés et a été, dans le temps, employée avec grand avantage à l'amendement des terres fortes, argileuses et froides. Elle y a produit tous les bons effets qu'on était en droit d'en attendre, car elle est éminemment calcaire. Nous la recommandons d'une manière toute particulière à nos cultivateurs, soit pour donner du fond dans leurs terres légères, soit, ce qui vaudrait infiniment mieux, pour marner leurs terres fortes dépourvues de calcaire, telles que celles des Petites-Noues, de Bois-Vaubert, de Bois-Martin, de l'étang Marchet, etc.

Si nous nous transportons au couchant, du côté de Belle-Charme et dans les climats bordant le chemin de la Combe-du-Chêne, nous trouvons à fleur de terre les rocailles et les roches *coralliennes* de l'étage moyen des terrains secondaires. Plus loin, au nord, vers les carrières des Creux-de-Four, où on exploite cette fameuse pierre qui ne gèle jamais, en quelque saison qu'on l'extraie, nous rencontrons encore le corallien, sous-groupe *calcaire à astartes,* ou *corallien supérieur,* avec quelques lambeaux de l'oolithe supérieure du sous-groupe moyen, dans le climat appelé Es-Tarrières, que caractérisent nombre de nérinées et de cérithes fossiles, qui ont fait donner au climat le nom de Tarrières ou Tire-Bouchons.

Dans la grande forêt de Fontaine-Française, la carrière qui a fourni la majeure partie des pierres employées à la reconstruction moderne du château (de 1754 à 1760), appartient aussi au *corallien* et au *calcaire oolithique miliaire.* Et à côté, ce qui est même sur place une indice que la pierre est gélive, gît un amas assez considérable de débris de pierrailles, graviers et sable d'arène, provenant de cette roche et qui forme depuis la coupe n° 12 le fond du thalway du ruisseau de la fontaine de Chaume.

Le bourg de Fontaine-Française est assis sur les bancs supérieurs du calcaire grossier, grumeleux, très coquillier, de mauvaise qualité, qui appartient au sous-groupe supérieur du corallien. Les deux assises de ce sous-groupe, *calcaire à astartes* et *calcaire corallien,* y sont parfaitement caractérisées, ainsi que nous avons pu nous en convaincre, soit aux Lavières, soit dans les fouilles faites sur différents points du village et notamment celles des puits de la commune et des maisons Cordier, Guérin et Buchenet.

L'assise supérieure, au niveau du sol, est, comme nous le disons plus haut, le calcaire rocailleux, grumeleux, grossier, à pâte remplie de coquilles et d'oolithes plus ou moins grosses. L'assise inférieure est un calcaire plus sérré, plus compacte, moins oolithique, à peu près semblable à celui des Creux-de-Four, mais d'une composition différente, attendu que le premier est très gélif, tandis que celui des Creux-de-Four résiste aux plus basses températures, probablement parce qu'il contient une notable quantité de silice cristallisée.

La pierre de Belle-Charme, des Lavières et celle des bancs inférieurs sous le village, a l'aspect du cornbrasch ou bathonien supérieur, c'est-à-dire la texture et la cassure de l'oolithe miliaire, à petits grains et à rares coraux empâtés dans une gangue fine, plus ou moins colorée d'ocre ou de taches bleuâtres, et plus ou moins résistante.

Le *calcaire à astartes* des Creux-de-Four est argileux, marneux et cristallin, subcompac te et se trouve géologiquement placé sur la zone moyenne du corallien dont font partie les carrières d'Is-sur-Tille. Ce dernier existe à l'extrémité de la forêt de Fontaine-Française, contre la route de Paris, où il est exploité, comme moëllons et pierre de taille, par les habitants de Chaume.

M. Guillebot de Nerville, ingénieur des mines, qui a étudié nos localités, prétendait qu'on devait trouver sous les carrières des Creux-de-Four et de Belle-Charme une belle taille, pleine et de bonne qualité, analogue à celle de Lux. Nous ne sommes pas tout à fait de son avis, car nous croyons au contraire être à peu près certain que les bancs inférieurs des carrières ci-dessus se changent en marne et que l'oxfordien existe à une profondeur relativement peu considérable, ainsi que nous avons pu le voir en 1865 lorsqu'on a curé et foré le puits du jardin du château, et dans les sondages faits dans les deux carrières dont il est question.

Continuant notre exploration nous arrivons entre le chemin vicinal de Lavilleneuve et la route départementale n° 8, où nous trouvons encore un affleurement de l'étage supérieur des terrains secondaires, le *kimméridgien* et la base du *portlandien*, caractérisés par de petits bancs de calcaire marneux, un peu magnésiens, appelés *dolomie portlandienne* et qui renferment beaucoup de dendrides ou herborescences noirâtres dans le clivage.

Dans ces climats le sol est assez compacte, argileux et même goutteux sur quelques points. Il est siliceux sur d'autres, et il existe vers la rampe des Grands-Poiriers quelques dépôts de sable tertiaire siliceux et réfractaire qui, s'il était plus abondant, pourrait être exploité et employé au moulage de la fonte. Il y a, à cet égard, quelques recherches à faire, nous recommandons aux mineurs de ne pas l'oublier s'ils travaillent aux abords du Chemin-Croisé.

Enfin la partie de notre finage comprise entre le chemin vicinal de Pouilly, le territoire de Saint-Seine, les prés, le Grand chemin des Prés et le village, repose, pour une portion, sur le *corallien supérieur* que nous avons pu étudier dans la carrière réouverte par M. de Saint-Seine en 1865; et pour l'autre portion au sud, sur des *gangues marno-calcaires* qui contiennent beaucoup de minerai gris de fer d'une grande puissance.

On vient de voir que l'assise géologique du territoire de Fontaine-Française est assez variée. Il n'en est pas de même en ce qui concerne la couche végétale et le sous-sol, sur une épaisseur variant de 0^m50 à 1 et même 2 mètres du côté des grands prés. Tous ces dépôts sont tertiaires ou d'alluvions anciennes dites de la Bresse.

La terre arable et la couche végétale, sur l'épaisseur analysée de vingt-cinq centimètres, sont généralement argilo-siliceuses ou silicéo-argileuses calcaires et appartiennent aux 1er, 2e et 4e genres de notre première grande division des sols. (1re partie, pages 12 et suivantes.)

Le sous-sol est rocheux ou argileux, et, dans tous les climats où les terrains de transport ont une assez grande puissance, et souvent au-dessus du minerai de fer, on trouve des marnes tertiaires ou d'alluvions, calcaires, bleuâtres et grisâtres, dont l'épaisseur atteint à peine un mètre. Ainsi au Mineroi, cette marne, qui a de 0^m40 à 0^m70 centimètres d'épaisseur et qui contient environ 50 pour 100 de carbonate de chaux, se trouve à 1 mètre et demi sous le sol. A la combe Saint-Maurice la marne est à un, deux et trois mètres de profondeur; elle varie en épaisseur de 0^m70 centimètres à 1 mètre et contient 48 pour cent de carbonate de chaux. Mais vers la Voie romaine, en Beauregard, la marne des terrains crétacés se trouve à 0^m40 seulement sous le sol, elle a une puissance de 1 mètre à l'état pur et contient 68 pour cent de carbonate de chaux. Les fonds marno-sableux de la Morte-Vieille, aussi contre la Voie romaine, sont éminemment calcaires et feraient, ainsi que nous l'avons dit au commencement de cet article, d'excellents amendements. L'expérience l'a d'ailleurs démontré depuis longtemps.

La marne blanche de Beauregard, mise à découvert et employée avec succès par le vigneron Guilleminot, est appelée, avec tous les autres terrains marneux des environs, à rendre d'immenses services à notre agriculture, si les cultivateurs, nous ne dirons pas *savent*, mais *veulent* en profiter.

Les proportions de calcaires indiquées plus haut, donnent aux marnes dont il s'agit une assez grande valeur comme amendement. Nous n'en exceptons pas celle qu'on a sortie du puits du jardin du château. Malheureusement elles se trouvent presque toutes très bas et coûteraient trop d'exploitation, leur volume n'étant pas assez considérable. Nous classons cependant à part celle de Beauregard qui se trouve à moins d'un demi-mètre sous la superficie du sol, et les sables marneux dont nous avons constaté la présence et la valeur contre la Voie romaine dans les climats de Chamot.

Nous sommes étonné que nos cultivateurs qui sont tous intelligents, n'aient pas fait de nouveaux essais. Tous savent cependant les bons effets produits par les marnes, lorsque après l'extraction des minerais de fer, elles étaient répandues sur le terrain voisin.

Si quelques climats, comme ceux de la Vigne-Jacques, de Belle-Charme, des Tarrières, de la Patte-d'Oie et d'une partie de la Borde, sont très secs, pierreux, à sol et sous-sol rocailleux et rocheux, peu ou point productifs et pauvres en terre végétale, il en est d'autres, comme ceux de l'Étang du Fourneau, de Ribaut, contre le chemin de Fontenelle, de la Corvée, des Murots, etc., qui ont beaucoup de fond, sont très fertiles et perméables. Les graviers et les pierrailles y entrent en proportion convenable, et la quantité d'humus qu'ils renferment en augmente la valeur et facilite considérablement la culture. D'autres encore sont tellement compactes, tellement argileux ou argilo-siliceux, si peu calcaires, goutteux, froids et imperméables, comme en Bois-Vaubert, la Noue-de-la-Haie, l'Étang du Bois-Martin, Perfondevaux, etc., qu'ils sont peu fertiles, amers, et demandent de grands travaux d'assainissement, beaucoup de soins et surtout les amendements calcaires et les engrais échauffants.

De même que tous les terrains de nos environs, la couche végétale proprement dite du territoire de Fontaine-Française, est formée de dépôts tertiaires, d'alluvions anciennes et de terrains diluviens provenant de la désagrégation des roches charriées par les eaux et déposées ensuite, par couches plus ou moins épaisses et plus ou moins ondulées, lors du dernier cataclysme des géologues.

Le minerai de fer de Fontaine-Française, qui provient de ces terrains, est formé d'oolithes ferrugineuses de deux espèces distinctes :

1° Le *minerai gris,* du dessus de Pré-Moret, qu'on a exploité vers le Chemin-Croisé, à 15 ou 18 mètres de profondeur, est mélangé de sables marno-calcaires appelés ici *greluches,* difficiles à séparer et exigeant pour fondant l'argile désignée sous le nom d'*herbue.*

2° Le *minerai rouge-noirâtre-foncé,* de même nature que le premier, mais plus riche, remanié par les eaux diluviennes (du déluge) et demandant pour fondant la *castine.*

Cette dernière espèce de minerai, la plus répandue et la meilleure, s'exploite en *chasse*, c'est-à-dire à ciel ouvert, près de la surface; ou au moyen de puits qui atteignent rarement plus de quatre à cinq mètres de profondeur. C'est cette même espèce qui est exploitée dans les communes voisines.

Le sous-sol de Fontaine-Française, rocheux et perméable au sud du village et très argileux au nord-est et à l'est, ne donne naissance qu'à quelques sources peu importantes.

Néanmoins, le bassin formé par les étangs, le *thalway* de notre finage, abonde en sources plus ou moins fortes, et parmi elles on remarque celle de la Borde, la plus abondante du territoire. Les étangs sont en outre alimentés par les eaux de la fontaine de Chaume, de la Combe-du-Chêne, et par toutes celles provenant des filtrations de la Grande-Forêt du Seigneur.

La plupart des puits de la partie basse du village et les quelques sources qu'on y rencontre doivent être alimentés par l'eau de l'Étang-Dessus ou du Château, d'où elle arrive filtrée à travers les terres argileuses et les débris calcaires qui forment la masse du sous-sol.

L'eau des puits de la partie haute du pays paraît venir du nord-est, par filtration, et de tous les coteaux et les plateaux joignant les territoires de Saint-Maurice, Lavilleneuve et Pouilly.

L'analyse de l'eau de la source de la Borde a accusé 281 milligrammes de matières étrangères, dont 267 de carbonate de chaux, 9 de silice et 5 de chlorure de magnésium. Elle est un peu plus chargée que celle des fontaines de Dijon qui ne contient que 260 milligrammes de matières étrangères dont 230 de carbonate de chaux.

Cette source occupe le septième rang parmi celles du canton. L'eau en est très potable et d'un débit assez grand (en moyenne 9 à 10 litres par seconde) pour pouvoir alimenter le pays de Fontaine-Française, si le projet, dressé depuis longtemps, de construction des fontaines, était exécuté.

Toutes nos eaux sont très chargées de chaux, ainsi qu'on va le voir dans le tableau suivant des analyses faites par M. l'Ingénieur des mines.

1° *Source de la Borde*, 0 gramme 281 milligrammes de matières étrangères, par litre, savoir :

Carbonate de chaux.	0gr267
Sicile.	0 009
Chlorure de magnésium.	0 005
Matières non dosées et pertes.	»
Total égal.	0.281

Cette source occupe le 7me rang parmi celles du canton.

2° *Fontaine Chaussier*, 0 gramme 270 milligrammes de matières étrangères, par litre, savoir :

Carbonate de chaux.	0gr240
Silice.	0 005
Chlorure de magnésium.	0 006
Matières non dosées et pertes.	0 019
Total égal.	0.270

Cette source occupe le 4me rang parmi celles du canton.

3° *Puits de la Place du Centre*, dite de Henri IV, 0 gramme 285 milligrammes de matières étrangères, par litre, savoir :

Carbonate de chaux.	0gr270
Silice et autres sels.	0 015
Total égal.	0.285

4° *Puits de M. Magnieux*, 0 gramme 860 milligrammes de matières étrangères, par litre, savoir :

Carbonate de chaux.	0gr398
Silice.	0 011
Chlore	0 123
Acide sulfurique.	0 063
Bases combinées avec le chlore et matières non dosées.	0 265
Total égal.	0.860

Cette dernière eau est la moins potable avec celle du puits de Licey, probablement parce que toutes les deux coulent dans des marnes.

On trouve difficillement de l'eau dans le village : la nappe est très basse et les filtrations se font si facilement dans les roches fissiles disloquées en tous sens, que la plupart des puits sont perdus par le purin de fumier qui y arrive aux moindres pluies, si l'on n'a pas la précaution de cimenter les maçonneries jusqu'au haut de la couche forée. C'est ce qui a été fait en 1853 pour le puits de la place Henri IV.

Pendant longtemps on a cru et on croit encore aujourd'hui à la parfaite insalubrité de la commune de Fontaine-Française, en raison des étangs qui longent le village au sud-ouest.

A nos yeux, et au dire d'hommes expérimentés et savants, parmi lesquels nous citerons le célèbre docteur Andriot, les fièvres qui jadis décimaient la population *n'avaient pas les étangs pour cause unique*.

La malpropreté des rues où pendant des années entières croupissaient d'infectes mares et d'éternels fumiers sur lesquels on jetait même, sans les enfouir, les animaux morts, leurs dépouilles et tous les débris ménagers ; la mauvaise construction des maisons de la basse classe, l'étroitesse des ouvertures, le manque d'air et le défaut d'assainissement; tout cela joint à la nourriture peu substantielle et pas confortable du tout de l'époque, était la cause principale et indiscutable des fièvres intermittentes, alors si répandues, et que, par les alliances locales, les parents transmettaient à leurs enfants qui ne pouvaient avoir qu'une constitution débile et trop bien disposée à subir les fâcheux effets de l'insalubrité générale.

A l'appui de ce que nous avançons, nous répèterons ce que nous a dit maintes fois le docteur Andriot, à l'initiative duquel sont dus et le commencement de l'amélioration des rues et l'enlèvement des immondices qui avaient le triple inconvénient d'empêcher l'écoulement des eaux, d'obstruer les conduits et d'infecter l'air.

Au fur et à mesure que M. Andriot, aidé de personnes qui le comprenaient, parvenait, non sans peine, à faire cesser le triste état de choses dans lequel se trouvaient les rues, à faciliter l'écoulement des eaux pluviales et ménagères, à empêcher le dépôt des immondices sur les chaussées publiques, et à faire approprier et aérer l'intérieur des habitations, on voyait diminuer très sensiblement les cas de fièvres qui atteignaient avant cette époque le chiffre incroyable de près de cinq cents par an.

Ces fièvres, on peut le dire, ont complétement disparu par suite des efforts tentés par M. Andriot, des mesures d'hygiène prises par l'administration, de l'amélioration des maisons, de la meilleure nourriture des habitants, et enfin des derniers travaux qui, tout en embellissant la cité, ont définitivement empêché les dépôts sur la voie publique, régularisé les pentes des rues et rendu constant et facile l'écoulement des eaux.

Sans doute les miasmes qui s'échappent des étangs ont dû contribuer à l'insalubrité de l'air. Mais si cette insalubrité, *si la fièvre permanente qui existait alors n'avaient eu pour seule cause que les étangs, ceux-ci existant encore, étant même beaucoup plus vaseux et en partie remplis d'herbes aquatiques, la fièvre devrait encore décimer la population, et cependant, nous le répétons, elle a complétement disparu.* Depuis seize ans que nous habitons le pays, nous n'avons pas plus vu de fièvres que dans d'autres localités moins exposées aux émanations et aux miasmes des étangs.

Disons encore que les eaux de nos étangs ne sont pas stagnantes, qu'elles proviennent de sources pérennes et qu'elles se renouvellent journellement. Ensuite que si la couche de vase a aujourd'hui une certaine épaisseur, le fond sur lequel elle repose est la roche mise à nu par la main des hommes lors de la création ou de l'aménagement des étangs dont le dernier, celui du château, a été creusé au milieu du siècle dernier par M. de Saint-Julien, qui était alors seigneur de Fontaine-Française.

C'est le cas de répéter ici ce que nous avons dit à l'article *Tourbe* de notre première partie. La vase de nos étangs est une tourbe bâtarde, formée sur un sol primitivement sec. Or on a vu que cette espèce de tourbe *rend le climat environnant plutôt salubre qu'insalubre.*

Quelques personnes prétendent que les plantations de peupliers qui entourent les étangs sont une cause de salubrité pour le pays, parce que les feuilles absorbent en grande partie les gaz qui s'échappent des eaux. Nous ne discuterons pas cette opinion que nous avons cru utile de mentionner; nous ferons seulement observer qu'il est reconnu, et c'est un fait constant, que les parties foliacées vertes des plantes et des arbres absorbent pendant le jour le gaz acide carbonique *seulement* et qu'elles exhalent du même gaz pendant la nuit.

Une autre opinion qui a plus de valeur que la précédente mérite d'être citée, parce qu'elle émane d'un médecin distingué et savant observateur, le docteur A. Q..... Il y a trente ans environ, le système Broussais était encore en grande vénération : il excluait les toniques et prescrivait, dans toutes les maladies, les débilitants, les sangsues, la saignée. Avec un pareil régime on doit comprendre que les populations n'avaient pas une constitution médicale bien forte, et que les moindres causes pouvaient produire de grands effets sur l'organisation ainsi affaiblie.

Aussi les fièvres intermittentes qu'occasionnent les miasmes délétères provenant de la décomposition des matières végétales devaient être très répandues et très tenaces.

Aux yeux d'un certain nombre de nos lecteurs nous pourrons être sorti de notre cadre dans la digression qui précède. Mais nous répondrons à ces personnes que de la *Géologie, qu'on appelle l'étude de la structure du globe et de tous les phénomènes qui se rattachent à sa composition et à ses propriétés physiques et chimiques*, doivent nécessairement découler une application et une explication de ces phénomènes, agissant soit sur l'économie végétale, soit sur l'économie animale. C'est ce qui nous a engagé à démontrer que le village de Fontaine-Française, qui a la réputation d'être malsain et fièvreux, se trouve, au contraire, dans une situation hygiénique tout à fait normale qui pourrait être enviée par bien des localités que nous connaissons.

Nous ne terminerons pas cette étude de notre chef-lieu de canton sans dire encore quelques mots de son agriculture.

Il n'y a pas bien des années, une certaine étendue du territoire ne rapportait que de mauvais seigles et souvent rien, notamment les terres argilo-siliceuses et siliceuses de Bois-Vaubert, de l'Etang-Martin et de bien d'autres climats. Mais depuis l'introduction de la culture des prairies artificielles la nature du sol s'est sensiblement améliorée. Nos cultivateurs, aidés de la charrue Meugniot, ont pu mieux travailler leurs terres, les fumer plus fortement et en varier les produits en amendant le sol. Ils sont ainsi parvenus à faire végéter du blé, là où le seigle avait peine à venir, et la récolte a décuplé depuis quarante ans.

Dans nos terres siliceuses et argilo-siliceuses comprises entre le chemin vicinal de Lavilleneuve, le bois Dufour, la route départementale n° 8, le bois de l'Allau et le Grand chemin des Prés, les récoltes commencent à prospérer, grâce aux améliorations introduites dans la culture. Ces récoltes pourraient devenir relativement abondantes et de meilleure qualité, si le cultivateur constituait normalement ses terres, en leur donnant, au moyen de la chaux, l'élément calcaire qui leur manque presque totalement, après, bien entendu, avoir assaini tous les bas-fonds et fait de bons et profonds labourages, suivis de hersages qu'il ne faut jamais craindre de multiplier.

Tous les autres climats où la chaux entre pour 4 ou 5 pour 100 dans la composition de la couche arable peuvent recevoir bien des sortes de cultures.

Les plantes sarclées végéteraient très bien et seraient d'un grand profit dans les terres calcaires du bas de Ribaut, Combe-à-la-Marosse, le bas de Beauregard, partie est de Perrois, la Grande-Corvée, etc. La culture de ces plantes serait pour le pays une source de richesse que nous ne désespérons pas de voir se réaliser.

En somme, le sol de Fontaine-Française, très propre à la culture des céréales, productif, convenablement exposé, d'une altitude variant de 218 mètres dans la prairie basse à 265 sur la Voie romaine vers la forêt, est aussi très propre à recevoir sur bien des points, comme nous l'avons déjà dit, les plantes sarclées, les plantes pivotantes, le houblon et la vigne.

Au fur et à mesure que nos cultivateurs comprenant mieux l'agriculture, ne laisseront pas perdre une seule parcelle d'engrais, quel qu'il soit, ni une seule goutte de purin, qu'ils augmenteront ainsi leurs moyens de fumures; au fur et à mesure qu'améliorant leurs exploitations ils cultiveront plus de prairies artificielles pour nourrir plus de bétail; qu'ils assainiront complétement leurs terres humides et qu'ils amenderont leurs sols chacun selon sa nature et sa composition, on verra augmenter rapidement les produits de toutes espèces, diminuer les difficultés de culture, tirer parti de tous les terrains, et la fortune publique ne pas laisser beaucoup à désirer, ou au moins approcher de celle des meilleurs pays de France.

Dans tous les climats où le sol est quelque peu léger, a du fond et est bien exposé, la vigne peut y prospérer, mais le vin qu'on récolte est acide et de peu de garde. Cette culture prend une extension considérable : ainsi on a constaté qu'en 1865 et 1866 on avait planté plus de 12 hectares.

Nous croyons que le vin serait de meilleure qualité si nos cultivateurs et nos vignerons se hâtaient moins de vendanger. Nous sommes tellement sûr de ce que nous avançons, que les vignes du château, qu'on récolte toujours dix à douze et quelquefois quinze jours plus tard que les autres, produisent des vins moins acides, plus colorés, de qualité supérieure et qu'on peut garder plus longtemps.

Le climat de Fontaine-Française et des environs a-t-il changé depuis un ou deux siècles? C'est une question que nous ne saurions résoudre. Mais nous devons signaler un fait qui, sans le prouver, nous met au moins dans une grande incertitude. Le châtaignier, tout le monde sait cela, ne vient bien que dans les sols granitiques, siliceux et dans les régions élevées, relativement froides. Et cependant toutes les charpentes de nos anciennes maisons, depuis celles qui datent du quinzième siècle jusqu'à celles du siècle dernier, sont en beaux et bons châtaigniers de dimensions qui prouvent qu'ils prospéraient admirablement dans nos forêts et devaient y être bien communs. Aujourd'hui nous ne connaissons dans tout le canton que quelques châtaigniers, de médiocre croissance, dans les bois à fond siliceux de Lavilleneuve.

La grande forêt de Fontaine-Française, appelée les Grands bois du Seigneur, fera plus tard l'objet d'un travail spécial que nous aurons l'honneur et le plaisir de dédier à M. le comte F. de Chabrillan. Nous nous bornerons pour le moment à dire que cette belle forêt de 1,200 hectares, parfaitement aménagée, est assise sur de bons fonds argilo-siliceux, tantôt d'herbues, tantôt graveleux et pierreux, mais partout calcaires. Quelques coupes, particulièrement les n°s 30, 32 et 33 du côté du chemin de grande communication n° 1, les n°s 17, 18 et partie de 21, 22, 23 et 24 du côté de Saint-Aubin, ainsi que partie de 8, 9, 10, 11, 12 et 13 aux abords de l'ancienne route de Paris et du chemin vicinal de Chaume, sont très secs, pierreux et de peu de valeur. Les coupes n°s 12 et 13 renferment en outre les détritus coralliens et sables d'arène dont nous avons parlé dans une des pages précédentes.

Les Grands bois du Seigneur sont peu riches en minerai de fer hydroxydé : on n'en a reconnu des dépôts peu abondants que dans les coupes n°s 6 et 7, joignant les Couées, et dans la coupe n° 20 à l'ouest des Barraques.

Les autres bois du territoire de Fontaine-Française se composent du bois Dufour, sur le terrain tertiaire silicéo-argileux sableux d'une grande puissance et dont la composition se rapproche de celle des n°s 7 et 8 du tableau géognostique suivant. Ce bois était autrefois peuplé de châtaigniers qui ont disparu depuis longtemps.

Le Buisson-Bordet et le bois de Saules sont d'excellents fonds de terres de pré, calcaires argilo-siliceuses, riches en humus et semblables à celles du n° 6. Malheureusement les crues de la Vingeanne nuisent à ces bois, tant sous le rapport de la végétation que sous celui de l'exploitation et de la vidange des coupes.

Les quelques buissons et remises épars dans le finage sont sans importance, le sol en est identiquement le même, quant à la constitution physique, que celui des terres qui les entourent.

Le bois ou buisson des Élus est très rocheux ; son exposition en pente raide au sud-ouest en fait un des plus printaniers pour l'épanouissement des fleurs de mars et d'avril.

Les buissons des Cerisiers et de la Combe du Chêne sont en bonne partie sur des terres argileuses et argilo-siliceuses-ferrugineuses d'une grande puissance. L'autre partie de la Combe du Chêne est pierreuse et rocheuse comme les coupes de la Grande Forêt qui la joignent.

Les bois communaux, dits de la Côte Martin, ont un sol qui varie du rocheux et pierreux à l'herbue douce de bonne qualité. C'est-à-dire que dans certains endroits le bois est riche de végétation, tandis que dans d'autres la pauvreté du sol donne aussi de pauvres produits.

Tableau géognostique et analytique du territoire de FONTAINE-FRANÇAISE.

N° 1 DE LA CARTE.

§ 1. *Climats* ou *lieux-dits :* partie nord de Chamôt sur le bois, Combe Jean Roussot, Poirier Belle Jeanne, les Curtillot, Champ Grassot, Voie des Cerisiers et l'Étang Dessus.

§ 2. *Caractères généraux extérieurs du sol :* terre calcaire généralement légère, graveleuse et pierreuse, sauf quelques points forts et argileux, mais de peu d'étendue, dans lesquels on trouve du fer hydroxydé en grains. Sols de couleur rouille et rouget, faciles à cultiver, fertiles et perméables, à sous-sol rocheux dans les parties pierreuses et compactes, très épais sur les autres, mais reposant toujours, à une profondeur déterminée, sur les roches oolitiques du corallien supérieur. Exposition au nord, à l'est et au sud, en plateaux et en pentes douces.

§ 3. *Constitution physique* :

Débris organiques, pailles, racines, fumier, etc.	0.07	100.00
Pierrailles, de la grosseur d'un pois à une noix ordinaire, ou de plus de 0m003 de diamètre	11.52	
Gravier, de la grosseur d'un grain de navette à un pois, ou de 0m0005 à 0m003 de diamètre.	2.97	
Sable fin, au-dessous de la grosseur d'un grain de navette, ou de moins de 0m0005 de diamètre	4.21	
Matières ténues entraînées par l'eau.	81.23	

§ 4. *Composition chimique* :

Produits volatils ou combustibles.	Eau	2.50	8.40
	Matières volatiles ou combustibles : humus, sels divers et débris organiques	5.80	
	Azote	0.10	
Matières minérales	Résidu insoluble, argile et silice	68.01	91.60
	Alumine et peroxyde de fer	11.59	
	Chaux	6.37	
	Magnésie	0.46	
	Acide carbon. et produits non dosés.	5.17	
			100.00

§ 5. *Dénomination scientifique du sol* : sols calcaires, argilo-siliceux et argilo-calcaires pierreux.

§ 6. *Puissance* ou *épaisseur du sol végétal* : de 0m20 à 0m40 dans les endroits pierreux en surface, et de plus de 1 mètre dans la partie peu ou pas pierreuse, le tout sur fond rocheux, perméable.

§ 7. *Observations et améliorations que le sol réclame* : ces terrains sont bons, fertiles et assez légers; ils demandent de profonds labours pour exposer le plus d'épaisseur possible aux influences atmosphériques; beaucoup d'engrais et dans les parties basses, argileuses et ferrugineuses, 6 à 8 mètres cubes de chaux à l'hectare pour détruire l'acidité, l'amertume et la rouille produites par le fer. Les enfouissements en vert du sarrasin et du sainfoin y feraient aussi très bien. Employer les fumiers demi-fermentés qui agissent assez promptement et sont encore échauffants.

§ 8. *Valeur vénale* : de 1,200 à 1,500 francs l'hectare.

N° 2 DE LA CARTE.

§ 1. *Climats* : partie sud de Chamôt sur le bois et de Chamôt du milieu, au Foncheroy, es Herbues et Perrois.

§ 2. *Caractères extérieurs du sol* : bonne terre argilo-siliceuse, plate, exposée au levant, de couleur jaunâtre, ocreuse, bien humifiée, perméable, propre aux cultures sarclées et donnant de bons produits. Sous-sol rocailleux, rocheux, fendillé, très perméable, appartenant à la zone kimméridgienne. Dans les bas-fonds où le sol et le sous-sol sont argileux et épais, on trouve du minerai de fer pisolitique de bonne qualité.

§ 3. *Constitution physique* :

Débris organiques	0.06
Pierrailles	8.17
Gravier	1.78
Sable fin	3.58
Matières ténues entraînées par l'eau	86.41
	100.00

§ 4. *Composition chimique* :

Produits volatils ou combustibles.	Eau	3.85	10.00
	Matières volatiles ou combustibles.	6.04	
	Azote	0.11	
Matières minérales	Résidu insoluble, argile et silice.	71.58	90.00
	Alumine et peroxyde de fer	12.42	
	Chaux	2.57	
	Magnésie	0.63	
	Acide carbonique et pertes	2.80	
			100.00

§ 5. *Dénomination* : sols calcaires argilo-siliceux et ferrugineux.

§ 6. *Epaisseur* : de 0m20 à 0m50 dans les parties graveleuses et pierreuses, de 0m50 à 1 mètre et plus dans les parties argileuses, surtout celles qui se rapprochent du pays.

§ 7. *Améliorations* : ces sols étant moins calcaires et plus argileux que ceux du numéro précédent, sont plus forts, plus tenaces quoique aussi fertiles et faciles à labourer. Ils demandent généralement la chaux à la dose de 6 à 10 mètres cubes par hectare, aussi de profonds labours et les enfouissements en vert des plantes herbacées, trèfle, colza, vesces, etc. Les boues de route et les curures de fossés y produiraient aussi d'excellents effets, ainsi que le mélange des terres. Employer les fumiers demi-fermentés, plutôt longs que courts.

§ 8. *Valeur vénale* : de 1,200 à 1,800 francs l'hectare.

N° 3 DE LA CARTE.

§ 1. *Climats* : En Beauregard, l'Homme-mort, Champcarré, partie de Queue à la Vache, la Vigne Jacques, partie de Morte-Vieille, Chamôt de la Morte-Vieille, partie sud-est et nord de Chamôt du milieu, Charme Sansonnet, les Terrières, Bon-blé, Charmottes, derrière le Parc, Plante-Folie, Champ au Curé, la Garenne, les Élus, Perdriset, au nord le Rèthre, les Lavières, la Couveroie et la Fayère.

§ 2. *Caractères extérieurs du sol* : terres généralement légères et pierreuses, sèches et très perméables, couleur blond et jaune ocre, très calcaires, incultes et en murgers dans plusieurs endroits, fertiles et faciles à cultiver dans les autres, donnant de bons produits en fourrages artificiels, convenant aux vignes et aux légumes. Sous-sol à laves et roches disloquées très fendillées, et à minerai de fer, ce qui le rend acide et tenace partout où la roche est basse. Expositions diverses en plateaux et en pentes douces.

§ 3. *Constitution physique :*

Débris organiques	0.07
Pierrailles	12.25
Gravier	4.25
Sable fin	5.31
Matières ténues	78.12
	100.00

§ 4. *Composition chimique :*

Produits volatils ou combustibles.	Eau	3.12	7.25
	Matières volatiles ou combustibles.	4.02	
	Azote	0.11	
Matières minérales	Résidu insoluble, argile et silice.	66.34	92.75
	Alumine et peroxyde de fer	12.03	
	Chaux	7.60	
	Magnésie	0.47	
	Acide carbonique et pertes	6.31	
			100.00

§ 5. *Dénomination* : sols calcaires, argilo-siliceux très ferrugineux.

§ 6. *Epaisseur* : de 0m20 à 0m75, sur sous-sol rocailleux, marneux et argilo-siliceux-ferrugineux, vers la route départementale n° 8.

§ 7. *Améliorations* : les climats qui nous occupent étant pierreux, secs et sans fond, ils conviendrait de les épierrer, d'y mêler de l'herbue, des argiles de récipient, des vases des étangs, des curures des fossés. Toutes ces matières donneraient du fond, de la fraîcheur et changeraient totalement ces terres. Il faudrait aussi y enfouir des lupins, du sainfoin et du sarrasin. Employer les fumiers courts, gras, bien pourris, dont la décomposition est avancée et qui produisent instantanément leur effet.

§ 8. *Valeur vénale* : de 1,000 à 1,509 francs l'hectare.

N° 4 DE LA CARTE.

§ 1. *Climats* : Poirier-Laurent, partie de Queue à la Vache et de Champ Carré, au Champ de la Tour, derrière la Garenne, vieux Chemin de Bèze, En Ribaut, sur la Combe à la Marosse, sur l'Étang du Fourneau, et les parties sud et sud-ouest du village.

§ 2. *Caractères extérieurs du sol* : terrains peu humifiés au midi mais très gras aux abords du pays, légers, perméables, ayant beaucoup de fond ; herbue douce, un peu graveleuse et pierreuse à l'ouest et au sud, à minerai de fer, en plateaux et en légères ondulations, susceptibles de porter toutes sortes de cultures, betteraves, vignes, houblon, etc., selon l'épaisseur de la couche végétale. Sous-sol rocheux, mais profond et perméable.

§ 3. *Constitution physique :*

Débris organiques	0.09
Pierrailles	11.35
Gravier	3.32
Sable fin	4.02
Matières ténues	81.22
	100.00

§ 4. *Composition chimique :*

Produits volatils ou combustibles.	Eau	2.40	5.02
	Matières volatiles ou combustibles	2.51	
	Azote	0.11	
Matières minérales	Résidu insoluble, argile et silice	69.05	94.98
	Alumine et peroxyde de fer	11.64	
	Chaux	6,51	
	Magnésie	0.47	
	Acide carbonique et pertes	7.31	
			100.00

§ 5. *Dénomination* : sols calcaires, argilo-siliceux, graveleux et pierreux, sauf une grande partie de Ribaut, qui est d'herbue douce.

§ 6. *Epaisseur* : de 0m20 à 0m70 sur fond rocailleux, perméable et de plus de 1 mètre dans les herbues et le dépôt ferrugineux.

§ 7. *Améliorations* : ces terres, paraissant suffisamment pourvues de calcaire, ont besoin de défoncements et d'épierrement dans les parties sèches, de mélange d'herbue pour leur donner du fond, et d'enfouissements en vert pour les fumer et les rafraîchir. Dans les parties d'herbue et d'argile ferrugineuse la chaux, les cendres, les boues de route, tout ce qui peut diviser le sol et l'ameublir en neutralisant son amertume naturelle. Dans les terres avoisinant le chemin de Fontaine à Fontenelle et aux abords du pays, le sol est assez riche, sous tous les rapports, pour qu'avec une addition ordinaire de fumier on puisse y supprimer la jachère morte. Dans toutes ces terres il faut employer les fumiers courts et gras.

§ 8. *Valeur vénale* : de 1,800 à 2,000 francs l'hectare, pour les terres en moyenne, et 5,500 francs pour les vignes.

Nº 5 DE LA CARTE.

§ 1. *Climats* : Les Longues Pièces, la Grande Corvée, les Murots, Champ-Mion, Pré Morot, Chaignot-Long, Girard-Ganguin, les Longues Raies et Champ Mouflé.

§ 2. *Caractères extérieurs du sol* : terre variant du gris au jaune blond et au jaune ocre, humide dans les bas-fonds, partout argileuse, tenace, d'une culture difficile, renfermant des argiles marneuses qui rendent le sous-sol imperméable. Ce sous-sol renferme beaucoup de minerai de fer, des débris du calcaire kimméridgien et quelques feuillets de marnes blanchâtres. La quantité de fer contenue dans le sol et le sous-sol rend ceux-ci acides, compactes, rouilleux et nuit singulièrement à la végétation.

La partie ouest de la Corvée est plus graveleuse, un peu pierreuse, et, comme les terres des Murots et des jardins, le sol en est excessivement riche, fertile et propre à toutes sortes de cultures.

§ 3. *Constitution physique :*

Débris organiques	0.12
Pierrailles	7.06
Gravier	3.85
Sable fin	4.60
Matières ténues	84.37
	100.00

§ 4. *Composition chimique :*

Produits volatils ou combustibles	Eau	3.20	7.20
	Matières volatiles ou combustibles	3.82	
	Azote	0.18	
Matières minérales	Résidu insoluble, argile et silice	70.02	92.80
	Alumine et peroxyde de fer	14.94	
	Chaux	3.25	
	Magnésie	0.42	
	Acide carbonique et pertes	4.17	
			100.00

§ 5. *Dénomination* : sols calcaires, argilo-siliceux.

§ 6. *Epaisseur* : de 0m30 à 1 et 2 mètres sur fond argileux, très ferrugineux, presque partout peu perméable.

§ 7. *Améliorations* : la chaux est le principal amendement de ces terres à raison de 10 à 12 mètres cubes par hectare, pour détruire la grande acidité du sol produite par l'énorme quantité de peroxyde de fer qu'elles contiennent. On peut aussi y pratiquer l'écobuage, enfouir les plantes herbacées sèches qui tendent à diviser le sol en le fumant, telles que les vesces, le trèfle, le colza, etc. Cendrages dans les parties les plus argileuses et culture profonde, afin que les racines puissent plonger plus avant dans la terre. Employer les fumiers longs, pailleux, qui échauffent et divisent le sol.

§ 8. *Valeur vénale* : de 1,200 à 1,500 francs l'hectare, en plaine ; contre le pays, de 3,000 à 4,500.

N° 6 DE LA CARTE.

§ 1. *Climats* : les prés en général.

§ 2. *Caractères extérieurs du sol* : terrain plat, humide au fond, mais de qualité supérieure quoique présentant bien des variations. En somme, sol très humifié, couleur de l'ocre pâle au brun-noirâtre, donnant de bons et abondants produits. La partie dite Prairie-Basse est plus humide, plus grasse que les autres, la mousse y croît facilement et le foin y est de moindre qualité.

§ 3. *Constitution physique :*

Débris organiques	0.41
Pierrailles	0.29
Gravier	0.65
Sable fin	3.52
Matières ténues	94.23
	100.00

§ 4. *Composition chimique :*

Produits volatils ou combustibles.	Eau	4.30	15.80
	Matières volatiles ou combustibles	11.17	
	Azote	0.33	
Matières minérales	Résidu insoluble, argile et silice	66.14	84.20
	Alumine et peroxyde de fer	11.62	
	Chaux	2.35	
	Magnésie	0.29	
	Acide carbonique et pertes	3.80	
			100.00

§ 5. *Dénomination* : sols calcaires, argilo-siliceux compactes. Alluvions anciennes et modernes, argilo-ferrugineuses, acides, peu calcaires.

§ 6. *Epaisseur* : de 2 mètres à 2m50 sur plafond graveleux et marneux.

§ 7. *Améliorations* : sauf la Prairie-basse, l'assainissement est assez complet. Il faut néanmoins niveler les bas-fonds, en faire couler l'eau, et lorsque la prairie sera ainsi préparée, il faudrait y établir un système complet d'irrigation qui augmenterait la qualité et la quantité des produits et assurerait d'abondantes récoltes dans les années de sécheresse. Il faut détruire la mousse dans la prairie basse en y répandant des cendres vives ou lessivées, et passant légèrement ensuite la herse à plusieurs reprises, pour faire pénétrer l'amendement dans le sol et soulever la mousse.

§ 8. *Valeur vénale* : de 4,000 à 6,000 francs l'hectare.

N° 7 DE LA CARTE.

§ 1. *Climats* : les Petites Noues, Bois Martin et Bois-Baubert.

§ 2. *Caractères extérieurs du sol* : terres maigres dépourvues d'humus, herbues siliceuses, blanchâtres, fortes, tenaces, froides, humides, imperméables, d'une culture très difficile, sans calcaire, reposant sur un sous-sol compacte, glaiseux, marneux et ferrugineux imperméable. Sol exposé au nord, à l'est et au sud, en plateaux et en pentes douces. La couche végétale est très pauvre et donne de pauvres produits.

§ 3. *Constitution physique* :

Débris organiques	0.07
Pierrailles	2.08
Gravier	2.00
Sable fin	7 32
Matières ténues	88.53
	100.00

§ 4. *Composition chimique* :

Produits volatils ou combustibles.	Eau	2.25	4.00
	Matières volatiles ou combustibles	1.63	
	Azote	0.12	
Matières minérales	Résidu insoluble, argile et silice	87.01	96.00
	Alumine et peroxyde de fer	7.82	
	Chaux	0.30	
	Magnésie	0.13	
	Acide carbonique et pertes	0.14	
			100.00

§ 5. *Dénomination* ; sols silicéo-argileux, sableux, non calcaires.

§ 6. *Epaisseur* : de 0m50 à 1 mètre sur fond marno-compacte, glaiseux, ferrugineux et imperméable.

§ 7. *Améliorations* : marnage avec la marne de Beauregard, 25 à 30 mètres par hectare ou chaulage à haute dose, 14 à 15 mètres par hectare. A défaut de chaux, mélange de terres pierreuses et légères, écobuage, cendres, boues et poussière de route; enfouissement en vert du colza, du trèfle, des vesces, des fèves, en un mot de tout ce qui est susceptible de diviser et d'échauffer la couche végétale. Mais avant tout il faut appliquer le drainage, ou le système de saignées ordinaires pour assainir le sol dans les endroits goutteux et humides à l'excès. Les engrais minéraux et les fumiers longs conviennent bien dans ces terres qui sont, avec celles du numéro suivant, les plus mauvaises du finage. Le trèfle même y dépérit. Ce serait le cas d'y essayer le brôme de Schrader pour remplacer le trèfle, et de faire des expériences avec cette plante dans tous les terrains un peu frais.

§ 8. *Valeur vénale* : 600 francs l'hectare, en moyenne.

Nº 8 DE LA CARTE.

§ 1. *Climats* : la Noue de la Haie, partie est de Taillevant et de l'Étang du Bois Dufour.

§ 2. *Caractères extérieurs du sol* : grosse terre amère, grasse, à rouget très tenace, humide, froide, argileuse et acide à l'excès ; se ravinant très facilement ; sous-sol aussi glaiseux, compacte, rouget, gras et tout à fait imperméable. Ces terres, exposées à l'est en pente assez raide, sont les plus mauvaises du territoire. Cependant M. Robelot, huilier, y a fait, en employant les tourteaux ou pains de navettes, de superbes récoltes en fourrages artificiels, mélange de trèfle et de sainfoin.

§ 3. *Constitution physique* :

Débris organiques	0.02
Pierrailles	1.62
Gravier	1.58
Sable fin	7.20
Matières ténues	89.52
	100.00

§ 4. *Composition chimique* :

Produits volatils ou combustibles	Eau	4.60	7.20
	Matières volatiles ou combustibles	2.54	
	Azote	0.06	
Matières minérales	Résidu insoluble, argile et silice	76.18	92.80
	Alumine et peroxyde de fer	14.15	
	Chaux	0.93	
	Magnésie	0.42	
	Acide carbonique et pertes	1.12	
			100.00

§ 5. *Dénomination* : sols argileux, graveleux, très peu calcaires, mais excessivement chargés d'oxyde de fer.

§ 6. *Epaisseur* : de 0m80 à 2 mètres sur fond glaiseux, goutteux et imperméable.

§ 7. *Améliorations* : remplir d'abord les ravines en nivelant les terres, puis toutes les améliorations indiquées au numéro précédent; le sol étant beaucoup plus chargé de peroxyde de fer; les amendements calcaires et les fumures doivent être employés à plus haute dose, et de préférence les fumiers longs et chauds peu fermentés.

§ 8. *Valeur vénale* : 500 francs l'hectare, en moyenne.

N° 9 DE LA CARTE.

§ 1. *Climats* : Poirier Crevet, Combe-André, partie ouest de Taillevant et de l'Etang du Bois Dufour, les Mingeottes, Lobret, Champ Lanois, Chemin de Montigny, le Mineroi, les Fourches, les Bruyères, partie de la Ferme de la Borde et de la Patte d'Oie.

§ 2. *Caractères extérieurs du sol* : terre généralement bonne, argileuse et argilo-siliceuse, pierreuse vers le chemin vicinal de Lavilleneuve. Expositions diverses en plateaux et en légères pentes. Couleur variant du jaune-blond au jaune-rouille foncé. Sous-sol pierreux et rocailleux dans les points culminants, argileux, humide et marno-compacte dans les bas, surtout vers Pré Morot et l'Etang du Bois Dufour. Ces terres contiennent beaucoup de minerai de fer hydroxydé pisolitique. Les climats pierreux conviennent parfaitement à la culture des légumes et des plantes fourragères ; les parties plus siliceuses donnent d'excellents blés.

§ 3. *Constitution physique* :

Débris organiques	0.09
Pierrailles	8.80
Gravier	2.70
Sable fin	5.04
Matières ténues	83.37
	100.00

§ 4. *Composition chimique* :

Produits volatils ou combustibles.	Eau	2.90	7.70
	Matières volatiles ou combustibles	4.67	
	Azote	0.13	
Matières minérales	Résidu insoluble, argile et silice	74.26	92.30
	Alumine et peroxyde de fer	10.29	
	Chaux	3.55	
	Magnésie	0.37	
	Acide carbonique et pertes	6.83	
			100.00

§ 5. *Dénomination* : sols calcaires, argilo-siliceux ferrugineux.

§ 6. *Epaisseur* : de 0m20 à 0m50 sur fond rocailleux dans les parties pierreuses à la surface, 0m50 à 1 mètre et plus dans les autres parties sur fond argileux, imperméable.

§ 7. *Améliorations* : dans bien des climats le sol est tellement argileux et si peu calcaire, que la chaux y devient indispensable. Ameublir la couche végétale par tous les moyens possibles, soit avec le mélange des terres, les marnages et les enfouissements en vert. Employer les fumiers à demi fermentés, plutôt longs que courts.

§ 8. *Valeur vénale* : 1,200 francs l'hectare, en moyenne.

N° 10 DE LA CARTE.

§ 1. *Climats* : Ferme de la Borde, Combe St-Maurice, la Courviotte et partie est de la Couveroie.

§ 2. *Caractères extérieurs du sol* : bonne herbue, douce, fertile, bien humifiée, calcaire, facile à cultiver, perméable et d'un bon produit. Exposition à l'est et à l'ouest, en pentes très douces et en légères ondulations. Couleur jaune-rouille, à sous-sol marneux dans les combes, calcaire rocailleux et même rocheux dans les revers, perméable, très fissuré, ce qui permet aux plantes pivotantes de plonger profondément dans le sol.

Quelques parties de ces climats au sud et au sud-est, comme au Parc de la Borde, sont excessivement pierreuses et donnent cependant d'assez bonnes récoltes en luzerne et en sainfoin.

§ 3. *Constitution physique* :

Débris organiques	0.04
Pierrailles	3.91
Gravier	2.16
Sable fin	3.64
Matières ténues	90.25
	100.00

§ 4. *Composition chimique* :

Produits volatils ou combustibles.	Eau	2.55	6.30
	Matières volatiles ou combustibles	3.63	
	Azote	0.12	
Matières minérales	Résidu insoluble, argile et silice	76.60	93.70
	Alumine et peroxyde de fer	9.23	
	Chaux	4.03	
	Magnésie	0.37	
	Acide carbonique et pertes	3.47	
			100.00

§ 5. *Dénomination* : sols argilo-calcaires graveleux.

§ 6. *Epaisseur* : de 0m30 à 1 mètre sur fond pierreux, perméable.

§ 7. *Améliorations* : demi-chaulage et mêmes améliorations que les numéros précédents pour les parties argileuses et fortes. Labourage profond, épierrement et enfouissement en vert des lupins, du sarrasin, du sainfoin dans les parties sèches et pierreuses. Employer les fumiers demi-fermentés dans les argiles et très gras dans les pierrailles.

§ 8. *Valeur vénale* : 1,200 francs l'hectare, en moyenne.

Nº 11 DE LA CARTE.

§ 1. *Climats* : les Sargillottes, partie est des Elus, partie ouest de la Couveroie et Champ Sebillotte.

§ 2. *Caractères extérieurs du sol* : terres à peu de chose près semblables à celles du nº 10, mais plus pierreuses, plus légères. Bonne herbue douce et fertile, en plateaux et en pentes au sud et à l'est. Sous-sol rocailleux et rocheux très disloqué et perméable.

§ 3. *Constitution physique* :

Débris organiques	0.08
Pierrailles	7.01
Gravier	1.45
Sable fin	3.16
Matières ténues	88.30
	100.00

§ 4. *Composition chimique* :

Produits volatils ou combustibles.	Eau	2.50	7.58
	Matières volatiles ou combustibles	4.92	
	Azote	0.16	
Matières minérales	Résidu insoluble, argile et silice	74.86	92.42
	Alumine et peroxyde de fer	8,32	
	Chaux	4.71	
	Magnésie	0.46	
	Acide carbonique et pertes	4.07	
			100.00

§ 5. *Dénomination* : sols argilo-calcaires.

§ 6. *Epaisseur* : de 0m25 à 0m60 sur fond pierreux perméable.

§ 7. *Améliorations* : comme au nº 10, et drainer les quelques parties humides et goutteuses. Employer les fumiers longs, pailleux et chauds.

§ 8. *Valeur vénale* : 1,200 francs l'hectare, en moyenne.

Nº 12 DE LA CARTE.

§ 1. *Climats* : Combe de Chaume et Revers des Lochères.

§ 2. *Caractères extérieurs du sol* : terre pauvre en humus, argileuse à rouget tenace, peu facile à cultiver. Couleur rouille, exposition au levant en bas-fonds et en revers raides; une partie, en plateaux de meilleure qualité, est composée de bonne herbue douce, mais, comme le reste, amer et à sous-sol argileux et compacte.

§ 3. *Constitution physique* :

Débris organiques	0.09
Pierrailles	8.17
Gravier	3.73
Sable fin	9.07
Matières ténues	78.94
	100.00

§ 4. *Composition chimique* :

Produits volatils ou combustibles.	Eau	2.45	4.40
	Matières volatiles ou combustibles	1.83	
	Azote	0.12	
Matières minérales	Résidu insoluble, argile et silice	68.50	95.60
	Alumine et peroxyde de fer	8.37	
	Chaux	8.46	
	Magnésie	0.38	
	Acide carbonique et pertes	9.89	
			100.00

§ 5. *Dénomination* : sols calcaires, argilo-siliceux.

§ 6. *Epaisseur* : de 0m50 à 1 mètre, sur fond pierreux et perméable dans les hauteurs; sur fond argileux, glaiseux, imperméable dans le revers et le bas-fond.

§ 7. *Améliorations* : comme au nos 10 et 11.

§ 8. *Valeur vénale* : de 1,200 à 1,500 francs l'hectare.

N° 13 DE LA CARTE.

§ 1. *Climats* : partie nord des Terrières, Cotte de Mailles, Champs Es Biches, sur le bois des Vieilles Baraques, Champ Clair et partie de Perdriset au sud.

§ 2. *Caractères extérieurs du sol* : terre en plateaux, peu humifiée, jaune-rouille, argileuse, forte, mais généralement d'herbue douce, facile à cultiver et très productive en céréales. Légère et graveleuse, sur quelques points elle donne d'excellents produits artificiels. Le sous-sol est à peu près partout perméable et renferme du minerai de fer pisiforme.

§ 3. *Constitution physique* :

Débris organiques	0.10
Pierrailles	5.22
Gravier	3.54
Sable fin	7.81
Matières ténues	83.33
	100.00

§ 4. *Composition chimique* :

Produits volatils ou combustibles.	Eau	3.00	5.00
	Matières volatiles ou combustibles.	1.87	
	Azote	0.13	
Matières minérales	Résidu insoluble, argile et silice.	76.90	95.00
	Alumine et peroxyde de fer	8.79	
	Chaux	4.13	
	Magnésie	0.43	
	Acide carbonique et pertes	4.75	
			100.00

§ 5. *Dénomination* : sols calcaires, argilo-siliceux et silicéo-argileux ferrugineux.

§ 6. *Epaisseur* : de 0m50 à 1 mètre sur fond argileux au nord, et rocailleux, perméable au sud et à l'ouest.

§ 7. *Améliorations* : les mêmes qu'aux trois derniers numéros.

§ 8. *Valeur vénale* : 1,500 francs l'hectare, en moyenne.

Production moyenne agricole de Fontaine-Française.

Nos de la Carte et du Tableau.	PRINCIPAUX CLIMATS.	PRODUITS MOYENS PAR HECTARE : EN HECTOLITRES DE						EN QUINTAUX DE			
		Blé.	Seigle.	Avoine.	Orge.	Pommes de terre.	Vin.	Foin.	Luzerne.	Trèfle.	Sainfoin.
1	Curtillots, Poirier Belle Jeanne.	16	15	20	18	»	»	»	56	30	30
2	Chamot, Foucheroy . . .	14	»	20	17	96	»	»	58	30	32
3	Vignes Jacques, Tarrières	11	»	17	17	96	48	»	45	»	30
4	Ribaud, Champ de la Tour	16	»	20	18	125	48	»	60	30	36
5	Longues Pièces, Corvée.	18	18	25	22	125	50	»	58	33	34
6	Les prés	»	»	»	»	»	»	37	»	»	»
7	Petites Noues, Bois-Baubert.	15	»	20	»	»	»	»	40	30	»
8	Noue de la Haie.	12	»	14	14	»	»	»	»	32	»
9	Bois Dufour, Mineroi. . .	16	»	23	20	120	»	»	65	33	30
10	Ferme de la Borde. . . .	20	20	24	22	125	»	»	65	35	35
11	Les Sargillottes.	20	»	24	22	110	»	»	60	35	30
12	Combe de Chaume. . . .	21	»	25	20	100	»	»	60	36	28
13	Champ Clair, Perdriset.	19	19	20	20	125	»	»	50	30	30
	Moyennes. . . .	16.5	18	21	19	113.5	48.6	37	55.1	32.1	31.5

On ne sème du seigle, sur les éteules des blés, dans les bonnes terres, que pour faire des liens.

La culture du houblon commence à prendre de l'extension. Celle de la vigne prend une importance considérable. Les autres produits, moins importants et de consommation locale, sont comme ceux de Bourberain et de Saint-Seine.

A Fontaine-Française, ainsi que dans toutes les autres communes du canton, on a presque totalement abandonné la culture du chanvre.

COMMUNE DE FONTENELLE.

Population . . . . 333 habitants.
Etendue territoriale . . . . 1,012 h. 83 a. 80 c.
Revenus imposables . . . . 30,330 fr. 17 c.

Le territoire de Fontenelle, l'un des plus réguliers de notre canton, est composé, pour les trois quarts, en ce qui concerne la couche arable, de terrain argilo-siliceux et silicéo-argileux compris dans les 1er, 2e et 3e genres de la première classe de notre grande division des sols.

La couche arable et la couche végétale qui, ensemble, varient de 0m20 à 1 mètre et même 1m50 d'épaisseur, reposent sur un sous-sol assez varié. Sur la Craie, en Jalancourt, en Roussillon, à la Vaite, c'est le *calcaire à nérinées* des terrains secondaires supérieurs; au-dessus de Jalancourt, jusqu'au village, c'est le *calcaire à astartes*, parfaitement caractérisé par l'*astarte minima* qui y est très abondante; aux Caillots-Ragots et dans les climats voisins de Bessey, ainsi qu'en Vigne-Feuillot, c'est le *portlandien*, puis le *kimméridgien*; enfin, l'*albien* et le *néocomien* se montrent à l'ouest, sur quelques points de peu d'étendue, notamment vers le bois de la Côtote où le *silex pyromaque* est commun, et au nord de la Grande-Naule où se rencontrent les débris marneux et calcaires de la base des *terrains crétacés*.

La couche végétale, la dernière formée, ainsi que toutes celles qui lui sont analogues, proviennent du transport, par les eaux du déluge ou dernier cataclysme universel, des parties plus ou moins ténues de roches siliceuses, calcaires et autres, de débris organiques, etc., qui se sont déposées sur le territoire de Fontenelle d'une manière assez régulière, comme le démontre sa constitution physique. Ces dépôts sont *crétacés*, *tertiaires* et *diluviens*. Le sous-sol imperméable des terrains siliceux et silicéo-argileux (herbue forte) des climats qui longent, au levant, l'ancienne Voie romaine de Langres à Genève, est composé d'argiles et de marnes néocomiennes impures, présentant à leur partie supérieure de petits bancs sablonneux mêlés de fragments de fer hydroxydé brûlé et de débris de silex. Ce sous-sol, un peu irrégulier renferme encore des marnes kimméridgiennes, éminemment calcaires, faciles à exploiter sur plusieurs points et qui conviendraient comme amendement aux sols légers et pierreux pour leur donner du fond, et aux sols siliceux pour y introduire l'élément chaux qui leur manque. Nous conseillons aux cultivateurs de Fontenelle de faire des essais dans ce sens, à la dose de 30 à 40 mètres cubes par hectare dans les terres légères, et 20 à 30 dans les terres fortes. Nous prions encore le lecteur de se reporter au chapitre de la première partie qui traite des *scories* ou *crasses* des hauts-fourneaux, et il verra que ces résidus peuvent être *sans frais* un excellent amendement pour les terres froides et compactes de bien des climats du finage de Fontenelle.

Le sous-sol de la partie ouest du territoire reposant, ainsi que nous venons de le dire, sur des couches marneuses et étant lui-même composé de terres argileuses et argilo-siliceuses, fortes et imperméables, on doit facilement comprendre pourquoi beaucoup de climats sont goutteux et humides, comme cela existe au bas de Mardeaux contre le bois, à la Renouillère, etc. Le drainage, bien appliqué dans ces terres, les mettrait dans un état normal de fraîcheur et d'humidité, en faisant couler, en temps utile, toutes les eaux surabondantes, ce qui permettrait aux plantes de végéter d'une manière plus constante et plus uniforme.

Le territoire de Fontenelle, nous devons le dire, est quelque peu privilégié sous le rapport de sa planométrie, de sa grande puissance, de sa constitution physique et de sa composition chimique. Ainsi, la chaux, comme on le verra au tableau géognostique et analytique, y est relativement abondante; et, chose remarquable, elle existe en proportion notable dans les climats siliceux et silicéo-argileux de la Grande Naule, Combe au Roi, en Renfaulin, tandis qu'elle fait presque complétement défaut dans les climats analogues voisins et situés sur le même plateau de la commune de Licey-sur-Vingeanne. Cela tient, nous le croyons, à la position géologique du sol et du sous-sol appartenant, sur Fontenelle, aux terrains secondaires supérieurs et aux terrains crétacés, qui contiennent beaucoup de calcaire.

Au milieu de ces climats, en Champ-Potier, les marnes crétacées fournissent de l'argile à potier, de qualité inférieure, pas assez siliceuses ou réfractaires et trop calcaires. Cette circonstance vient à l'appui de ce que nous avons dit sur la quantité de chaux contenue dans les terres des climats que nous avons cités plus haut.

Si les cultivateurs de Fontenelle ne sont pas encore sortis entièrement de la routine, ils commencent à comprendre leur sol; ils fument beaucoup et labourent plus profondément que leurs voisins; pas encore assez cependant, car le sol au-dessous de la couche remuée par les instruments renferme beaucoup de parties actives qu'il ne faut pas laisser perdre au détriment de la couche arable, à laquelle on demande toujours trop sans lui rendre jamais assez.

Si les terrains calcaires de toute la partie sud et ouest de Fontenelle étaient suffisamment assainis et convenablement amendés, ils seraient, sans contredit, les meilleurs du canton, comme ils en sont déjà les plus réguliers et les plus épais. Leur planométrie, leur puissance, leur composition, leur sous-sol calcaire et frais, leur position géographique, leur exposition générale, tout y est favorable à la culture, non seulement des céréales, qui n'y manquent jamais, mais encore à la culture des plantes sarclées et des diverses espèces de légumineuses.

Le blé réussit on ne peut mieux dans les terres de Fontenelle; mais il n'en est pas positivement ainsi des carémages, orge et avoine, parce que les cultivateurs sont obligés d'économiser les engrais que leurs fermes ne produisent pas encore en quantité suffisante par rapport à la nature froide de leurs terres. Nous avons dit que les récoltes en blé sont ordinairement abondantes, la récolte en paille l'est relativement plus; ceci tient à la nature du sol et à sa grande épaisseur en bonne terre végétale suffisamment siliceuse et calcaire.

Déjà riche en produits végétaux et susceptible d'être facilement amélioré sans grands frais, le sol de Fontenelle l'est encore en minerai de fer pissiforme de très bonne qualité, qui y a été déposé, avec les couches d'alluvions anciennes provenant, ainsi que toutes celles du canton, de la Haute-Saône et des Vosges.

Plusieurs climats, notamment ceux du Petit Champagne et autres, autour du pays, où la couche végétale est très épaisse, sont propres à la culture du houblon. Les plantes pivotantes et les betteraves, en particulier, y prospèreraient et seraient une source de fortune, si, comme nous l'avons déjà dit, et comme nous le disons encore, une distillerie était établie à proximité.

Les amendements calcaires de toute nature, chaux, marnes, phosphates, les engrais en vert et les assainissements doivent être spécialement recommandés pour l'amélioration du territoire de Fontenelle. Nous conseillons encore le mélange des terres, si facile à faire et qui donne des résultats si extraordinaires. La ferme de la Craie, la Vaite, Jalancourt, ont bien des terrains secs, arides, sans fond et incultes en quelques endroits. Pourquoi ne pas leur donner ce fond qui leur manque en y amenant des curures de fossés, des terres fortes, argileuses et grasses, des climats à proximité et même les boues *reposées* des récipients? En faisant contre voiture, on améliorerait les terres compactes qui se diviseraient et s'ameubliraient par le mélange des parties pierreuses et graveleuses qu'on y introduirait. N'oublions pas non plus les crasses du fourneau, desquelles nous avons déjà parlé. Observons seulement que pour produire un bon effet elles doivent être employées en fragments aussi menus et fins que possible.

Nous avons cité, page 69 de la première partie, ce qui se passe en Bresse à propos du mélange des terres. Ne sommes-nous pas autorisé à croire que les heureux résultats obtenus dans ce pays peuvent se produire chez nous? C'est un essai à faire, essai qui ne coûterait rien puisque le cultivateur, profitant de la morte-saison, pourrait tout faire par lui-même.

L'altitude du territoire de Fontenelle varie de 215 mètres dans les Grands-Prés à 271 au sud du bois Jean-Maire. Deux sources pérennes seulement existent sur Fontenelle : la Fontaine du village et celle de Jalancourt, vers le haut-fourneau.

La source du village doit provenir des plateaux au nord-ouest jusqu'à la levée romaine. Les terres marneuses qui composent le sous-sol s'opposent à la perdition des eaux dans les couches inférieures. Ces eaux coulent entre le sol et le sous-sol, passent sur des terrains marno-calcaires, glaiseux ou argileux et arrivent souvent troubles au village, chargées de 345 milligrammes de matières étrangères par litre, dont 290 de carbonate de chaux, ce qui lui fait occuper le treizième rang parmi les seize principales sources du canton.

Les points les plus bas de la nappe d'eau qui suinte ou qui coule entre le sol et le sous-sol, sur les couches marno-compactes, depuis la Voie romaine, sont dans le village et à Jalancourt. Ceci explique l'abondance des deux fontaines principales et la quantité de petites sources et de puits si peu profonds qu'on rencontre partout dans le pays.

Bien des personnes se demandent pourquoi la source du village se trouble si vite aux moindres pluies. Nous croyons répondre à cette question en disant que l'eau de la source de Fontenelle passe dans des terrains marneux-blanchâtres, les délaie, et comme elle arrive rapidement à la fontaine, sans passer à travers des sables où elle pourrait se débarrasser des parties terreuses qu'elle charrie, elle jaillit nécessairement chargée de matières ténues qui la troublent plus ou moins selon la quantité de pluie tombée.

Dans les pays montagneux, le Haut-Jura, par exemple, les eaux des sources sont toujours claires, limpides et très pures, parce que les pluies qui les alimentent tombent sur des terrains secs, arides, sans terre et passent sous le sol dans les fissures des rochers où elles se filtrent et forment ces belles sources qu'on rencontre à chaque pas dans les montagnes.

Quelques personnes prétendent que la source du village provient d'un courant souterrain qui passe vers Bessey. Nous n'avons pas vérifié ce fait que nous ne nions pas absolument; mais nous croyons devoir nous en tenir à notre première hypothèse.

Pour finir, disons quelques mots du sol des bois. La terre qui compose le fond des bois de la Côtote et de la Charme-Moisset, est, comme celle des climats voisins, argileuse et siliceuse, de nature froide, mais très mélangée de pierrailles et de débris calcaires du portlandien, qui ajoutent plutôt qu'ils ne nuisent à la qualité du sol et du sous-sol, en rendant ceux-ci perméables et laissant aux racines des arbres la faculté de pouvoir pénétrer dans les couches inférieures, en passant par les trous sinueux ou vacuoles des roches qui les composent.

Les bois de la Combe Jean Maire, du Roi, des Comottes et de la Fortelle, ont tous un sol argilo-siliceux calcaire, d'une grande épaisseur et excellent, quoique le sous-sol soit argilo-ferrugineux et compacte.

Au point de vue du défrichement, les bois de Fontenelle donneraient des terres de première classe à la culture. Mais ce serait, sous tous les rapports, une grande folie *de penser seulement* à en défricher la moindre parcelle.

Tableau géognostique et analytique du territoire de FONTENELLE.

N° 1 DE LA CARTE.

§ 1. *Climats* ou *lieux-dits* : le Méroi et bas de Corporan, les Pâtis, le Parc, le bas des Préaux et les Carres, le nord d'Es Cornes-Bœuf, Pré Thierry et les Vernes.

§ 2. *Caractères généraux extérieurs du sol* : terres plates, humides, acides, très ferrugineuses, compactes et glaiseuses, dépourvues de sucs nutritifs, mal exposées et toujours trop fraîches. Le sous-sol, très glaiseux, aussi acide et imperméable, nuit beaucoup au sol qui ne donne que de médiocres produits et en petite quantité. Les terres de ces climats proviennent surtout des boues du lavage des minerais de fer et, par ce seul fait, sont, on doit le comprendre, complétement dépourvues d'humus et de tous les sels solubles propres à la nutrition des plantes.

§ 3. *Constitution physique :*

Débris organiques, pailles, racines, fumier, etc. .	0.23	100.00
Pierrailles, de la grosseur d'un pois à une noix ordinaire, ou de plus de 0m003 de diamètre	1.19	
Gravier, de la grosseur d'un grain de navette à un pois, ou de 0m0005 à 0m003 de diamètre.	2.29	
Sable fin, au-dessous de la grosseur d'un grain de navette, ou de moins de 0m0005 de diamètre	5.56	
Matières ténues entraînées par l'eau.	90.73	

§ 4. *Composition chimique :*

Produits volatils ou combustibles.	Eau.	3.10	9.60
	Matières volatiles ou combustibles : humus, sels divers et débris organiques	6.34	
	Azote	0.16	
Matières minérales	Résidu insoluble, argile et silice . . .	68.57	90.40
	Alumine et peroxyde de fer	11.16	
	Chaux.	5.65	
	Magnésie	0.41	
	Acide carbon. et produits non dosés.	4.61	
			100.00

§ 5. *Dénomination scientifique du sol* : terres argilo-calcaires acides.

§ 6. *Puissance* ou *épaisseur du sol végétal* : de 0m50 à 1m20 sur fond glaiseux imperméable,

§ 7. *Observations et améliorations que le sol réclame* : les prés demandent absolument des assainissements. Les terres ont besoin de profonds labours, de chaulage et de cendrage pour changer et améliorer la végétation. Mélanger des terres légères et pierreuses de la Craie, et pour faire contrevoiture mener de celles des climats qui nous occupent, dans les terres pierreuses et graveleuses de cette ferme. Employer des scories du fourneau à l'état de poussière ou de sable dans les terres glaiseuses et fortes, ainsi que les fumiers longs, peu fermentés et chauds.

§ 8. *Valeur vénale* : de 1,000 à 1,500 francs l'hectare.

N° 2 DE LA CARTE.

§ 1. *Climats :* le Village au sud, à l'est et à l'ouest; derrière les Vignes, les Préaux, à l'ouest, Corbeau, Es Cornes-Beuf, au sud et à l'ouest; la Fortelle, Nantilly, les Montants, au sud et à l'est; Noyer Moret, Combe Jean Maire, à l'ouest; les Autures et Combe Froisse, au sud, et Mardeaux.

§ 2. *Caractères extérieurs du sol* : ce sont, avec quelques climats privilégiés de Saint-Seine, Montigny et Saint-Maurice, les meilleures et les plus productives terres du canton. Le sol, formé d'une herbue douce, généralement légère, est facile à cultiver, d'une grande puissance, frais sans excès et bien exposé, au sud et à l'est, en pentes très douces. Couleur sienne et ocre foncé; peu ferrugineuses, ces terres paraissent suffisamment calcaires. Le sous-sol est compacte, peu perméable, mais se laisse cependant facilement pénétrer par les racines.

§ 3. *Constitution physique :*

Débris organiques	0.07
Pierrailles	5.87
Gravier	2.73
Sable fin	7.27
Matières ténues	84.06
	100.00

§ 4. *Composition chimique :*

Produits volatils ou combustibles.	Eau	2.80	6.50
	Matières volatiles ou combustibles	3.60	
	Azote	0.10	
Matières minérales	Résidu insoluble, argile et silice	78.55	93.50
	Alumine et peroxyde de fer	7.69	
	Chaux	3.58	
	Magnésie	0.33	
	Acide carbonique et pertes	3.35	
			100.00

§ 5. *Dénomination :* sols calcaires, argilo-siliceux.

§ 6. *Épaisseur :* de 0m35 à 1m50 sur fond rouget.

§ 7. *Améliorations :* dans les parties basses et plates le drainage. Partout amendements calcaires pour diviser la couche végétale et la rendre plus perméable. Labourage profond, sans craindre d'amener du sous-sol, car il est bon et imprégné d'engrais entraînés à l'état liquide. Les enfouissements en vert du trèfle, du colza, des vesces, ainsi que l'emploi des boues, des poussières de route et des cendres qu'on laisse malheureusement perdre au grand détriment de l'agriculture. Employer les fumiers un peu longs, dont la décomposition n'est pas avancée, pour échauffer et diviser le sol.

§ 8. *Valeur vénale :* de 1,500 à 2,000 francs l'hectare.

N° 3 DE LA CARTE.

§ 1. *Climats :* la Mariotte, les Contravots, Es Rangs, En Rauger, les Longues Raies, Poirier Gredille, la Courroie d'Argent et Arbesson au sud.

§ 2. *Caractères extérieurs du sol :* terres à peu près semblables à celles du numéro précédent. La couche végétale, sauf au bas des Rangs, est une herbue douce, facile à cultiver, très fertile, plate, bien exposée au levant et donnant d'abondants et d'excellents produits. Le sous-sol est aussi frais sans excès, un peu acide, mais pas incomplétement imperméable.

Le bas des Rangs est plus argileux, plus rouget et d'une culture plus difficile. Les céréales y rouillent souvent, et le noir s'y produit plus facilement parce que le sol, très ferrugineux, ne contient pas de chaux.

§ 3. *Constitution physique :*

Débris organiques	0.06
Pierrailles	2.86
Gravier	3.59
Sable fin	5.22
Matières ténues	88.27
	100.00

§ 4. *Composition chimique :*

Produits volatils ou combustibles.	Eau	2.40	6.00
	Matières volatiles ou combustibles	3.46	
	Azote	0.14	
Matières minérales	Résidu insoluble, argile et silice	77.71	94.00
	Alumine et peroxyde de fer	9.74	
	Chaux	1.76	
	Magnésie	0.29	
	Acide carbonique et pertes	4.50	
			100.00

§ 5. *Dénomination :* sols calcaires, argilo-siliceux.

§ 6. *Épaisseur :* de 0m60 à 1 mètre sur fond rouget, graveleux, perméable sur tout le plateau, glaiseux et rouget acide aux Rangs.

§ 7. *Améliorations :* mêmes améliorations que pour le numéro 2, mais plus forts chaulages dans le revers des Rangs et dans les rougets voisins pour en neutraliser l'acidité, empêcher la rouille et le noir, et diviser le sol en le rendant plus propre à s'assimiler les engrais et leurs composés. Emploi des fumiers longs comme aux numéros 2 et 3.

§ 8. *Valeur vénale :* de 1,500 à 2,000 francs l'hectare.

N° 4 DE LA CARTE.

§ 1. *Climats :* Combe Richard, au sud et à l'ouest; Creux Jotelle, Combe à la Marosse, au sud et à l'ouest; les Arpents, Blanchardot, Champ Vaillant, En Renfaulin, Combe Froisse et Charme Moisset, au nord; aux Ormois, Glantine, Combe Poulot, Creux du Défoy, et le Mineroi et le Moret, au nord.

§ 2. *Caractères extérieurs du sol :* terrains peu accidentés, d'herbue assez douce, fertile et franche, de couleur blonde et ocre-rougeâtre et d'une grande épaisseur, fraîche, un peu acide, mais productive; sous-sol ferrugineux, sableux, compacte et peu perméable, ayant besoin, comme tous les autres, d'insolation et du contact de l'air atmosphérique, pour devenir actif et aussi bon que la couche superficielle.

§ 3. *Constitution physique :*

Débris organiques	0.07
Pierrailles	3.26
Gravier	3.02
Sable fin	5.06
Matières ténues	88.59
	100.00

§ 4. *Composition chimique :*

Produits volatils ou combustibles.	Eau	2.45	5.05
	Matières volatiles ou combustibles.	2.47	
	Azote	0.13	
Matières minérales	Résidu insoluble, argile et silice.	79.25	94.95
	Alumine et peroxyde de fer	8.02	
	Chaux	3.08	
	Magnésie	0.28	
	Acide carbonique et pertes	4.32	
			100.00

§ 5. *Dénomination :* sols calcaires, argilo-siliceux.

§ 6. *Épaisseur :* de 0m50 à 0m90 sur fond argileux, rougeet graveleux, peu perméable.

§ 7. *Améliorations :* les mêmes qu'au numéro 3. Les parties marneuses du sous-sol des abords de la Voie romaine sont calcaires et produiraient un merveilleux effet dans les climats à chauler. Les cultivateurs devront faire des essais, ils sont sûrs de réussir.

§ 8. *Valeur vénale :* de 1,200 à 1,500 francs l'hectare.

N° 5 DE LA CARTE.

§ 1. *Climats :* les Préaux, au sud; Es Cornes-Bœuf, à l'ouest; Corbeau, à l'est; les Montants, au sud-ouest; Ranclair, au sud; Combe Jean Maire, à l'ouest; la Côtote, au sud; Charme Beauvois, Champ Cordier, à l'ouest; sur la Barraque, vers la Charme Moisset, la Vaite, Jalancourt, Arbesson, au nord; le Noyer au Prêtre, le Charmot, et Combe à la Marosse et Combe Richard, au nord.

§ 2. *Caractères extérieurs du sol :* les terres de ces divers climats ne sont pas absolument semblables, mais leur nature pierreuse, légère, d'une culture facile, et de produits identiques, nous les a fait grouper ensemble. Le sol en est très bon, fertile, d'une grande production, sauf quelques points trop pierreux, comme au Champ des Pauvres; exposition au levant, au midi et au couchant, en pentes douces, à sous-sol rocailleux, perméable, et en même temps assez frais, en raison de l'argile qui remplit toutes les fissures de la roche disloquée des couches inférieures.

§ 3. *Constitution physique :*

Débris organiques	0.08
Pierrailles	5.92
Gravier	6.50
Sable fin	8.30
Matières ténues entraînées par l'eau	79.20
	100.00

§ 4. *Composition chimique :*

Produits volatils ou combustibles.	Eau	2.40	5.00
	Matières volatiles ou combustibles	2.46	
	Azote	0.14	
Matières minérales	Résidu insoluble, argile et silice	78.71	95.00
	Alumine et peroxyde de fer	9.74	
	Chaux	3.76	
	Magnésie	0.29	
	Acide carbonique et pertes	2.50	
			100.00

§ 5. *Dénomination :* sols calcaires, argilo-siliceux, pierreux et graveleux.

§ 6. *Épaisseur :* de 0m15 à 0m80 sur fond pierreux, rocailleux, très tourmenté et perméable.

§ 7. *Améliorations :* pour ces climats nous recommandons surtout le mélange des terres prises dans les endroits humides et argileux, la marne du sous-sol de la Voie romaine et les enfouissements en vert du sainfoin, du sarrasin et de toutes les plantes un peu ligneuses. Les marnages et les emplois de curures de fossés, de vase des étangs y produiraient de grands effets, surtout en ne perdant pas de vue que les fumures doivent plutôt être augmentées que diminuées, et qu'il faut employer les fumiers courts, gras et bien pourris, qui produisent instantanément leur effet.

§ 8. *Valeur vénale :* de 900 à 1,800 francs l'hectare, selon la position et la qualité du sol.

N° 6 DE LA CARTE.

§ 1. *Climats :* Corporan, à l'est et au sud; la Fouleterre, la Corvée Boileau, Bertranet et Berroyer, à l'ouest; Champ à la Perdrix, Verdeau, à l'ouest; Roussillon, la Craie et Caillots-Ragots, à l'ouest du village.

§ 2. *Caractères extérieurs du sol :* terres généralement légères, quoique très argileuses, pierreuses à l'excès et arides sur plusieurs points, sans fond et d'une mince production. Sol très perméable et souvent brûlant, de couleur jaunâtre et blanchâtre, en pentes assez fortes à l'ouest et au sud. Sous-sol pierreux, rocheux et aussi très perméable. Cependant les parties basses, contre le ruisseau et quelques-unes du plateau, sont plus herbues, plus argileuses, ont du fond et sont bien meilleures.

§ 3. *Constitution physique :*

Débris organiques	0.08
Pierrailles	7.98
Gravier	2.77
Sable fin	3.80
Matières ténues	85.37
	100.00

§ 4. *Composition chimique :*

Produits volatils ou combustibles.	Eau	2.45	8.40
	Matières volatiles ou combustibles	5.81	
	Azote	0.14	
Matières minérales	Résidu insoluble, argile et silice	73.59	91.60
	Alumine et peroxyde de fer	7.95	
	Chaux	4.62	
	Magnésie	0.43	
	Acide carbonique et pertes	5.01	
			100.00

§ 5. *Dénomination :* sols calcaires, argilo-siliceux, pierreux.

§ 6. *Épaisseur :* de 0m10 à 0m60 sur fond pierreux, rocheux et perméable.

§ 7. *Améliorations :* dans ces climats légers introduire à très haute dose de l'herbue, des curures de fossés, de l'étang ou des récipients, pour donner du fond à la couche végétale et un peu de fraîcheur. Amendements végétaux enfouis en vert, tels que le lupin, le sarrasin, le sainfoin, la spergule. Épierrements continuels et défonçages. Employer les fumiers bien pourris et courts.

§ 8. *Valeur vénale :* de 500 à 900 francs l'hectare.

N° 7 DE LA CARTE.

§ 1. *Climats :* derrière le bois de Fontenelle, la Côtote, au nord; la Fouchère, Champ Chevalet, la Renouillière (climat à silex), sur l'Étang du Chêne, Charme Moisset, à l'ouest; sur les Saules, en la Grande Naule, Combe-au-Roi, le Mineroi et le Moret, au sud-ouest. Tous ces climats sont du côté de la Voie romaine. Nous avons ensuite sur la Craie : Bertranet et Berroyer, à l'est; Champ à la Vache, Verdeau, à l'est; En-Deillot et Lingret entiers.

§ 2. *Caractères extérieurs du sol :* terres partout très compactes, quoiqu'un peu graveleuses au nord, et sableuses aux abords du pré Potot; généralement froides, humides, fortes, acides, amères et très siliceuses. Couleur blanchâtre, blonde et ocre, en pentes douces à toutes les expositions, principalement au levant et en plateaux, ayant beaucoup de fond. Sous-sol glaiseux, marno-compacte, humide et imperméable. Le blé réussit très bien dans ces sols siliceux. Les couches du sous-sol contiennent vers la Voie romaine des lambeaux de marnes graveleuses, très calcaires et excellentes pour amendements.

§ 3. *Constitution physique* :

Débris organiques.	0.09
Pierrailles.	3.60
Gravier	2.85
Sable fin	4.68
Matières ténues.	88.78
	100.00

§ 4. *Composition chimique* :

Produits volatils ou combustibles.	Eau	2.50	5.10
	Matières volatiles ou combustibles.	2.48	
	Azote	0.12	
Matières minérales	Résidu insoluble, argile et silice.	79.73	94.90
	Alumine et peroxyde de fer	6.97	
	Chaux	5.80	
	Magnésie	0.30	
	Acide carbonique et pertes.	2.10	
			100.00

§ 5. *Dénomination :* sols calcaires, silicéo-argileux et silicéo-calcaires.

§ 6. *Épaisseur :* de 0m30 à 1 mètre sur fond marno-compacte, graveleux, imperméable. Sur la Craie, fond graveleux et ferrugineux.

§ 7. *Améliorations :* bonnes terres à grains, mais qui ont besoin de chaulages, à la dose de 10 à 15 mètres cubes par hectare, au milieu et dans toutes les parties froides. Plusieurs bas-fonds ont besoin d'être assainis. Les cendres, les boues de chemins, les scories ou crasses pulvérisées, le mélange des terres légères et les enfouissements en vert des plantes très herbacées, colza, navettes, vesces, etc., changeraient totalement ces sols qui peuvent, avec ces moyens, devenir aussi bons que ceux des numéros 1 et 2. Employer les fumiers longs, pailleux, peu fermentés pour diviser et échauffer le sol.

§ 8. *Valeur vénale :* de 1,000 à 1,300 francs l'hectare.

Production moyenne agricole de Fontenelle.

Nos de la Carte et du Tableau	PRINCIPAUX CLIMATS.	PRODUITS MOYENS PAR HECTARE : EN HECTOLITRES DE						EN QUINTAUX DE			
		Blé.	Seigle.	Avoine.	Orge.	Pommes de terre.	Vin.	Foin.	Luzerne.	Trèfle.	Sainfoin.
1	Les prés	»	»	»	»	»	»	»	»	»	»
2	Les Mardeaux.	21	18	30	30	120	»	35	65	52	30
3	Les Rangs, Longues Raies	18	17	23	23	110	32	»	60	45	30
4	Les Arpents	17	»	18	»	110	30	»	50	45	»
5	La Vaite, Jalancourt. . .	15	»	18	20	96	30	»	50	»	30
6	La Craie	11	»	15	15	100	30	»	35	30	30
7	Grande Naule, Grailleux.	17	18	24	24	»	»	»	»	33	»
	Lingret, Deillot.	18	17	18	»	»	»	»	»	30	»
	Moyennes. . . .	16.7	17.5	20.8	22.4	106	31	35	52	39.1	30

On ne cultive du seigle, sur les éteules des blés, dans les bonnes terres, que pour faire des liens. Les autres produits, moins importants et de consommation locale, sont comme ceux de Bourberain.

Une très grande quantité des terres de Fontenelle sont d'excellents fonds pour la culture du houblon qui commence à enrichir nos contrées, comme les betteraves enrichissent les plaines de la Saône et de la Tille.

COMMUNE DE LAVILLENEUVE-SUR-VINGEANNE.

Population . . . . 145 habitants.
Étendue territoriale . . . . 663 h. 54 a. 09 c.
Revenus imposables . . . . 16,859 fr. 80 c.

Le territoire de Lavilleneuve-sur-Vingeanne, dont l'altitude varie de 237 mètres dans les prés, à 261 vers le bois de Forêt est, avec ceux de Fontenelle et Licey, le plus régulier du canton, quant à la composition du sol, à son aspect, à ses déclivités et à sa position topographique.

Le coteau sur lequel le village est assis, ainsi que les climats qui le joigent au sud et qui s'étendent jusqu'aux friches de la Craie, sont légers, très pierreux, mais cependant fertiles et d'un bon produit. La roche qui en forme la base appartient au *calcaire compacte supérieur* du sous-groupe inférieur de l'*étage corallien*. Cette roche est blanchâtre ou grisâtre, à grandes taches bleues produites par le manganèse, à pâte fine, homogène, compacte quoique sensiblement oolithique. Les bancs sont épais à la partie supérieure comme dans la carrière Saint-Martin, dessous ils sont plus minces et de qualité inférieure; tous sont gélifs.

Vers les friches de la Craie on trouve un calcaire en lits fissiles et siliceux. C'est la *mouillasse* du pays (grès molasse des terrains tertiaires moyens). On trouve cette mouillasse à fleur de terre et exploitable au sud-ouest de la friche communale, où la couche arable renferme aussi beaucoup de *chailles* siliceuses.

Nous n'avons pas encore essayé la molasse de Lavilleneuve, mais nous pensons, qu'en raison de sa nature argilo-siliceuse, elle pourrait faire de la chaux hydraulique.

La masse rocheuse du sous-sol de Lavilleneuve est composée des zones moyennes et inférieures du *corallien* et de quelques affleurements *oxfordiens* du côté de Saint-Maurice et vers les Grands-Bois. La zone à *cidaris florigemma* est visible sur les friches de la Craie, l'oxfordien existe dans le bas des pentes jusqu'à la Vingeanne et un affleurement du portlandien vers la Grande Ramée.

La couche végétale plus ou moins épaisse, qui recouvre les roches desquelles nous venons de parler, est argilo-siliceuse et contient à peu près partout de la chaux en suffisante quantité. Ce sont les engrais qui y manquent, le défoncement.

Une partie seulement n'est pas calcaire; c'est, avec un ou deux climats joignant la Grande Ramée, l'ensemble des terres siliceuses du Bois aux Dames et de celles qui touchent à l'est les bois de Lavilleneuve et de Forêt, depuis la fontaine de Thouard.

Du Finage de Saint-Maurice vers le chemin rural de ce nom jusqu'en Thouard, entre le village et la forêt du Seigneur de Fontaine-Française, le sol arable est uniquement composé d'alluvions anciennes de la même provenance que celles de Fontaine. Sur certains points, comme en Thouard, ces alluvions atteignent une puissance de plusieurs mètres, tandis qu'elles deviennent très minces aux abords du village, où le soulèvement présumé du coteau les a probablement fait glisser dans les bas-fonds et le thalway de la Vingeanne.

Toutes les terres de cette zone du territoire de Lavilleneuve, quoique variant un peu sous le rapport de leur constitution et de leur composition, sont semblables, fertiles, humides et fraîches sans excès, et généralement propres à la culture des céréales et des légumineuses. Dans bien des climats, aux abords du chemin vicinal de Fontaine, les betteraves, le houblon et toutes les plantes pivotantes ou sarclées trouveraient, avec une addition convenable d'engrais et de bons défoncements, tous les éléments utiles à leur nutrition, et la profondeur nécessaire à leur complet développement.

Le minerai pissiforme des dépôts tertiaires était très abondant aux Minières, en Thouard et en Talvande, où il a été longtemps exploité par les hauts-fourneaux des environs, puis du Vallon. Ce minerai est de bonne qualité et appartient à la deuxième espèce de ceux que nous avons décrits sur Fontaine-Française, page 139.

La partie du territoire située à droite et à gauche du chemin vicinal de Pouilly, sauf quelques climats secs, pierreux ou chailleux, nous a paru être identique, sous bien des rapports, à la zone dont il a été question plus haut. Cependant elle est plus humifiée, plus fertile et son exposition au levant lui donne beaucoup de valeur. Ici, la couche végétale, aussi composée d'alluvions anciennes, est un peu graveleuse, pierreuse, a par conséquent moins de consistance et se laboure beaucoup plus facilement. Les chailles oxfordiennes qui se trouvent au nord-est des Minières ne sont assurément pas dans leur assise géologique; elles ont dû être entraînées par les courants diluviens au moment de la formation des *terrains tertiaires*.

Si maintenant nous nous transportons dans les terrains communaux appelés les Pâquis du bois aux Dames, nous trouvons, entre les Grands-Bois et Forêt jusqu'en Thouard, longeant le bois de Lavilleneuve au nord-est, de grosses herbues, froides, non calcaires, compactes, blanches et amères, aussi formées d'alluvions anciennes très siliceuses, et d'argiles tertiaires remaniées par le déluge.

On a déjà vu, pour Fontenelle et Dampierre, ce que nous avons dit de ces genres de terres siliceuses qui, reposant sur des marnes calcarifères, ont cependant un impérieux besoin de l'élément calcaire, la chaux, qui y fait totalement défaut, pour diviser le sol, l'échauffer, l'ameublir, neutraliser l'acidité produite par le peroxyde de fer, et enfin faciliter la décomposition des engrais que l'état actuel de la couche végétale conserve trop longtemps en empêchant ainsi aux plantes la faculté de s'en assimiler les parties nutritives.

En somme, le sol de Lavilleneuve est bon, bien situé, pas mal assaini, susceptible d'immenses améliorations sans grands frais, et dans l'avenir capable de porter toutes sortes de cultures.

Nous dirons aussi aux cultivateurs de Lavilleneuve : faites travailler votre sous-sol et ne demandez pas toujours à la couche arable seulement, vous l'épuisez trop vite, car les plantes s'emparent des sels fumiques, de l'azote, de l'élément calcaire, de la silice; il faut donc rendre à ce sol tout ce que la végétation y puise par des engrais et des amendements fertilisants. Aussi, labourez plus profondément; multipliez les fumures; chaulez vos sols froids; rendez vos terres légères, plus profondes et plus compactes par le mélange d'herbue; rendez vos terres fortes plus légères par le mélange de terres pierreuses et graveleuses; enfin cultivez beaucoup plus de prairies artificielles et élevez plus de bétail.

Votre sous-sol est généralement perméable, et ce qui le prouve, même dans les climats où la couche végétale a le plus de puissance, c'est la présence des *andusoirs* où se perdent les eaux de pluie et de filtration. Profitez de cette circonstance pour assainir tous vos bas-fonds.

Cette faculté absorbante du sous-sol empêche naturellement la formation des sources. Il en existe cependant trois principales : celle dite la Fontaine du Village qui vient des andusoirs, celle du Bois aux Dames et celle de Thouard; cette dernière doit avoir la même origine que la seconde. On a donné dans le temps à la source du Bois aux Dames des qualités et des vertus qu'elle n'a pas, elle tarit d'ailleurs assez souvent.

La source de Thouard, autrefois abondante, est aujourd'hui d'un débit très restreint. Nous croyons que cela tient au déboisement des Couées d'où cette source paraît provenir.

La source du Bois aux Dames contient 294 milligrammes par litre de matières étrangères organiques, salines et minérales. Elle occupe le onzième rang parmi celles du canton.

L'eau de la Fontaine du Village ne contient que 266 milligrammes de matières étrangères ; elle occupe le troisième rang et est infiniment meilleure que celle du Bois aux Dames. Elle est aussi bonne que l'eau qui alimente Dijon et qui contient 260 milligrammes seulement de matières organiques et salines par litre.

On voit quelques vignes sur le territoire de Lavilleneuve, au versant nord-est du village. Cette exposition les met souvent en péril aux dernières gelées, et peut-être la nature corallienne, trop sèche du sol et du sous-sol, fait que le vin, acide et léger en couleur, est sans parfum et très peu alcoolique.

Nous devons, avant de terminer cette description, dire qu'à part les herbues froides du Bois aux Dames et de quelques climats voisins, le reste du territoire de Lavilleneuve est, du canton, le plus riche en matières volatiles ou combustibles, par conséquent en humus. En effet, en comparant les chiffres de ces produits dans les tableaux géognostiques, on trouve sur celui de Lavilleneuve : 26.20, 15.30, 16.36 et 22.10 pour cent de matières volatiles ou combustibles, tandis que sur Fontaine-Française, Fontenelle, Montigny, dans les climats privilégiés et réputés les meilleurs, la somme des produits volatils ou combustibles est comprise entre 9 et 10 seulement pour cent. Nous ne parlons ici que des terres arables, les prés forment une classe tout à fait à part et qui ne saurait, pour bien des raisons, être mise en parallèle avec les terrains cultivés à la charrue.

Tous les bois du territoire de Lavilleneuve, à l'exception de la partie sud-est des bois Dagrain, végètent sur des terrains tertiaires et d'alluvions anciennes, siliceux, glaiseux, ferrugineux, non calcaires et d'une grande puissance. La terre y est en tout semblable à celle des climats voisins, froide : aride, glaiseuse, compacte, goutteuse et imperméable. Ce sont cependant d'assez bons fonds de bois qui produisaient autrefois beaucoup de châtaigniers. Cette essence, on le sait, ne vient bien que dans les terrains siliceux. Nous ignorons les causes qui l'ont fait disparaître de nos forêts où elle devait être très abondante et d'une puissante végétation.

Le sol de tous ces bois ferait, comme aux Coués, de pauvres terres pour la culture, parce que l'un des éléments essentiels de composition, le calcaire, y manque totalement.

Tableau géognostique et analytique du territoire de LAVILLENEUVE-SUR-VINGEANNE.

N° 1 DE LA CARTE.

§ 1. *Climats ou lieux-dits:* Bas du Crôs, sur le Crôs, contour de Langres, Corvée du Ru Buchot, la Corvée, Côte au Lion, les Murots, Vigne à la Boiteuse, Champ au Pêcheur, Champ Corbeau, la voie de Pouilly, à l'est; Champ au Bâtard, derrière les vignes, Poirier Rond, l'Abîme, la Motte, Combe Morel, Champ Frognet, Champs Louis, les Perrières, les Combes, les Plantes et Champ Borro.

§ 2. *Caractères généraux extérieurs du sol:* herbue douce, légère, fertile, bien humifiée, graveleuse dans les hauteurs. Terres de première classe et d'un grand produit. Exposition à l'est, en pentes douces; couleur rouille-claire et grisâtre, peu d'oxyde de fer et quantité suffisante de chaux. Sous-sol argilo-siliceux dans les bas, graveleux et pierreux sur les hauteurs, partout perméable.

§ 3. *Constitution physique :*

Débris organiques, pailles, racines, fumiers, etc.	0,11	100,00
Pierrailles, de la grosseur d'un pois à une noix ordinaire, ou de plus de 0m003 de diamètre	8,54	
Gravier, de la grosseur d'un grain de navette à un pois, ou de 0m0005 à 0m003 de diamètre	1,96	
Sable fin, au-dessous de la grosseur d'un grain de navette, ou de moins de 0m0005 de diamètre	8,94	
Matières ténues entraînées par l'eau.	80,45	

§ 4. *Composition chimique :*

Produits volatils ou combustibles.	Eau	3.00	26.20
	Matières volatiles ou combustibles : humus, sels divers et débris organiques.	23.10	
	Azote	0.10	
Matières minérales.	Résidu insoluble, argile et silice. . .	55.89	73.80
	Alumine et peroxyde de fer	6.90	
	Chaux.	4.71	
	Magnésie	0.29	
	Acide carbonique et pertes.	6.01	
			100.00

§ 5. *Dénomination scientifique du sol :* sols calcaires, argilo-siliceux, graveleux.

§ 6. *Puissance ou épaisseur du sol végétal :* de 0m50 à 1 mètre et plus au bord des prés, sur fond pierreux et perméable.

§ 7. *Observations et améliorations que le sol réclame :* ces terres paraissent suffisamment calcaires, cependant partout où la couche végétale est rougeâtre, non pierreuse, forte et facilement battue par la pluie, on peut employer la chaux à la dose de 6 à 10 mètres cubes par hectare, des boues de routes, et des terres légères en mélange. Labourer profondément parce que le sol, très huméfié, a besoin, pour activer l'action de la végétation, de subir les influences atmosphériques. Employer les fumiers assez gras et bien fermentés qui agissent promptement.

§ 8. *Valeur vénale :* de 1,000 à 1,500 francs l'hectare.

N° 2 DE LA CARTE.

§ 1. *Climats :* Thouard, Maronnier, en Thouard, partie de la Corvée à l'ouest, Champ des Perches, Combe Brassenot, au-dessus du Chemin de Fontaine, la Talvande, Combe de Thouard, Charme Graillot, Grosse Borne, Bauregard, Champ Pouilly, les Charmes, Essart Fourcaut, les Combes à l'ouest, les Rotots, Champ Matry, Champs Capsots, les Rogneuses, les Bruleux, Champ Chiot, les Droitures, Champ Bergerot et les autres petits climats voisins.

§ 2. *Caractères extérieurs du sol :* herbue forte du côté de la forêt, assez froide et peu fertile, couleur jaune-blond et rouille, exposition à l'est, presque en plateaux. Herbue plus douce aux abords du chemin de Fontaine, plus meuble, un peu pierreuse, plus fertile, mais encore un peu humide, argileuse et ferrugineuse; expositions diverses au nord, au sud, en plateaux et en pentes douces; sous-sol un peu pierreux, graveleux, assez perméable. C'est dans ces climats que se trouvent les pertes d'eau apelées *andusoirs*, au sud de quelques parties très pierreuses, aux abords du chemin, à la rampe de Talvande.

§ 3. *Constitution physique :*

Débris organiques	0.00
Pierrailles	10.62
Gravier	2.73
Sable fin	5.33
Matières ténues	81.23
	100.00

§ 4. *Composition chimique :*

Produits volatils ou combustibles.	Eau	2.30	15.30
	Matières volatilés ou combustibles	12.90	
	Azote	0.10	
Matières minérales	Résidu insoluble, argile et silice	64.83	84.70
	Alumine et peroxyde de fer	9.61	
	Chaux	4.00	
	Magnésie	0.25	
	Acide carbonique et pertes	6.01	
			100.00

§ 5. *Dénomination :* sols calcaires, argileux et calcaires argilo-siliceux.

§ 6. *Epaisseur :* de 0m30 à 1 mètre sur fond argileux dans les bas et rocailleux dans les hauteurs.

§ 7. *Améliorations :* en somme les mêmes qu'au n° 1er, mais de 10 à 12 mètres cubes de chaux dans les parties froides et argileuses; enfouissement en vert du colza, de la spergule, des vesces dans ces dernières terres; et du sarrasin, du sainfoin, des lupins, etc., dans les parties pierreuses et légères. Employer les fumiers gras, qui produisent promptement leur effet.

§ 8. *Valeur vénale :* de 800 à 1,000 francs l'hectare.

N° 3 DE LA CARTE.

§ 1. *Climats :* Le Village, Charme Salin, Perrière au Port, sur les Craies, Es Boussenots, Champ Barbier, Champs ès Serrées, les Pommerais, Charme de la Craie, Champ Chevret, partie des Lavières et des Meix, la Guenissière, Combe Rabiet, Es Lûmes, Hurtebise, sur les Craies de la Côte, la Côte, les Ros, la Pêche et Champ Saturnin.

§ 2. *Caractères extérieurs du sol :* Terres très légères, pierreuses, sans fond, arides et brûlantes sur bien des points, de couleur jaune-blond, faciles à cultiver, fertiles et à légumes où la couche végétale a une certaine épaisseur. Exposition au nord, au levant et au midi, en pentes raides au nord-est, pentes douces et plateaux au sud. Sous-sol rocailleux, rocheux et très perméable.

§ 3. *Constitution physique :*

Débris organiques	0.10
Pierrailles	18.50
Gravier	6.30
Sable fin	5.33
Matières ténues	71.77
	100.00

§ 4. *Composition chimique :*

Produits volatils ou combustibles.	Eau	3.00	22.10
	Matières volatiles ou combustibles	19.00	
	Azote	0.10	
Matières minérales	Résidu insoluble, argile et silice	61.89	77.90
	Alumine et peroxyde de fer	5.60	
	Chaux	5.10	
	Magnésie	0.29	
	Acide carbonique et pertes	5.02	
			100.00

§ 5. *Dénomination :* sols calcaires, argilo-siliceux, très pierreux.

§ 6. *Epaisseur :* de 0m10 à 0m30 sur fond très pierreux, rocailleux et rocheux perméable.

§ 7. *Améliorations* : épierrer et défoncer les parties pierreuses, leur donner du fond en y amenant de 30 à 50 mètres cubes de terres froides, soit du bois aux Dames, soit d'autres climats argileux et forts; conduire dans ces dernières terres, par contrevoiture, des parties graveleuses et pierreuses des climats qui nous occupent. Les enfouissements en vert de la spergule, du lupin, du sarrasin, du sainfoin, rafraîchiraient la couche arable et y ajouteraient d'un quart à une demi-fumure, selon la quantité d'herbe enterrée. Employer les fumiers très courts et bien pourris.

§ 8. *Valeur vénale* : autour du village de 1,200 à 1,500 francs l'hectare; dans les autres parties de 500 à 600 francs.

N° 4 DE LA CARTE.

§ 1. *Climats* : les prés en général.

§ 2. *Caractères extérieurs du sol* : terrains plats, humides, très ferrugineux, argileux et glaiseux, formés d'alluvions anciennes et modernes.

§ 3. *Constitution physique* :

Débris organiques	0.63
Pierrailles	0.53
Gravier	0.32
Sable fin	1.33
Matières ténues	97.19
	100.00

§ 4. *Composition chimique* :

Produits volatils ou combustibles.	Eau	5.15	16.36
	Matières volatiles ou combustibles	10.79	
	Azote	0.42	
Matières minérales	Résidu insoluble, argile et silice	60.01	83.64
	Alumine et peroxyde de fer	16.69	
	Chaux	2.80	
	Magnésie	0.71	
	Acide carbonique et pertes	3.43	
			100.00

§ 5. *Dénomination* : sols argilo-calcaires, acides et humides.

§ 6. *Epaisseur* : 2 mètres sur fond graveleux.

§ 7. *Améliorations* : les assainissements par le curage régulier des fossés, les cendrages pour détruire la mousse et les plantes parasites; l'emploi de la chaux pour neutraliser l'acidité du sol et empêcher la rouille.

§ 8. *Valeur vénale* : de 3,200 à 3,500 francs l'hectare.

N° 5 DE LA CARTE.

§ 1. *Climats* : Bois aux Dames, Pâquis du Bois aux Dames, la Chênée, la Bocquotte, Pâquis au Renard, Combe Notre Dame, Fosse d'Envolle, partie ouest des Rotots, sur la Chênée, les Fontenottes, Crop au Loup et partie de l'Etang Barillot.

§ 2. *Caractères extérieurs du sol* : terres d'herbues blanches, froides, humides, compactes, infertiles, dépourvues d'humus, de chaux et très siliceuses, imperméables et toujours difficiles à labourer; elles sont tout à fait ingrates et retiennent trop bien l'eau. Le sous-sol est silicéo-argileux, très compacte et aussi imperméable. Exposition à l'est et au sud en plateaux et en légères pentes.

§ 3. *Constitution physique* :

Débris organiques	0.09
Pierrailles	2.63
Gravier	2.72
Sable fin	7.90
Matières ténues	86.66
	100.00

§ 4. *Composition chimique* :

Produits volatils ou combustibles.	Eau	1.00	2.60
	Matières volatiles ou combustibles.	1.52	
	Azote	0.08	
Matières minérales	Résidu insoluble, argile et silice.	89.51	97.40
	Alumine et peroxyde de fer	6.00	
	Chaux	0.10	
	Magnésie	0.29	
	Acide carbonique et pertes	1.50	
			100.00

§ 5. *Dénomination* : sols siliceux non calcaires et silicéo-argileux, glaiseux, graveleux et sableux.

§ 6. *Epaisseur* : de 1 à 2 mètres sur fond argilo-ferrugineux imperméable.

§ 7. *Améliorations* : la chaux aux plus hautes doses, 15, 16 et 18 mètres cubes par hectare. De fortes fumures, l'écobuage, de fréquents et profonds labours. Mélange de terre graveleuse et pierreuse pour diviser le sol, enfouissement en vert du colza, de la navette d'été, des vesces, des fèves, etc. Employer les fumiers longs, pailleux, peu fermentés pour échauffer et diviser le sol.

§ 8. *Valeur vénale* : de 400 à 600 francs l'hectare.

Production moyenne agricole de Lavilleneuve.

Nos de la Carte et du Tableau	PRINCIPAUX CLIMATS.	PRODUITS MOYENS PAR HECTARE : EN HECTOLITRES DE						EN QUINTAUX DE			
		Blé.	Seigle.	Avoine.	Orge.	Pommes de terre.	Vin.	Foin.	Luzerne.	Trèfle.	Sainfoin.
1	Voie de Pouilly	16	17	21	21	100	»	»	88	52	»
2	Thouard, Talvande. . . .	14	17	20	»	95	»	»	»	52	»
	Chemin de Fontaine. . .	14	»	20	20	100	»	»	80	35	»
3	Autour du Village. . . .	14	»	17	20	100	32	»	88	35	26
4	Les prés	»	»	»	»	»	»	35	»	»	»
5	Bois aux Dames	12	»	13	»	»	»	»	»	26	»
	Moyennes. . . .	14	17	18.2	20.5	102	32	35	85.3	40	26

On ne sème du seigle, sur les éteules des blés, dans les bonnes terres, que pour faire des liens.

Les autres produits, moins importants et de consommation locale, sont comme ceux de Bourberain et de Fontaine-Française.

COMMUNE DE LICEY-SUR-VINGEANNE.

Population	163 habitants
Etendue territoriale.	339 h. 42 a. 39 c.
Revenus imposables	12,986 fr. 39 c.

Le sol du territoire de Licey, sous le rapport de sa constitution physique, de sa composition chimique, de sa configuration, de sa position géographique, de son altitude et de ses caractères extérieurs, a beaucoup d'analogie avec celui de Fontenelle qu'il joint d'ailleurs au sud sur une étendue d'environ deux kilomètres.

La couche végétale est aussi formée *d'alluvions anciennes*, de *terrains tertiaires* et d'*argiles* qui paraissent avoir été remaniés par le déluge, quoique ces terrains soient en place sur les assises crétacées et l'oolithe supérieure

Les terres sont silicéo-argileuses et argilo-siliceuses. Elles renferment du minerai de fer pissiforme de très bonne qualité, et reposent au nord et à l'ouest sur des *marnes néocomiennes* sableuses et sur l'*albien* en très petits lambeaux à l'est, et au sud sur l'étage supérieur des terrains secondaires, le *kimméridgien* et le *corallien*.

L'ensemble des prés, comme à Fontaine-Française et à Dampierre, est formé d'alluvions plus modernes déposées depuis moins de vingt siècles et où dominent l'argile, le peroxyde de fer, et, sur une certaine étendue au Vernois, la *tourbe acide* en voie de formation.

Le sous-sol rocheux appartient donc aux terrains secondaires supérieurs : au corallien, au kimméridgien, un peu au portlandien et aux terrains crétacés, le néocomien et l'albien, ce dernier de très peu d'étendue. D'après ces données nous sommes autorisé à dire que la culture et les produits de Licey se rapprochent beaucoup, s'ils ne sont semblables, de ceux de Fontenelle. Cependant les carémages prospèrent mieux à Licey qu'à Fontenelle et donnent des produits plus forts et de qualité supérieure. Il en est de même de la vigne qui fournit du meilleur vin parce que le sous-sol renferme des marnes qui font défaut autour de Fontenelle.

Les terres des climats siliceux et silicéo-argileux, avoisinant la Voie romaine et le chemin rural de Bourberain, contiennent infiniment peu de calcaire, quoiqu'elles reposent sur un sous-sol éminemment calcarifère. — Mais plus on se rapproche du village, plus le sol devient argileux, puis calcaire, léger et propre à la culture des légumes, de la vigne et des plantes sarclées. Il est même plusieurs climats, notamment les Lavières, le Coin de l'Orme, Loichesrot, les Musardes, etc., où le sol est, par place, très sec et brûlant, parce que le sous-sol, pierreux, rocailleux, très disloqué et trop perméable, s'échauffe facilement et ne se trouve pas dans des conditions géognostiques et topographiques qui lui permettent de conserver assez longtemps l'humidité et la fraîcheur si nécessaires au développement des plantes.

On ne cultive pas assez de sainfoin à Licey. La plus grande partie du sol ne se prête pas absolument à cette culture parce qu'il est peu pierreux et peu calcaire. Mais, à l'exemple des autres pays du canton, le sainfoin pourrait être mêlé au trèfle; partout où l'on fait ce mélange, les cultivateurs s'en trouvent fort bien. Si le trèfle vient mal, le sainfoin peut parfaitement réussir et la récolte ne se trouve au moins pas entièrement compromise. Et puis dans ces terres brûlantes où les récoltes manquent souvent, le sainfoin, tout en y apportant une portion de fumure, y entretiendrait, en l'enfouissant en vert au moment de la floraison, une humidité que le sol ne possède pas par lui-même et qui est indispensable à la végétation.

Le lecteur a vu que des terres très siliceuses et fortes on passe rapidement à des sols très calcaires, pierreux et légers. Il serait donc on ne peut plus facile d'appliquer à Licey le système d'amendement par le mélange des terres. Les terrains froids des climats longeant la Voie romaine, vers les bois communaux et les Pâtis s'amélioreraient très sensiblement si l'on y transportait une quantité suffisante de terrains pierreux, graveleux et calcaires des Lavières et de la partie au nord du village.

Ces dernières terres, au retour, recevant des sols silicéo-argileux et argilo-siliceux, changeraient totalement, et, de brûlantes et improductives qu'elles peuvent être, on les verrait bientôt devenir plus compactes, plus fraîches et susceptibles de faire parfaitement végéter les plantes qui demandent du fond et un sol convenablement composé.

N'oublions pas que les énormes crassières du fourneau de Licey renferment un excellent amendement pour les terres froides et goutteuses. Voir dans la première partie l'article des scories des hauts-fourneaux.

A Licey, comme dans bien d'autres communes, le labourage se fait trop superficiellement, on craint trop d'entamer le sous-sol si riche cependant en matières nutritives. La couche arable remuée par les instruments agricoles a au plus de treize à quatorze centimètres d'épaisseur; le sous-sol n'étant pas touché reste compacte et ne se laisse pas pénétrer par les racines; celles-ci doivent végéter dans la couche superficielle, ne peuvent pas assez se développer et se trouvent privées des sels et autres éléments, inactifs jusqu'alors, de la première couche du sous-sol. Ces éléments, on ne saurait le nier, donneraient aux végétaux une activité nouvelle, une nourriture plus abondante et, la couche remuée étant plus épaisse, les racines, au grand profit des tiges, des fleurs et des fruits, pourraient plonger plus profondément et se tenir ainsi dans un milieu plus frais et plus propice à leur développement.

Nous devons cependant reconnaître que le sol de Licey-sur-Vingeanne produit beaucoup de céréales et de fourrages artificiels. Mais qu'il nous soit permis de dire encore que si les labours étaient faits plus profondément, si les fumures étaient plus copieuses et le sol amendé selon sa constitution et sa composition, ce qui n'est pas difficile, les produits augmenteraient bientôt, une partie de la jachère morte disparaîtrait, et la fortune publique y gagnerait vite, non seulement sous le rapport pécuniaire, mais encore sous celui des forces à employer dans une terre facile à cultiver, meuble et fertile et de laquelle le cultivateur serait en droit d'attendre des produits nombreux et variés.

L'épaisseur de la couche végétale variant de 0m40 à 1m25 et plus dans les climats silicéo-argileux et argilo-siliceux longeant le chemin vicinal de Fontenelle, on pourrait y cultiver avec avantage les plantes légumineuses, les pivotantes, les betteraves et le houblon, qui font la fortune de bien des localités.

L'exposition des climats qui avoisinent le village au nord et surtout à l'ouest, l'épaisseur de la couche végétale mêlée de détritus calcaires et la quantité relativement grande des matières volatiles ou combustibles du sol, sont favorables à la culture de la vigne qui y prospère et produit des vins jouissant aux environs d'une certaine réputation. Malheureusement ces vins n'ont pas le parfum, le bouquet et le corsé de ceux de la Côte, dus peut-être, ainsi que nous l'avons dit pour Dampierre, à la nature du terrain qui est tout à fait différente de celle de nos pays.

L'élément qui fait défaut dans une grande partie, au nord et à l'ouest, du territoire de Licey, est le calcaire qu'on trouve cependant en grande abondance vers le village. Les assises calcaires des Lavières pourraient produire de la chaux, sans grands frais, en mettant en pratique la méthode économique que nous avons indiquée au chapitre qui traite de cette matière, si utile à la bonne composition d'une terre et particulièrement à celles des nos 1, 2 et 3 du tableau géognostique et analytique de Licey.

Le cultivateur intelligent introduira le calcaire dans ses terres fortes, dans ses herbues blanchâtres et froides, soit au moyen de la chaux, soit au moyen des marnes néocomiennes qu'on peut trouver dans le sous-sol même de Saligot, Compotot, etc., soit enfin au moyen de tout autre amendement ou engrais naturel et artificiel renfermant de la chaux à l'état libre ou combiné.

Mais l'agriculteur doit bien se garder de mettre de la chaux dans les climats de Veillet, le Coin de l'Orme, Trapelot la Chapelle, les Musardes, etc., qui en contiennent bien suffisamment (de 6 à 7 pour cent), et qui sont quelquefois brûlants.

Il n'y a pas de source sur le territoire de Licey. Il est probable que les eaux pluviales et de filtration qui coulent sur les couches marneuses du sous-sol débouchent directement dans la Vingeanne.

Un seul puits communal alimente la localité; il est creusé dans les marnes bleues-noirâtres de l'Oxford-clay et l'eau est tellement chargée de carbonate de chaux et d'autres sels (866 milligrammes par litre) qu'elle doit être peu propre aux usages domestiques, rendre difficile la cuisson des légumes, particulièrement celle des pois, et ne pas dissoudre le savon.

Si l'on compare l'eau du puits de Licey à celle qui alimente les fontaines de Dijon, qui n'a que 260 milligrammes de matières étrangères par litre, on voit que la première en contient 606 milligrammes de plus, soit trois fois autant. Cette eau occupe naturellement le dernier rang, le 16e, parmi celles des différentes sources du canton.

L'altitude, ou hauteur au-dessus du niveau de la mer, du finage de Licey, varie de 216 mètres dans les prés, à 232 au village et à 255 dans les plateaux au nord-ouest.

Le sol des petits bois de cette commune est en tout semblable à ceux des divers climats voisins.

Le terrain est siliceux, silicéo-argileux, glaiseux ou graveleux, selon qu'il appartient à l'une et à l'autre des zones géologiques que nous avons nommées au commencement de ce chapitre, qu'il a été plus ou moins remanié par les courants diluviens et la chaux y faisant complétement défaut, sa nature est froide, imperméable, amère et acide. Le défrichement de ces bois serait, comme pour ceux de Fontenelle, qu'ils touchent sur toute leur longueur, une déplorable opération sous tous les rapports.

D'ailleurs la commune ne possède que ces seuls bois et ils forment, avec les pâtis du Vernois, son unique fortune.

Tableau géognostique et analytique du territoire de LICEY-SUR-VINGEANNE.

N° 1 DE LA CARTE.

§ 1. *Climats ou lieux-dits* : les Bouillets, Compotot, Saligot, Poirier Fremiot, l'Epine, Combe à la Fontaine, ces six climats en herbue très forte; le Roturés, Sainriot, les Corbeaux, ces trois climats aussi en grosse herbue, mais graveleuse et sableuse, plus légère.

§ 2. *Caractères généraux extérieurs du sol* : terres blanchâtres et blondes, humides, fortes, froides, siliceuses, dépourvues de chaux, très tenaces, imperméables, d'une culture difficile, peu accidentées et exposées au nord et au sud-est; sous-sol blanchâtre, marno-compacte, graveleux, imperméable. Ce sont cependant de bonnes terres à grains, mais propres à cela seulement.

§ 3. *Constitution physique* :

Débris organiques, pailles, racines, fumier, etc. .	0.14	100.00
Pierrailles, de la grosseur d'un pois à une noix ordinaire, ou de plus de 0m003 de diamètre	2.78	
Gravier, de la grosseur d'un grain de navette à un pois, ou de 0m0005 à 0m003 de diamètre.	1.70	
Sable fin, au-dessous de la grosseur d'un grain de navette, ou de moins de 0m0005 de diamètre	5.48	
Matières ténues entraînées par l'eau.	89.90	

§ 4. *Composition chimique* :

Produits volatils ou combustibles.	Eau	1.80	2.88
	Matières volatiles ou combustibles : humus, sels divers et débris organiques	0.97	
	Azote	0.11	
Matières minérales	Résidu insoluble, argile et silice . . .	88.38	97.12
	Alumine et peroxyde de fer	6.70	
	Chaux.	0.05	
	Magnésie	0.34	
	Acide carbon. et produits non dosés.	1.65	
			100.00

§ 5. *Dénomination scientifique du sol* : sols non calcaires, siliceux et sableux.

§ 6. *Puissance* ou *épaisseur du sol végétal* : de 0m30 à 0m60, sur sous-sol marno-compacte, néocomien, graveleux.

§ 7. *Observations et améliorations que le sol réclame* : la chaux à la dose de 12 à 14 et même 16 mètres cubes par hectare, les phosphates ou tout autre amendement calcaire, même les marnes graveleuses et sableuses. Tout ce qui peut diviser et échauffer le sol ou le fertiliser ; le mélange des terres légères et pierreuse, 40 à 50 mètres au moins par hectare; la culture du colza, des vesces, des lentilles, des pois, pour les enterrer au moment de la floraison, et l'écobuage. Les cendres lessivées et mieux les vives apporteraient à ces terres une amélioration considérable, ainsi que les boues et poussières des chemins. Il faut répéter les labours et ne pas craindre d'enfoncer assez le fer de la charrue, les agents atmosphériques bonifieront la terre et lui procureront, avec l'air et la chaleur, les gaz et les sels qu'ils contiennent et qui sont indispensables à la végétation. Employer les fumiers longs et peu pourris, qui divisent et échauffent le sol.

§ 8. *Valeur vénale :* de 1,200 à 1,400 francs l'hectare.

Nº 2 DE LA CARTE.

§ 1. *Climats :* Combe Mongeot, les Bertais, la Croisotte, Murots du dessus et Gessery.

§ 2. *Caractères extérieurs du sol :* sol moins siliceux, moins humide, plus chaud et plus fertile que celui du nº 1. Herbue assez douce, jaunâtre et ocreuse, argileuse, mais facile à cultiver. Terrains plats à sous-sol argilo-marneux, compacte, ferrugineux et peu perméable.

§ 3. *Constitution physique :*

Débris organiques	0.14
Pierrailles	4.78
Gravier	1.90
Sable fin	6.52
Matières ténues	86.66
	100.00

§ 4. *Composition chimique :*

Produits volatils ou combustibles	Eau	1.75	3.20
	Matières volatiles ou combustibles	1.35	
	Azote	0.10	
Matières minérales	Résidu insoluble, argile et silice	87.00	96.80
	Alumine et peroxyde de fer	6.70	
	Chaux	0.40	
	Magnésie	0.14	
	Acide carbonique et pertes	2.56	
			100.00

§ 5. *Dénomination :* sols non calcaires, argileux et argilo-siliceux.

§ 6. *Épaisseur :* de 0m30 à 0m50 et plus sur fond argilo-marneux, imperméable presque partout.

§ 7. *Améliorations :* ces terres ne sont guère plus calcaires que celles du nº 1, il y faudrait donc de la chaux à la dose de 10 à 15 mètres cubes par hectare, ainsi que les autres améliorations indiquées aux climats précédents; la composition de ces derniers étant, à part les quantités de pierrailles, à peu près semblables aux autres, les diverses améliorations des climats n° 1 peuvent sans crainte être appliquées à ceux du n° 2. Employer les fumiers longs et peu pourris.

§ 8. *Valeur vénale:* en moyenne 1,500 francs l'hectare.

N° 3 DE LA CARTE.

§ 1. *Climats:* la Voussière, les Grands Chênes, les Pautroits, les Côtotes, Courtes Pièces, les Caulemèles et le Petit Vernois.

§ 2. *Caractères extérieurs du sol :* les trois premiers climats exposés au nord-est sont, comme ceux du n° 1, siliceux, froids, humides et imperméables, mais plus riches et plus fertiles. Les quatre derniers sont calcaires, argileux, un peu graveleux, moins froids, moins forts, d'une culture plus facile et un peu perméables parce que le sous-sol est pierreux. Exposition au nord et à l'est, en pentes et ondulations légères; couleur ocre et blonde. Sous-sol à l'ouest et au nord compacte et glaiseux, ferrugineux, à l'est et au sud pierreux, rocheux et perméable.

§ 3. *Constitution physique :*

Débris organiques	0.10
Pierrailles	1.85
Gravier	2.33
Sable fin	6.51
Matières ténues entraînées par l'eau	89.21
	100.00

§ 4. *Composition chimique:*

Produits volatils ou combustibles.	Eau	1.75	4.20
	Matières volatiles ou combustibles	2.35	
	Azote	0.10	
Matières minérales	Résidu insoluble, argile et silice	83.15	95.80
	Alumine et peroxyde de fer	7.52	
	Chaux	2.49	
	Magnésie	0.10	
	Acide carbonique et pertes	2.54	
			100.00

§ 5. *Dénomination :* sols silicéo-argileux, calcaires, sableux.

§ 6. *Épaisseur :* de 0m40 à 1 mètre dans les premiers climats, sur fond compacte, imperméable, et de 0m40 à 0m60 dans les derniers sur fond pierreux et rocailleux, perméable.

§ 7. *Améliorations :* les mêmes qu'aux numéros précédents, et plus particulièrement le mélange des terres légères et les enfouissement en vert des plantes herbacées, colza, vesces, etc.

§ 8. *Valeur vénale :* en moyenne 1,300 francs l'hectare.

N° 4 DE LA CARTE.

§ 1. *Climats* : le Village au nord, Charme à la Bouche, les Lavières et partie nord du Coin de l'Orme.

§ 2. *Caractères extérieurs du sol* : terres très légères, très pierreuses, brûlantes, à fond argileux, mais pauvres et incultes même sur quelques points, de couleur blonde et grise, exposées au sud-est et propres à la culture de la vigne, après un bon défoncement. Sous-sol rocailleux, rocheux, perméable.

§ 3. *Constitution physique* :

Débris organiques	0.10
Pierrailles	13.50
Gravier	3.85
Sable fin	4.22
Matières ténues	78.33
	100.00

§ 4. *Composition chimique* :

Produits volatils ou combustibles.	Eau	1.30	2.74
	Matières volatiles ou combustibles	1.35	
	Azote	0.09	
Matières minérales	Résidu insoluble, argile et silice	70.01	97.26
	Alumine et peroxyde de fer	9.60	
	Chaux	8.25	
	Magnésie	0.40	
	Acide carbonique et pertes	9.00	
			100.00

§ 5. *Dénomination* : sols très calcaires, argilo-siliceux.

§ 6. *Epaisseur* : de 0m10 à 0m25 sur fond rocailleux, perméable.

§ 7. *Améliorations* : il faut introduire dans ces terres de l'herbue, beaucoup d'herbue, de la vase, des curures de fossés, après les avoir épierrées et défoncées; labourer le plus profond possible, cultiver les lupins, la spergule, le sainfoin, le sarrasin pour les enterrer en vert avant les semailles d'automne. Employer les fumiers courts, gras, bien pourris, qui produisent leur effet instantanément.

§ 8. *Valeur vénale* : en moyenne 1,200 francs l'hectare.

N° 5 DE LA CARTE.

§ 1. *Climats* : en Veillet, partie ouest du Coin de l'Orme, les Musardes, Loichesrot et Trapelot la Chapelle.

§ 2. *Caractères extérieurs du sol* : terres brunes, légères, calcaires, fertiles, meubles; bon sol, très facile à cultiver, graveleux, un peu ferrugineux, mais très humifié et perméable. L'exposition de ces climats au midi et la nature du sol sont très favorables à la culture de la vigne et des légumes.

§ 3. *Constitution physique :*

Débris organiques	0.18
Pierrailles	11.58
Gravier	2.82
Sable fin	5.44
Matières ténues	79.98
	100.00

§ 4. *Composition chimique :*

Produits volatils ou combustibles.	Eau	2.65	6.60
	Matières volatiles ou combustibles	3.74	
	Azote	0.21	
Matières minérales	Résidu insoluble, argile et silice	66.27	93.40
	Alumine et peroxyde de fer	10.69	
	Chaux	6.68	
	Magnésie	0.56	
	Acide carbonique et pertes	9.20	
			100.00

§ 5. *Dénomination :* Sols calcaires, argilo-siliceux, très pierreux.

§ 6. *Epaisseur :* de 0^{m}60 à 1^{m}20 sur fond rocailleux, perméable.

§ 7. *Améliorations :* emploi du fumier court, gras et bien pourri dans les vignes et les terres. Mêmes améliorations qu'au n° 4 pour ces dernières.

§ 8. *Valeur vénale :* les terres, 1,500 francs l'hectare; les vignes, de 3,500 à 4,500 francs.

N° 6 DE LA CARTE.

§ 1. *Climats :* le Chainot, Longs Champs, Veillet à l'ouest, Rougelot, les Beilleys, Murot du bas et les Eprivoises.

§ 2. *Caractères extérieurs du sol :* terrains pierreux sur quelques points seulement, argilo-compacte, fort, tenace, mais assez fertile, exposé au levant en pentes très douces, couleur jaune-ocre et rouille. Sous-sol compacte, ferrugineux et graveleux, peu perméable et acide.

§ 3. *Constitution physique :*

Débris organiques	0.18
Pierrailles	8.58
Gravier	2.75
Sable fin	5.46
Matières ténues	83.03
	100.00

§ 4. *Composition chimique :*

Produits volatils ou combustibles.	Eau	2.20	5.39
	Matières volatiles ou combustibles	3.04	
	Azote	0.15	
Matières minérales	Résidu insoluble, argile et silice	74.73	94.61
	Alumine et peroxyde de fer	9.10	
	Chaux	4.58	
	Magnésie	0.33	
	Acide carbonique et pertes	5.87	
			100.00

§ 5. *Dénomination :* sols calcaires, argilo-siliceux en masse, et silicéo-calcaires à l'ouest seulement.

§ 6. *Epaisseur :* de 0m25 à 0m65 sur fond compacte, ferrugineux, peu perméable, quoique pierreux en quelques endroits.

§ 7. *Améliorations :* demi-chaulage, 6 à 8 mètres par hectare, pour neutraliser l'acidité et l'amertume produites par le peroxyde de fer; emploi de fumier long, de calcaires, soit chaux, boues de routes, et enfouissements en vert comme aux nos 1 et 2, et mélange des terres.

§ 8. *Valeur vénale :* 1,500 francs l'hectare, en moyenne.

N° 7 DE LA CARTE.

§ 1. *Climats :* le Grand Vernois et Pré Barrot ou les Creux Barrots.

§ 2. *Caractères extérieurs du sol :* terres horizontales, basses, très humides, tourbeuses, siliceuses et acides; de couleur grise et noire, impropres à la culture des céréales, ne donnant que des laiches et de pauvres produits en osier. C'est de la tourbe bâtarde en formation.

§ 3. *Constitution physique :*

Débris organiques	2.74
Pierrailles	0.26
Gravier	0.21
Sable fin	0.89
Matières ténues	95.90
	100.00

§ 4. *Composition chimique :*

Produits volatils ou combustibles.	Eau	10.00	25.14
	Matières volatiles ou combustibles	14.54	
	Azote	0.60	
Matières minérales	Résidu insoluble, argile et silice	54.54	74.86
	Alumine et peroxyde de fer	12.88	
	Chaux	2.13	
	Magnésie	0.49	
	Acide carbonique et pertes	4.82	
			100.00

§ 5. *Dénomination :* sols argilo-calcaires, acides et tourbeux.

§ 6. *Epaisseur :* de 1m50 à 2 mètres sur fond rouget et graveleux, très humide.

§ 7. *Améliorations* : assainissement le plus complet que possible, neutralisation de l'acidité par la chaux, les cendres, les plâtras, les boues de chemins. Mélanger des terres légères en grande quantité et soumettre souvent la couche végétale aux influences atmosphériques par de profonds labours ou des piochages.

§ 8. *Valeur vénale* : de 1,800 à 2,400 francs l'hectare, suivant qualité et élévation, par rapport au niveau du ruisseau.

N° 8 DE LA CARTE.

§ 1. *Climats* : les prés en général.

§ 2. *Caractères extérieurs du sol* : terrains plats, humides, goutteux, acides, ferrugineux et très argileux.

§ 3. *Constitution physique* :

Débris organiques	0.35
Pierrailles	0.07
Gravier	0.79
Sable fin	4 86
Matières ténues	93.93
	100.00

§ 4. *Composition chimique* :

Produits volatils ou combustibles.	Eau	8.15	19.98
	Matières volatiles ou combustibles	11,51	
	Azote	0.32	
Matières minérales	Résidu insoluble, argile et silice	49.05	80.02
	Alumine et peroxyde de fer	18.99	
	Chaux	5.09	
	Magnésie	0.54	
	Acide carbonique et pertes	6.35	
			100.00

§ 5. *Dénomination* : sols argilo-calcaires, ferrugineux, d'alluvions anciennes et modernes.

§ 6. *Epaisseur* : 2 mètres environ sur fond graveleux.

§ 7. *Améliorations* : l'irrigation après le complet assainissement; comme au Vernois, neutralisation, par la chaux, de l'acidité du sol; cendrages pour détruire la mousse, en ayant soin de passer légèrement la herse en différents sens, pour soulever et détacher la mousse.

§ 8. *Valeur vénale* : 3,500 francs l'hectare, en moyenne.

Production moyenne agricole de Licey.

Nos de la Carte et du Tableau	PRINCIPAUX CLIMATS.	PRODUITS MOYENS PAR HECTARE : EN HECTOLITRES DE						EN QUINTAUX DE			
		Blé.	Seigle.	Avoine.	Orge.	Pommes de terre.	Vin.	Foin.	Luzerne.	Trèfle.	Sainfoin.
1	Compotot, Saligot. . . .	16	16	18	»	»	»	»	50	45	»
2	Bertais.	17	17	20	20	110	»	»	50	45	»
3	Courtes Pièces	17	17	20	20	110	»	»	»	45	»
4	Charme à la Bouche. . .	12	12	15	15	100	55	»	45	»	36
5	Veillet, Trapelot.	15	15	18	18	110	55	»	60	»	36
6	Beilleys.	15	15	18	18	120	»	»	50	40	»
7	Vernois.	15	15	18	18	»	»	52	»	»	»
8	Prés naturels.	»	»	»	»	»	»	60	»	»	»
	Moyennes. . . .	15.3	15 3	18.2	18.1	110	55	56	51	43.7	36

On ne sème du seigle, sur les éteules des blés, dans les bonnes terres, que pour faire des liens.

Les autres produits, mois importants et de consommation locale, sont comme ceux de Fontenelle.

Une très grande quantité de terres pourraient être cultivées en houblons, en betteraves et autres plantes pivotantes. Comme à Fontenelle, ces cultures feraient la fortune de la localité.

COMMUNE DE SAINT-MAURICE-SUR-VINGEANNE.

Population. . . . . 473 habitants.
Étendue territoriale . . . 1,738 h. 29 a. 27 c.
Revenus imposables . . . 56,430 fr. 56 c.

Le territoire de Saint-Maurice, l'un des plus grands du canton, est traversé du nord-est au sud-est par la rivière de Vingeanne et présente de chaque côté de ce cours d'eau des terrains qui, n'appartenant pas à la même formation géologique, diffèrent essentiellement entre eux quant à leur constitution physique et à leur composition chimique.

L'altitude varie de 240 mètres dans les prés, à 286 au-dessus de Genevrand, sommet le plus élevé du finage.

Ainsi que l'indique M. Guillebot de Nerville, dans sa carte géologique de la Côte-d'Or, la masse du sous-sol de Saint-Maurice est *corallienne* et *oxfordienne.*

Toute la zone située au nord-est de la Vingeanne comprend, comme en Montmoroy, Cros Bigarre, Genevrand, au chemin de la Côte, etc., jusqu'au chemin vicinal de Percey-le-Grand, la partie supérieure de l'oxfordien, zone à *calcaire lithographique*, qui fournit, en bancs assez épais, une pierre compacte, blanche, très argileuse, excessivement gélive et qui, par le choc ou la percussion, répand une forte odeur d'huile de schiste. Au nord de tous ces terrains, jusque contre le territoire d'Orain, les terres argileuses et siliceuses, à *chailles oxfordiennes*, forment la masse du sol et du sous-sol jusqu'à une grande profondeur.

De l'autre côté de la Vingeanne, c'est-à-dire au sud-ouest de cette rivière, on rencontre en Vesvre et vers le bas de la Romagne la zone oxfordienne à *ammonites plicatilis*, fossile caractéristique de ce terrain. En revenant au sud et à l'ouest, on trouve d'abord une puissante couche de terrains argileux et argilo-siliceux qui s'étend jusque près des bois de la Craie et des Coudres et du chemin Essarté. Dans les climats longeant ces bois, le *corallien moyen* et le *corallien compacte supérieur* constituent le sous-sol et fournissent de la pierre jaunâtre, argileuse, en bancs disloqués et propre seulement à l'entretien des chemins. On emploie cependant celle du chemin Essarté pour faire des voûtes de four qui résistent très bien à la chaleur. La pierre de Combe Roland, qu'on exploite en superficie, est un *calcaire corallien* de la *zone inférieure*, aussi très disloqué et impropre aux constructions.

Dans les Couées, à l'est et dans la direction du bois de Forêt, on peut observer le *calcaire corallien* de l'étage supérieur des terrains jurassiques, à *oolithes miliaires et pisolitiques*, plus ou moins grosses, liées par un ciment calcaire blanc mat. Cette pierre n'est pas gélive, mais elle est tendre, friable, se désagrége facilement, et sur une notable étendue des cantons de Fontaine-Française et de Selongey, elle a fourni le sable qui forme une grande partie des remblais de la Voie romaine de Langres à Genève, partout où cette voie est en contre-haut du sol.

La portion du territoire, au nord, dans les climats des Groises, de la Côte, la Chatte, est en majeure partie composée de détritus nombreux du calcaire lithographique de l'Oxford-clay. Ces sables d'arène constituent le sol et le sous-sol sur une vaste étendue de terrain et sont, par place, assez réguliers de grosseur pour fournir une sorte de gravier, exploité dans la localité sous le nom de *groise*, pour faire des mortiers grossiers ou ensabler les allées des jardins. Ces sables, mélangés d'argile, ont le défaut très naturel d'être gélifs, comme la roche oxfordienne de laquelle ils proviennent.

Les parties pierreuses du finage de Saint-Maurice en occupent environ les trois dixièmes ; tout le reste a une grande puissance et est formé, à des degrés différents de composition, de terrains tertiaires, d'alluvions anciennes et modernes, d'argile, de silice, d'alumine et de peroxyde de fer.

La terre silicéo-argileuse domine surtout dans les plateaux et les revers entre les bois des Couées, Forêt, Crosbert, Champvoisin et la Vingeanne. Cette terre est froide, compacte, goutteuse et demande pour principal amendement le calcaire, la chaux qui lui fait presque totalement défaut. (Voir au tableau analytique les doses de chaux des nos 7, 8, 9 et 10.) En outre, le sous-sol étant glaiseux, argileux, serré, imperméable, il est impossible aux racines d'y plonger assez profondément et d'y trouver, avec une humidité convenable, l'air et la nourriture nécessaires à leur développement. D'ailleurs la nature silicéo-argileuse de la couche végétale et le manque de chaux agissent d'une manière désastreuse sur les engrais qui ne peuvent se résoudre assez promptement et se perdent par évaporation et par lévigation, sans aucun profit pour les plantes et pour le sol ainsi incapable de s'en assimiler les sels. Il est vrai, et nous devons le faire remarquer, que si les engrais et les fumiers se perdent dans ces terres, c'est qu'ils ne sont pas enfouis assez avant et que les labours sont trop superficiels ; car tous nos cultivateurs le savent, et l'expérience, la pratique l'a démontré : dans les terres fortes il faut employer *des fumiers longs* pour échauffer et diviser le sol, tandis que dans les terres légères il convient d'employer *des fumiers courts et gras*, bien pourris, dont la décomposition est très avancée et qui produisent leur effet instantanément; mais l'une et l'autre de ces deux espèces de fumier doivent être enfouis assez profondément, comme cela se pratique dans les jardins par exemple, afin que la couche de terre qui les recouvre soit assez épaisse pour empêcher la lévigation par les pluies, et l'évaporation par la chaleur.

L'état de choses dont nous avons parlé existe, ainsi qu'on l'a vu, depuis les terrains légers vers les Couées et les autres bois communaux jusqu'au pied des revers exposés au nord-est du côté de la Vingeanne; mais il change quand on arrive dans les plaines qui longent le chemin de grande communication n° 21, du côté de Courchamp, au sud-ouest de l'Outre et dans tous les climats compris entre le chemin vicinal de Sacquenay, le ruisseau de Changevelle, le chemin de Lavilleneuve et les prés. Partout, dans ces climats, le sol est profond, calcaire, humifié et propre à toutes sortes de cultures. Cependant il existe plusieurs endroits où la couche végétale est peu épaisse et où le sous-sol, compacte et glaiseux, se montre à la surface. Ces dernières terres ont besoin d'assainissements, soit au moyen du drainage soit au moyen de fossés, puis d'amendements calcaires qui diviseraient le sol, le rendraient perméable et changeraient notablement sa nature amère, en permettant encore à l'atmosphère d'y jouer un rôle bienfaisant. Alors la culture des plantes pivotantes, racineuses et légumineuses pourrait parfaitement y réussir avec une addition convenable d'engrais.

Si certains endroits, comme nous venons de le dire, ont besoin de grandes améliorations, il en est beaucoup d'autres qui sont en quelque sorte privilégiés, tels que les climats à droite et à gauche du chemin n° 21, côté de Montigny, en l'Outre, l'Ile, Noyer Copin, devant de Changevelle, etc., où la couche végétale, quoiqu'argileuse, est fertile, plus légère, profonde (un à deux mètres), perméable et se prêterait facilement à la culture de toutes les plantes sarclées.

Ces terrains, eu égard à la provenance oxfordienne et corallienne des matières qui les composent, sont équivalents, pour la plupart, aux bonnes terres de la Saône qui produisent les légumes exportés en grande quantité et avec avantage dans tous les départements voisins. Aussi la culture de la betterave, qu'on ne peut y faire faute d'usine à proximité, pourrait-elle donner aux cultivateurs des bénéfices presqu'aussi grands que ceux des plaines de la Tille et de l'Ouche.

Autrefois il y avait autour du village de Saint-Maurice, particulièrement en-deçà de la Vingeanne, des pépinières renommées où prospéraient surtout le poirier et le pommier. Cette industrie, sans avoir complétement cessé, a aujourd'hui très peu d'importance et se trouve avantageusement compensée par la culture du houblon, dont l'initiative est due à M. Charles Chambure, qui en exploite environ cinq hectares.

Quelques vignes existent dans les terres légères, bien exposées autour du pays ; mais elles ne produisent qu'un vin sans bouquet, léger, acide, et très peu alcoolique. La culture des céréales occupe tous les bras et on peut dire que les habitants de Saint-Maurice sont de bons cultivateurs. Le froment, l'avoine, les prairies artificielles et les naturelles, tout y donne de baux produits qui pourraient cependant beaucoup augmenter en quantité, en variété et en qualité, si les revers et les plateaux à rouget et à herbue froide étaient convenablement travaillés, suffisamment amendés et assez fumés.

Saint-Maurice a une étendue notable de terres qui produisent le trèfle, la luzerne ou le sainfoin. Que les cultivateurs augmentent ces cultures, ils pourront augmenter leur bétail, par suite les engrais et arriver, au moyen de fumures suffisantes, à faire produire à leur sol plus de céréales sur une moins grande étendue ; puis l'élevage du bétail leur procurera d'incontestables bénéfices.

Nos lecteurs nous permettront bien de passer en revue, d'une manière plus complète et plus locale, les différentes terres qui forment le finage de Saint-Maurice-sur-Vingeanne. Nous nous répéterons peut-être sur quelques points, mais nous croyons utile d'entrer dans de plus grands détails sur ce territoire qui a beaucoup de valeur et qui est appelé à donner des produits considérables, s'il est travaillé et amendé convenablement.

Nous commencerons notre excursion en partant du village et en parcourant les alentours au sud Derrière le Four, à l'est au Violata, au nord Sous la Plante, et à l'ouest sur Vesvres, Derrière l'Outre, en Changevelle, et en l'Ile. Nous trouvons une plaine et de légères déclivités formées d'alluvions anciennes et d'alluvions modernes. Anciennes en ce que les couches inférieures et les abords des monticules proviennent de la dégradation, par les courants, des terrains de sédiment qui ont été formés dans les parties inclinées, soit avant soit pendant le dernier cataclysme universel, le déluge. Modernes ou nouvelles, en ce qu'il y a environ dix-neuf cents ans, toute la plaine et l'emplacement même du village devaient être un lac, ou au moins des marais dont les bas-fonds se trouvaient au niveau du plafond actuel de la Vingeanne. La couche de gravier située à deux mètres sous le sol et les objets qu'on y a découverts : fers de chevaux, monnaies, couteaux mérovingiens, etc., provenant au plus de l'époque gallo-romaine, prouvent évidemment que les plaines de Saint-Maurice, comme toutes celles de la vallée de la Vingeanne, sont de formation postdiluvienne et récente.

Ces terrains, qui sont composés de limons et de toutes les parties entraînées par les eaux pluviales, les trombes, la fonte des neiges, puis charriées par la Vingeanne, sans être très graveleux, sont profonds, légers, calcaires (10, 78 pour 100 de chaux), perméables, frais sans être trop humides, bien fumés, et peuvent non seulement produire des céréales de première qualité, mais encore toutes sortes de plantes, légumes, betteraves, houblon, etc.

Si nous allons ensuite à l'est, longeant le chemin de Montigny, nous trouvons Champagne, sous Champagne, Fontaine Saligny, où la couche végétale a autant de puissance, et au moins autant, sinon plus, de valeur intrinsèque que celle de la plaine. Elle est susceptible de recevoir les mêmes cultures, et la partie en revers, exposée au midi, plus pierreuse et plus légère, est favorable à la culture de la vigne, des luzernes et des plantes oléagineuses et légumineuses. La chaux entre dans la composition de ces terres en quantité relativement assez notable (4, 80 pour 100); il n'y faut, comme dans ceux des abords du village, que de profonds labours, d'abondantes fumures et quelques légers amendements calcaires ou cendreux en composts pour rendre au sol les matières salines, alcalines et minérales mêmes, absorbées par les plantes; les enfouissements en vert, faits avec discernement et modération, y produiraient aussi d'excellents effets.

Remontant au nord, nous rencontrons, en Montmoroy (mont des Morts), Cros Bigarre, sur Genevrand, etc., des terrains légers, calcarifères et pierreux de la zone à calcaire lithographique de l'oxfordien, qui produisent, outre les céréales, de la vigne, du sainfoin, des luzernes; mais qui, manquant de fond, sont, sur bien des points, secs, brûlants, et ne peuvent rendre ce qu'on serait en droit d'en attendre si on améliorait la couche arable au moyen du mélange des terres, en y introduisant de l'herbue ou autres matières argileuses qui rendraient le sol plus compacte et plus frais. Les enfouissements en vert des plantes sèches en parties herbacées, telles que la spergule, les lupins, le sarrasin, qui ont le moins de consistance et qui forment une sorte de liant dans les terres trop meubles, peuvent y être avantageusement employés. Les fumiers courts, gras et bien fermentés conviennent dans ces climats, parce que leur effet est instantané et qu'ils n'échauffent pas longtemps la couche arable.

Continuant notre exploration au nord jusqu'au bois de la Vendue, et longeant le finage d'Orain par le tour du bois du Défoy, jusque vers la Garenne, nous trouvons les terrains oxfordiens *à chailles siliceuses*, qui caractérisent d'une manière tout à fait spéciale la partie nord-est de notre département. Dans ces contrées le sol est pierreux, graveleux, silicéo-argileux et généralement froid. Cependant la partie qui joint le chemin vicinal de Montigny à Orain, au dessus de Genevrand et climats voisins, même jusque contre la Vendue, est plus calcaire, moins froide, produit du sainfoin, peu de luzerne, pas de trèfle et de maigres céréales ; le sol étant trop pauvre pour favoriser leur développement.

Les terres à chailles proprement dites, peu ou point calcaires, donnent du trèfle, des céréales de bonne qualité, peu de luzerne et pas de sainfoin. La chaux est l'amendement par excellence dans ces sols qui ont besoin d'être échauffés, divisés, ameublis et labourés plus profondément. Dix à douze mètres cubes de chaux par hectare modifieraient et bonifieraient tellement la couche végétale, que, dans deux ou trois années seulement, les récoltes compenseraient largement les dépenses que le cultivateur aurait pu faire. Ces dépenses seraient d'ailleurs peu considérables, attendu que le finage de Saint-Maurice possède des carrières propres à faire de la chaux et que celle-ci peut être produite au plus à cinq francs le mètre cube, en suivant les procédés de fabrication que nous avons développés dans la première partie de notre ouvrage (pages 52 et suivantes).

L'enfouissement en vert du sarrasin et des légumineuses, qui agissent mécaniquement sur le sol en le divisant et en facilitant son assainissement, serait appelé dans les climats à chailles et dans ceux à herbue froide à rendre de grands services, soit en améliorant le sol, soit en économisant les fumiers, et soit même en donnant au besoin une bonne récolte en vert dans un moment de pénurie de fourrages. Il faut aussi employer dans ces terres fortes et froides les fumiers longs, qui n'ont eu qu'un commencement de fermentation et sont moins tassés que les autres. Ils conviennent de préférence aux terres argileuses, compactes et froides qu'ils divisent et échauffent pendant un temps assez long.

Tous les revers compris entre le bois du Défoy, les terrains à chailles, le Village et la Vingeanne, sont légers, graveleux et renferment des bancs du calcaire kimméridgien, plus ou moins épais et plus ou moins exploitables, et des sables d'arène desquels nous avons déjà parlé. La vigne, les arbres fruitiers, la luzerne et le sainfoin y prospèrent. Cependant comme le sol est éminemment calcaire et léger, quoique le liant des parties graveleuses soit l'argile, nous pensons qu'on l'améliorerait beaucoup en y introduisant, par le mélange des terres, la silice des terrains à chailles.

Laissant de côté les prés et traversant la Vingeanne, nous avons, au nord-ouest du village, les terres de la Romagne et de Vesvres qui sont susceptibles de recevoir toute sorte de cultures et dont la composition, quoique très peu calcaire (1,64 pour cent), ne laisse pas grand' chose à désirer. Dans la partie de Vesvres qui joint les prés, les eaux ont mis à découvert le calcaire oxfordien, argileux, grisâtre, à grains grossiers, alternant avec des couches marneuses. Ce calcaire est très gélif, argileux et ne peut même pas être employé pour l'entretien des routes.

Toute la partie plate comprise entre le chemin nº 21, le chemin vicinal de Chaume et les revers exposés au nord-est, est plus compacte, plus argileuse, plus froide et plus humide que les terres de Vesvres et de la Romagne; une partie de ces terres, vers le chemin vicinal de Sacquenay, en la Sence, la Maladière, devant de Changevelle et de la Voie des Mortiers, est chailleuse avec détritus oxfordien, comme dans les climats à chailles, contre le finage d'Orain. Le drainage peut avantageusement être pratiqué sur bien des points, ainsi que le chaulage à la dose de 10 à 13 mètres cubes par hectare. L'enfouissement en vert des légumineuses et même du sarrasin pourrait sensiblement améliorer la couche végétale; mais les effets de ce genre d'amendement étant de trop courte durée, le chaulage et les composts, ou engrais à base de chaux, doivent être préférés. Ces terrains ne contiennent d'ailleurs que 0,57 pour cent de chaux, c'est trop peu; et si l'on veut les amener au degré convenable de composition, il faut y introduire l'élément calcaire à haute dose. Le sous-sol de ces climats est glaiseux, ferrugineux, acide et compacte, c'est pourquoi la chaux, tout en divisant la couche végétale, en l'ameublissant et en en neutralisant l'acidité, empêcherait la rouille dont les effets sont si désastreux pour les plantes. Le trèfle et la luzerne viennent cependant assez bien dans ces terres. Quant aux céréales, leur produit est naturellement en raison des soins et des fumures que l'agriculteur apporte à la culture de ces terres.

Tous les revers et les coteaux exposés aux nord-est, où se trouvent les climats de Champ Mongeot, la Voie des Mortiers, devant des Coudres, Chêne Brûlé, etc., sont plus argileux, plus ferrugineux et plus acides. La chaux entre pour 0,81 pour cent seulement dans sa composition, le peroxyde de fer pour 6,70 et les matières insolubles, argileuses et siliceuses, pour 83,60. Par cette raison ces sols sont peu fertiles et ne produisent que de pauvres céréales, quelques trèfles, pas de luzerne, pas de sainfoin, et ont plus que bien d'autres climats besoin de l'élément calcaire à très forte dose.

Le calcaire gris-noirâtre qu'on exploite en Chêne Brûlé est propre à faire de la chaux pour amendement.

C'est surtout dans les terres de Perfondeveau, la Voie du Tertre et le revers sous Forêt, où domine le peroxyde de fer, que la marne calcaire, la chaux, les phosphates, les composts calcaires, les cendres et tous les produits à base de chaux, seraient urgents. Là le sol et le sous-sol sont excessivement compactes, rouges à pâte glaiseuse, renfermant une quantité de fer hydroxydé soit disséminé, soit aggloméré.

La valeur vénale de ces terres est presque nulle, et les produits tout à fait minces, parce qu'il est impossible aux racines de pénétrer dans le sol. L'exposition de ces climats au nord coopère beaucoup avec leur composition, leur déclivité et la nature du sous-sol, à l'infertilité de la couche végétale. Celle-ci a dû être délavée et entraînée dans la prairie par les eaux qui ont été forcées de respecter la ténacité de la couche argilo-ferrugineuse, qui formait le sous-sol de cette contrée, et qui en est aujourdhui le sol arable remué par les instruments agricoles.

En Gremet, on trouve l'argile plastique à potier qu'on n'exploite plus, mais qui paraît être d'assez bonne qualité.

Il ne nous reste à étudier, à part les Couées de la Romagne, que le grand plateau compris entre cette ferme, les bois communaux, Forêt et les pentes exposées au nord, qui nous ont précédemment occupé. Tout ce plateau, déduction faite de la partie pierreuse des climats Chemin Essarté, Combe aux Dettes, sur le Chemin de Lavilleneuve, le Cloître, etc., est en majeure partie composé d'herbues fortes, blanchâtres sur certains points, grisâtres et rougeâtres sur d'autres, mais partout froides, humides, imperméables et reposant sur un sous-sol marno-compacte, glaiseux, amer, tenace et serré, qui ne se laisse point pénétrer par les eaux de pluie et qui conserve éternellement celles qu'il renferme. La luzerne ne vient pas dans ces terres, le trèfle paraît y prospérer encore et les céréales donnent d'assez bonnes récoltes. La chaux entrant pour 2,10 pour cent dans la composition de la couche végétale, le drainage doit d'abord y être appliqué pour l'assainir, ensuite le mélange des terres légères avec des enfouissements en vert et l'emploi du fumier long. La chaux, à raison de 6, 8 et 10 mètres cubes par hectare, normaliserait la couche arable, en neutraliserait l'acidité et la rendrait plus meuble, tout en ajoutant l'élément qui manque à sa composition chimique.

Le sol des Couées de la Romagne, ancien bois que MM. Noël ont eu le tort de défricher, n'est composé que d'herbues qui varient seulement quant à la couleur blanchâtre, jaunâtre ou rougeâtre de la superficie, à la puissance des couches végétales et à leur ténacité, mais qui toutes, reposant sur un sous-sol glaiseux, acide, ferrugineux, compacte et imperméable, sont naturellement très froides, humides et infertiles. En outre les couches végétales étant trop siliceuses, pas assez riches en calcaire et autres éléments ou sels propres à faciliter le développement des plantes et à suffire à leur nutrition, celles-ci y végètent mal, et leur rendement en parties foliacées, en pailles ou en graines, est en raison de la pauvreté, de la mauvaise nature, de l'acidité et de l'imperméabilité du sol et du sous-sol, ainsi que du peu de divisibilité de la couche arable même, de son adhérence et de sa trop grande propriété à conserver un excès d'humidité. Tout ici rend la terre constamment froide, incapable de profiter des effets bienfaisants de l'atmosphère appelée à jouer un rôle si utile et si grand dans les terres meubles et bien constituées. Le mélange des terres graveleuses et pierreuses dans les parties des Couées les plus compactes, le chaulage à très haute dose (12, 15 et 18 mètres cubes par hectare), le drainage pratiqué avec connaissance de cause dans les endroits goutteux, les labours profonds et même les enfouissements en vert des plantes reconnues propres à diviser et à échauffer le sol, voilà, avec d'abondantes fumures (fumier long peu fermenté), les moyens d'améliorer cette ferme qui se compose de terres ayant beaucoup de fond, mais ingrates, maigres, froides, compactes, trop argileuses et surtout amères (1).

Les cultivateurs de Saint-Maurice se plaignent, comme leurs voisins, du peu de rendement des trèfles. Nous engageons le lecteur à essayer la culture du brome de Schrader. Cette plante vivace dure aussi longtemps que la luzerne, elle n'effrite pas le sol, attendu que ses racines plongent jusqu'à 30 et 35 centimètres. De plus elle se plaît dans tous les terrains, particulièrement ceux qui sont un peu frais, et donne des produits considérables en herbes et en graines. M. Chambure, qui a commencé l'essai de la culture de cette graminée, fournira, nous en sommes persuadé, tous les renseignements qui pourront lui être demandés à cet égard.

La nature de la masse du sol au nord de Saint-Maurice, et la certitude que nous pouvons avoir qu'il existe à une certaine profondeur des couches de marnes oxfordiennes, expliquent l'apparition et la pérennité des sources du village. Il est à remarquer que la zone au sud de la Vingeanne ne donne pas naissance au moindre filet d'eau, parce que le sol et le sous-sol, trop compactes, ne se laissent pas pénétrer par les eaux des pluies; tandis que la zone nord, où se trouvent de petits vallons et des revers pierreux, perméables, réunit les eaux qui doivent former une nappe qui coule sur la marne et qui apparaît au point le plus bas, c'est-à-dire dans le village même au nord de la Vingeanne.

L'analyse de l'eau de la belle source apelée la Fontaine a donné 286 milligrammes par litre de matières étrangères, dont environ 260 de carbonate de chaux, 10 de silice et le reste en sels solubles, chlorure de magnésium et produits non dosés.

---

(1) Voir à l'Appendice l'effet que produit la petite oseille qui est si abondante dans les Couées.

Quoique la source de Saint-Maurice occupe le 9e rang parmi celles du canton, l'eau en est très bonne, potable et tout à fait propre aux usages domestiques.

Les quelques vignes que l'on rencontre sur le finage de Saint-Maurice, quoique bien exposées, sont sans importance et méritent à peine une observation, attendu que leurs produits ont peu de valeur et que la nature géologique du sol ne se prête qu'à la culture de plantes qui donnent du vin de très médiocre qualité.

Le sol des bois qui se trouvent sur le territoire de Saint-Maurice varie selon leur position géognostique et la nature des terres qui les joignent. Ainsi ceux du Crépot et du Défoy, avec le Buisson de la Garenne, ont un terrain chailleux, à herbue très froide, mélangée de détritus et de pierrailles de l'oxfordien. Le fond de la terre est argilo-siliceux, froid, acide, compacte et glaiseux; le sous-sol est pierreux, rocheux et la qualité du bois laisse à désirer.

Le bois de Forêt a un sol semblable à celui des pâtis communaux du Bois aux Dames, et la partie en pente au nord est aussi argileuse, amère et infertile que les climats Devant Forêt et Sous Forêt.

Le bois des Petites Couées est, comme la partie défrichée, d'une herbue froide, forte, humide et imperméable, sans calcaire. Le défrichement des Grandes Couées a été une très mauvaise opération qu'on devra bien se garder d'imiter dans des terres analogues.

Les bois de Crosbert, de Champoisin et des Grands Hallots ou Aillets sont partie pierreux, partie d'herbue forte. Le calcaire corallien moyen y domine comme sol et sous-sol dans les hauteurs et les pentes voisines.

Dans les bas-fonds et sur plusieurs autres points on trouve de grosses terres rouges, comme en Champoisin, et de bonnes herbues, comme en Crosbert; mais en somme le sol de ces bois, ainsi que celui de tous ceux du territoire, ne convient qu'à la sylviculture.

Le bois de la Craie et des Cloches est, comme les terres qui l'entourent, rocheux et pierreux, trop sec et trop perméable. Le calcaire, qui compose le sol et le sous-sol, est, comme assise géologique, le même que celui des bois voisins et appartient aux zones moyennes et supérieures du corallien.

Il ne nous reste plus que le petit bouquet de bois des Coudres dont le sol, presqu'entièrement pierreux, n'a guère que 0m20 d'épaisseur. Le tiers de ce bois, où se trouve un peu d'herbue, est encore passable, mais tout le reste n'est que friche et sans produit appréciable.

Tableau géognostique et analytique du territoire de SAINT-MAURICE-SUR-VINGEANNE.

N° 1 DE LA CARTE.

§ 1. *Climats* ou *lieux-dits :* En la Plante, Sous Ruchot, Coin Vaneret, Champ Roussot, la Grapinée, Sous la Grapinée, Combe Fouillot, la Vallée au milieu, les Montants, Champs Rouges, les Meurgerots, Derrière les Meurgerots, Fontaine Saligny, la Corvée, Derrière le Four, en Sirejeu, la Violata, Derrière la Cure, Champagne, Sous Champagne, Noyer Goulard, la Motte, Herbue Fourière, Es Fosses, Planche Ravine et Petits Prés.

§ 2. *Caractères généraux extérieurs du sol :* terres de première classe, très fertiles, légères, faciles à cultiver, susceptibles de toutes sortes de cultures ; exposition au midi, en pentes très douces, couleur variant du jaunâtre au gris noirâtre ; sous-sol pierreux, perméable et riche en calcaire.

§ 3. *Constitution physique :*

Débris organiques, pailles, racines, fumier, etc.	0.16	100.00
Pierrailles, de la grosseur d'un pois à une noix ordinaire, ou de plus de 0m003 de diamètre	10.27	
Gravier, de la grosseur d'un grain de navette à un pois, ou de 0m0005 à 0m003 de diamètre	2.40	
Sable fin, au-dessous de la grosseur d'un grain de navette, ou de moins de 0m0005 de diamètre	4.66	
Matières ténues entraînées par l'eau	82.51	

§ 4. *Composition chimique :*

Produits volatils ou combustibles.	Eau	2.45	5.20
	Matières volatiles ou combustibles : humus, sels divers et débris organiques	2.60	
	Azote	0.15	
Matières minérales	Résidu insoluble, argile et silice	62.45	94.80
	Alumine et peroxyde de fer	6.02	
	Chaux	10.78	
	Magnésie	0.43	
	Acide carbon. et produits non dosés.	15.12	
			100.00

§ 5. *Dénomination scientifique du sol :* terres calcaires, argilo-siliceuses, légères.

§ 6. *Puissance* ou *épaisseur du sol végétal* : de 0m50 à 0m80 et 1m20, sur fond argileux, pierreux et perméable.

§ 7. *Observations et améliorations que le sol réclame* : ces terres, naturellement humifiées, ne le sont pas assez encore par les engrais. En augmentant les fumures on arrivera à y supprimer le sombre. Il ne faut pas craindre de remuer le sous-sol avec la charrue ; à 0m25 de profondeur il est aussi bon, sinon généralement meilleur, que la couche arable; il ne lui manque que l'insolation et le contact de l'air.

§ 8. *Valeur vénale* : de 3,000 à 4,000 fr. l'hectare.

N° 2 DE LA CARTE.

§ 1. *Climats* : Revers de Genevrand, Sensuaire à l'Est, Dessus de Genèvrand, Genevrand, Entre deux Chemins, la Poisse, les deux bouts de la Vallée, Charme Chanière, sur Combe Fouillot, Champ Rond, Froidureux, Montmoroy et sur Montmoroy.

Greux Bataille, Chemin Essarté, Combe aux Dettes, au Chemin de Lavilleneuve, Sous le Cloître, le Bas du Cloître en partie et la Fontaine Miraculeuse, puis Laigeronde, Chemin Essarté, vers les Couées, Coudres Pérouses et Combe Roland.

§ 2. *Caractères extérieurs du sol* : terrains plus pierreux, plus légers que les précédents, moins fertiles, plus brûlants, très perméables et calcaires; à fond argileux, pauvre et dépourvu d'humus ; sol en plateaux et à diverses expositions ; sous-sol pierreux et rocailleux, très disloqué.

§ 3. *Constitution physique :*

Débris organiques	0.16
Pierrailles	20.10
Gravier	5.31
Sable fin	7.28
Matières ténues	67.15
	100.00

§ 4. *Composition chimique :*

Produits volatils ou combustibles.	Eau	2.20	4.68
	Matières volatiles ou combustibles	2.33	
	Azote	0.15	
Matières minérales	Résidu insoluble, argile et silice	52.99	95.32
	Alumine et peroxyde de fer	6.02	
	Chaux	20.78	
	Magnésie	0.43	
	Acide carbonique et pertes	15.10	
			100.00

§ 5. *Dénomination :* sols éminemment calcaires, argilo-siliceux.

§ 6. *Epaisseur :* de 0m10 à 0m30 sur fond pierreux et rocailleux, très perméable.

§ 7. *Améliorations :* défoncement, épierrement, mélange d'herbue et de terres froides des climats à chailles ; enfouissement en vert des plantes sèches en parties herbacées, les lupins, la spergule, le sainfoin et le sarrasin. Employer les fumiers courts, gras et bien fermentés.

§ 8. *Valeur vénale* : 1,200 francs l'hectare, en moyenne.

N° 3 DE LA CARTE.

§ 1. *Climats* : 1° au nord du village : Combe Colas, sur la Côte d'Orain, la Tseigne, les Trois Meurgers, Vigne François, Es Bouchots, Bas du Défoy, Bas des Bouchots, l'Aige Douillant, l'Auzeraule et le Sensuaire à l'ouest ; puis les climats vers la Garenne, Revers de Champeau et les Ormois en partie ; enfin sur le Fays, la Mangeotte, le bas d'Arnou, le Tournoir, Bois du Roi, Es Bruleux, la Vesvre, le bas de la Vesvre et l'Etang ; 2° au sud du village : une partie de la Sence, Devant de la Voie des Mortiers et Devant de Changevelle.

§ 2. *Caractères extérieurs du sol* : climats et sols à chailles oxfordiennes, siliceux, froids, acides, brûlants en temps de sécheresse, peu fertiles quoique terres à grains, mais trop peu humifiées. Couleur variant du gris au blanchâtre, en passant par le jaune d'ocre ; exposition : un tiers au nord, deux tiers au levant et au midi en pentes assez fortes. Sous-sol compacte, glaiseux, acide, imperméable.

§ 3. *Constitution physique* :

Débris organiques	0.14
Pierrailles	15.19
Gravier	3.12
Sable fin	5.33
Matières ténues	76.22
	100.00

§ 4. *Composition chimique* :

Produits volatils ou combustibles.	Eau	2.15	5.20
	Matières volatiles ou combustibles	2.91	
	Azote	0.14	
Matières minérales	Résidu insoluble, argile et silice	84.47	94.80
	Alumine et peroxyde de fer	6.07	
	Chaux	1.04	
	Magnésie	0.28	
	Acide carbonique et pertes	2.94	
			100.00

§ 5. *Dénomination* : sols peu calcaires, siliceux et à chailles.

§ 6. *Epaisseur* : de 0m20 à 0m30 sur rouget ferrugineux, graveleux et imperméable.

§ 7. *Améliorations* : ces climats sont froids et très peu calcaires ; ils demandent de la chaux, 10 à 12 mètres cubes par hectare, des cendres dans les parties basses et moussues, des fumiers longs peu fermentés, le mélange des terres légères du n° 2, l'enlèvement des chailles à la surface ou après un bon défoncement. La terre étant siliceuse et silicéo-argileuse, le colza, le trèfle, les vesces enfouis en vert y seraient utiles ; mais avant tout assainissement des parties humides et, au besoin, l'écobuage.

§ 8. *Valeur vénale* : de 1,000 à 1,400 francs l'hectare.

N° 4 DE LA CARTE.

§ 1. *Climats* : sur Combe Noblet, le Différend, Combe au Rat, Coudres Pérouses, l'Aige Ronde, partie du Chemin Essarté, bas de la Tseigne, au Poirier Verdot, Sentier du Défoy, partie des revers de Genevrand, partie d'Entre les Chemins, partie de Dessus de Genevrand, bas de la Gealonnée, Derrière les Groises longeant le chemin vicinal d'Orain.

§ 2. *Caractères extérieurs du sol* : climats aussi à chailles, mais mélangés de nombreux fragments calcaires appelés laverottes, froids comme fond, mais brûlants en été, très maigres, peu fertiles ; couleur variant du jaune-blond à l'ocre clair et au bistre ; exposition au nord en plateau, au midi en pentes douces. Sous-sol pierreux et perméable.

§ 3. *Constitution physique* :

Débris organiques	0.14
Pierrailles	15.19
Gravier	3.12
Sable fin	5.33
Matières ténues	76.22
	100.00

§ 4. *Composition chimique* :

Produits volatils ou combustibles.	Eau	2.15	5.21
	Matières volatiles ou combustibles	2.94	
	Azote	0.12	
Matières minérales	Résidu insoluble, argile et silice	80.71	94.79
	Alumine et peroxyde de fer	6.05	
	Chaux	5.05	
	Magnésie	0.21	
	Acide carbonique et pertes	2.77	
			100.00

§ 5. *Dénomination* : sols calcaires, argilo-siliceux, pierreux.

§ 6. *Epaisseur* : de 0m20 à 0m40 sur fond pierreux, mêlé de rouget.

§ 7. *Améliorations* : les mêmes qu'au n° 2, sauf l'emploi des terres d'herbue des environs, au lieu des terres à chailles.

§ 8. *Valeur vénale* : 800 francs l'hectare, en moyenne.

N° 5 DE LA CARTE.

§ 1. *Climats* : revers des Ormois, Champ Popelard, le Poirier Lavier, sur le Chemin d'Orain, le Gonrois, Creux Durand, Combe aux Boucs, les Groisières, derrière et sur les Groises, le Reuchot, sur Ruchot, en partie et le bas Gealonnée, au Chemin de la Roche, l'Entrée de la Chatte, la Côte et sur la Côte.

§ 2. *Caractères extérieurs du sol* : sol calcaire, très léger, à pâte argileuse, composé de 46 pour cent de sable d'arène calcarifère appelé *groise*, très perméable, peu fertile et brûlant; couleur variant du blond au jaunâtre ocré et au roux; exposition au midi, en pentes raides; sous-sol rocailleux, très perméable. Terrain à légumes, à vigne et à arbres fruitiers.

§ 3. *Constitution physique* :

Débris organiques	0.15
Pierrailles	39.92
Gravier	2.97
Sable fin	2.78
Matières ténues	54.18
	100.00

§ 4. *Composition chimique* :

Produits volatils ou combustibles.	Eau	2.00	6.04
	Matières volatiles ou combustibles	3.90	
	Azote	0.14	
Matières minérales	Résidu insoluble, argile et silice	48.25	93.96
	Alumine et peroxyde de fer	7.61	
	Chaux	20.46	
	Magnésie	0.39	
	Acide carbonique et pertes	17.25	
			100.00

§ 5. *Dénomination* : sols éminemment calcaires, à pâte argilo-siliceuse, très pierreux.

§ 6. *Epaisseur* : de 0m25 à 0m30 sur fond rocailleux très perméable.

§ 7. *Améliorations* : ces terres, trop légères, demandent du fond qu'il est facile de leur donner en y amenant de 35 à 50 mètres cubes de terres fortes prises dans les climats voisins, où on conduirait des terres légères et graveleuses par contrevoiture. Il faut labourer très profondément, enfouir en vert le sainfoin, le sarrasin et employer les fumiers gras, bien pourris, qui produisent vite leur effet et ne sont pas entraînés par l'eau.

§ 8. *Valeur vénale* : de 1,000 à 1,200 francs l'hectare.

N° 6 DE LA CARTE.

§ 1. *Climats* : la Grande Corvée de la Romagne, aux Vieux Vergers, la Ferme de la Romagne et sur Vesvres.

§ 2. *Caractères extérieurs du sol* : terrain plat ou légèrement incliné au nord et au levant, fertile, épais, culture facile, frais et perméable, susceptible de recevoir des plantes sarclées; bon fond de sol d'herbue douce; couleur blonde-grise et jaune-ocré. Sous-sol gras, argileux, humide, peu perméable et très peu calcaire, mais de bonne qualité, et ne demandant que le contact de l'air et assez d'engrais pour devenir très fertile.

§ 3. *Constitution physique :*

Débris organiques	0.07
Pierrailles	0.97
Gravier	2.12
Sable fin	5.28
Matières ténues	91.56
	100.00

§ 4. *Composition chimique :*

Produits volatils ou combustibles.	Eau	2.30	6.40
	Matières volatiles ou combustibles	3.97	
	Azote	0.13	
Matières minérales	Résidu insoluble, argile et silice	82.23	93.60
	Alumine et peroxyde de fer	6.83	
	Chaux	1.64	
	Magnésie	0.33	
	Acide carbonique et pertes	2.57	
			100.00

§ 5. *Dénomination* : sols argilo-calcaires, sableux.

§ 6. *Epaisseur* : de 0ᵐ60 à 1 mètre sur fond argilo-glaiseux.

§ 7. *Améliorations* : un chaulage ordinaire, 10 à 12 mètres cubes par hectare, après avoir mis la terre en très bon état sur 0ᵐ25 d'épaisseur. Augmenter les fumures et assainir complétement les parties humides. Emploi de fumiers long et chauds.

§ 8. *Valeur vénale* : de 1,800 à 2,000 francs l'hectare.

N° 7 DE LA CARTE.

§ 1. *Climats* : Contour aux Choux, Fosse au Faivre, les Tays, au Pommeraie, Champ au Vigneron, les Roncey, Derrière la Voie des Mortiers, en la Sencé, en la Voie de la Craie, en Champ Benoit, aux Plantes, les Renouillers, les Petits Côteaux, en Changevelle, les Puisots, en la Jelaine, la Grande Allée, Pré Chardon, Champ Chardon et Corvée de la Chapelle.

§ 2. *Caractères extérieurs du sol* : dans ces climats domine une herbue rouge, forte, argileuse, serrée, amère, ferrugineuse, un peu chailleuse et humide. Elle est partout froide, difficile à cultiver et imperméable. Terrain peu accidenté, se relevant cependant un peu à l'ouest. Sous-sol glaiseux, rouget, compacte, acide et imperméable. Les climats qui joignent le chemin n° 21 sont bien meilleurs que les autres : la terre y est plus fertile, plus humifiée, moins rouge, et, comme celles des Vesvres et de la Romagne, pouvant, en raison de sa puissance, être cultivée en houblons, betteraves ou toutes autres plantes pivotantes et sarclées.

§ 3. *Constitution physique :*

Débris organiques	0.09
Pierrailles	0.51
Gravier	2.73
Sable fin	4.80
Matières ténues entraînées par l'eau	91.87
	100.00

§ 4. *Composition chimique :*

Produits volatils ou combustibles.	Eau	2.10	4.50
	Matières volatiles ou combustibles	2.26	
	Azote	0.14	
Matières minérales	Résidu insoluble, argile et silice	86.76	95.50
	Alumine et peroxyde de fer	5.78	
	Chaux	0.57	
	Magnésie	0.24	
	Acide carbonique et pertes	2.15	
			100.00

§ 5. *Dénomination* : sols argileux, très peu calcaires.

§ 6. *Epaisseur* : de 0m30 à 0m50, et vers le chemin n° 21, de 0m80 à 1m, sur fond rouget, argilo-compacte, imperméable.

§ 7. *Améliorations* : beaucoup de parties goutteuses doivent être d'abord assainies, soit au moyen du drainage, le meilleur procédé et le moins coûteux, soit au moyen de fossés, mais qui perdraient trop de terrain. Ensuite la chaux à très hautes doses, 15 à 18 mètres cubes par hectare, selon la nature de la couche végétale. Vers le chemin n° 21, il n'en faudrait que 10 à 12 mètres cubes. Tout ce qui contient de la chaux, engrais, plâtras, phosphates, boues et poussières de routes, etc., améliorerait ces terres dépourvues de l'élément essentiel : le calcaire, qui a surtout pour but de diviser et d'échauffer le sol en en neutralisant l'acidité, le tout, bien entendu, avec l'aide des fumiers longs, peu fermentés.

§ 8. *Valeur vénale* : de 1,000 à 1,500 francs l'hectare.

N° 8 DE LA CARTE.

§ 1. *Climats* : Devant Forêt, Champ à la Truie, partie de Sous Forêt, Chemin au Fourneau, Champ Claudon, Sur le Routeau, Combe Viaux, Perfondeveau, Sur Gremet, Au-dessus de la Voie du Tertre, Derrière Gremet, au Poirier Fendu, Combe Hierchet, Voie des Mortiers, les Courbes Raies, le Chemin de Saint-Seine, derrière et devant la Voie des Mortiers contre le chemin vicinal de Sacquenay.

§ 2. *Caractères extérieurs du sol* : rouget très argileux, contenant beaucoup de fragments ferrugineux et quelques-uns de chailles ; sol acide, amer, sans consistance, se ravinant facilement ; terrain pauvre, ingrat, infertile, sujet à la rouille et donnant de très minimes produits. Couleur ocre rouge et rouille, exposition au nord en pentes raides. Sous-sol argileux, compacte, acide, imperméable. Sur Gremet on trouve l'argile à potier; et en la Sence, devant la Voie des Mortiers et Devant de Changèvelle, le sol est chailleux comme du côté d'Orain, mais moins amer.

§ 3. *Constitution physique :*

Débris organiques	0.02
Pierrailles	1.62
Gravier	1.58
Sable fin	7.26
Matières ténues	89.52
	100.00

§ 4. *Composition chimique :*

Produits volatils ou combustibles.	Eau	4.60	7.20
	Matières volatiles ou combustibles.	2.54	
	Azote	0.06	
Matières minérales	Résidu insoluble, argile et silice.	76.18	92.80
	Alumine et peroxyde de fer	14.15	
	Chaux	0.93	
	Magnésie	0.42	
	Acide carbonique et pertes	1.12	
			100.00

§ 5 *Dénomination* : sols argileux, très peu calcaires, sableux et très ferrugineux.

§ 6. *Epaisseur* : de 0m10 à 0m40, et 1 mètre sur fond rouget, glaiseux, acide et imperméable.

§ 7. *Améliorations* : la généralité de ces climats demande les mêmes améliorations que ceux du n° 7. Ici le sol est plus ferrugineux, plus acide, plus amer, et la chaux y devient indispensable pour neutraliser l'acidité produite par le peroxyde de fer. Le mélange des terres sableuses, les boues de route; les cendres, les enfouissements en vert de colza, de trèfle, de vesces, etc., amélioreraient considérablement la couche végétale. Les fumiers longs et peu fermentés, la culture bien soignée et l'assainissement des parties basses et plates, voilà tout ce qu'il est possible de faire dans ces sols ingrats si peu propices à la végétation et si pauvres en fond et en produits.

§ 8. *Valeur vénale* : de 600 à 900 francs l'hectare.

Nos 9 ET 9 BIS DE LA CARTE.

§ 1. *Climats* n° 9 : Champ Mongeot, bas de Champ Mongeot, la Bruyère, derrière la Voie des Mortières, à l'ouest; devant du Chêne Brûlé, Mascombes, Fosse Jarnot, Chêne Brûlé, Combe à la Rotie, les Petites Pièces, devant les Coudres et Fontaine Cancan.

N° 9 *bis* : En la Combe Saint-Maurice ou Malpertuis en partie, ainsi que Champ Lavranche, sous la Craie, Vigne de la Romagne, le Clou et Fourneau de Chaux.

§ 2. *Caractères extérieurs du sol* : les climats du n° 9 sont en grande partie composés de rougets et d'herbues fortes, rouges, ferrugineuses, acides, froides, compactes, glaiseuses, imperméables, exposées au nord en pentes douces et en plateaux, à sous-sol très tenace, argileux, humide et tout à fait imperméable. Quelques portions de ces climats sont d'une herbue blanchâtre qui devient pulvérulente et brûlante au moment des sécheresses. Elle est d'ailleurs siliceuse et sableuse.

Les climats du n° 9 *bis* sont d'herbue plus douce, un peu pierreuse, surtout vers les Coudres, mais la composition du limon de la couche végétale est la même que celle des terres du n° 9.

§ 3. *Constitution physique :*

Débris organiques	0.04
Pierrailles	1.75
Gravier	2.85
Sable fin	3.29
Matières ténues	92.07
	100.00

§ 4. *Composition chimique :*

Produits volatils ou combustibles.	Eau	3.20	5.00
	Matières volatiles ou combustibles	1.69	
	Azote	0.11	
Matières minérales	Résidu insoluble, argile et silice	83.60	95.00
	Alumine et peroxyde de fer	6.70	
	Chaux	0.81	
	Magnésie	0.19	
	Acide carbonique et pertes	3.70	
			100.00

§ 5 *Dénomination* : sol argilo-calcaire, compacte au sud et à l'est, siliceux, graveleux et pierreux au nord-ouest.

§ 6. *Epaisseur* : de 0m30 à 0m40 sur rouget glaiseux et ferrugineux imperméable.

§ 7. *Améliorations :* ces climats sont trop peu calcaires ; ils ont besoin d'être normalement constitués par l'addition de la chaux, ou tous composts calcaires, engrais et fumiers longs, qui échaufferaient la couche végétale en l'ameublissant et en neutralisant l'acidité et la rouille produites par le peroxyde de fer. Il y a bien des endroits à drainer ou au moins à défoncer profondément. On doit encore essayer les enfouissements en vert des plantes consistantes. Nous sommes certains que dans ces climats, comme dans ceux des nos 10 et 10 *bis*, les boues de chemin et le mélange de terres légères amenderaient considérablement la couche végétale. Les terres légères pourraient facilement être prises à proximité, dans les environs de la carrière du Chemin Essarté et du Fourneau de Chaux.

§ 8. *Valeur vénale* : 600 francs l'hectare, en moyenne.

N°s 10 ET 10 BIS DE LA CARTE.

§ 1. *Climats* : Le Bouloi, partie de Malpertuis et de Fosse Bérino, l'Andusoir, Coin de Forêt, au Miroir, Dessus du Miroir, en la Roche, au Chemin de Lavilleneuve en partie, vers le bois de Fontaine, l'Aige Gomichon, Combe Lary, sur Crobert, Combe au Gouverneur, Fosse au Caillot, en Chevreux, Fosse Turpin, le Poirier à l'Alouette, partie de la Petite Pie dessus de la Combe au Cerf, en la Fougère, es Communes, Champ Château, Champoisin et partie de la Combe Saint-Martin.

§ 2. *Caractères extérieurs du sol* : à l'ouest, contre le bois de Champoisin, sol pierreux, de peu d'étendue ; au Bouloi, en l'Endousoir et sur plusieurs autres points, herbue forte, siliceuse, blanchâtre, mêlée de nombreux débris de fer hydroxydé brûlé ; sur d'autres points, en se rapprochant du chemin de Fontaine, herbues douces, rousses, humides dans les bas-fonds, bonnes dans les revers. Exposition en plateaux avec de légères ondulations au nord, à l'est et à l'ouest. Sous-sol rocailleux à l'ouest et rouget ; glaiseux, ferrugineux, acide, compacte et imperméable sur tout le reste, avec quelques points marneux et très tenaces.

§ 3. *Constitution physique* :

Débris organiques	0.12
Pierrailles	3.60
Gravier	4.10
Sable fin	6.50
Matières ténues	85.68
	100.00

§ 4. *Composition chimique* :

Produits volatils ou combustibles.	Eau	3.00	5.64
	Matières volatiles ou combustibles	2.50	
	Azote	0.14	
Matières minérales	Résidu insoluble, argile et silice	78.91	94.36
	Alumine et peroxyde de fer	7.61	
	Chaux	2.10	
	Magnésie	0.24	
	Acide carbonique et pertes	5.50	
			100.00

§ 5. *Dénomination* : sols argilo-calcaires sableux.

§ 6. *Epaisseur* : de 0^m30 à 0^m70 sur fond rouget un peu perméable dans les parties pierreuses et graveleuses, mais tout à fait imperméable dans les autres.

§ 7. *Améliorations* : dans les climats à sol léger, 6 à 8 mètres cubes de chaux par hectare et 12 mètres dans les herbues fortes ; au reste, mêmes améliorations et mêmes amendements que ceux indiqués aux n°s 9 et 9 *bis*.

§ 8. *Valeur vénale* : de 600 à 1,000 francs l'hectare.

N° 11 DE LA CARTE.

§ 1. *Climats* : La Ferme des Couées de la Romagne.

§ 2. *Caractères extérieurs du sol* : la partie à l'ouest du chemin vicinal de Fontaine est une herbue très froide, forte, blonde et blanchâtre, argileuse, humide, aride, peu fertile, à sous-sol compacte, rouget, ferrugineux et imperméable ; la partie à l'ouest du chemin est plus rousse, un peu moins froide, mais aussi compacte et à sous-sol pareil. Les terres des Couées sont généralement plates, avec inclinaison au nord, au sud et à l'est, en légères pentes. Dans le bas-fond contre la forêt de Fontaine et au nord-est, on peut exploiter de la pierre de l'oolithe supérieure, qui ferait une bonne chaux pour l'amendement des terres de cette ferme.

§ 3. *Constitution physique* :

Débris organiques	0.37
Pierrailles	1.15
Gravier	1.58
Sable fin	3.94
Matières ténues	92.96
	100.00

§ 4. *Composition chimique :*

Produits volatils ou combustibles.	Eau	2.50	7.00
	Matières volatiles ou combustibles	4.38	
	Azote	0.12	
Matières minérales	Résidu insoluble, argile et silice	79.10	93.00
	Alumine et peroxyde de fer	8.60	
	Chaux	1.19	
	Magnésie	0.33	
	Acide carbonique et pertes	3.78	
			100.00

§ 5. *Dénomination* : sols argilo-calcaires à l'est, et silicéo-argileux très peu calcaires à l'ouest.

§ 6. *Epaisseur* : de 0m30 à 0m50 et 1 mètre sur fond rouget, argilo-ferrugineux, imperméable.

§ 7. *Améliorations* : le sol des Couées se ressent encore de sa bonne qualité comme fond de bois, car l'analyse chimique accuse 4,38 pour 100 de matières volatiles ou combustibles, tandis que dans bien d'autres terrains, meilleurs que ceux-ci, ce chiffre dépasse rarement 3 pour 100. Ces matières, formées d'humus et de sels divers, sont malheureusement inertes, parce que le sol est mal constitué, que la chaux y fait défaut et que l'argile avec le peroxyde de fer y sont dominants. Il serait facile, non sans frais, bien entendu, mais elles en valent la peine, d'améliorer considérablement ces terres, d'abord en assainissant les parties humides et goutteuses, puis en constituant normalement la couche arable par l'emploi de la chaux à hautes doses, dans les endroits les plus siliceux et les plus ferrugineux ; il faudrait aussi pouvoir faire des mélanges et des échanges de terres ; mais au préalable avoir soin de fouiller profondément la couche végétale pour que l'air, le soleil et les gaz de l'atmosphère puissent y pénétrer facilement, avec la fraîcheur et l'humidité des rosées et des pluies. Nous conseillerons en outre l'emploi des fumiers longs de préférence aux gras, qui agissent et se perdent trop vite ; et comme dans les sols des nos 7, 8, 9 et 10, tous les amendements calcaires et les enfouissements des plantes propres à diviser la terre et à lui donner une dose d'engrais qui économise les fumiers de ferme.

Une partie des Couées pourrait être mise en prairies naturelles, soit en y semant du brôme de Schrader, ou autre graminée vivace, soit en irrigant les parties plates et basses, au moyen des eaux de pluie que des travaux convenables pourraient amasser et répandre à volonté, avec un système de rigoles et de saignées bien étudiées et établies selon toutes les règles de la science agricole. Il faudrait surtout enfouir, au moment de la floraison, la petite oseille qui enlève l'acidité du sol jusqu'à ce moment, mais qui la lui rend quand cette plante sèche sur sa tige.

§ 8. *Valeur vénale* : 800 francs l'hectare, en moyenne.

N° 12 DE LA CARTE.

§ 1. *Climats* : les prés en amont, en face et en aval du village.

§ 2. *Caractères extérieurs du sol* : alluvions anciennes et modernes à base argileuse et sableuse, très chargées d'alumine et de peroxyde de fer, humides, amères, se crevassant facilement pendant la sécheresse et donnant généralement un grand foin, que l'assainissement et l'irrigation parviendraient à changer radicalement.

§ 3. *Constitution physique :*

Débris organiques	0.34
Pierrailles	1.09
Gravier	1.02
Sable fin	2 74
Matières ténues	94.81
	100.00

§ 4. *Composition chimique :*

Produits volatils ou combustibles.	Eau	5.50	16.60
	Matières volatiles ou combustibles	10.78	
	Azote	0.32	
Matières minérales	Résidu insoluble, argile et silice	57.46	83.40
	Alumine et peroxyde de fer	14.93	
	Chaux	5.63	
	Magnésie	0.51	
	Acide carbonique et pertes	4.84	
			100.00

§ 5. *Dénomination* : sols argilo-calcaires, ferrugineux, d'alluvions anciennes et modernes.

§ 6. *Epaisseur* : environ 2 mètres sur fond graveleux calcaire.

§ 7. *Améliorations* : achever et compléter d'abord les assainissements, puis irriguer et cendrer les parties moussues et trop humides, en ayant soin de herser légèrement dans tous les sens.

§. 8. *Valeur vénale* : 4,500 francs l'hectare, en moyenne.

N° 13 DE LA CARTE.

§ 1. *Climats* : l'Ile, Pré Massenot, Fontaine de l'Outre, derrière l'Outre, Noyer Copin, partie nord-est de devant de Changevelle, sur le Grand Chemin, partie sud-est de Vesvre et Gorge Girot.

§ 2. *Caractères extérieurs du sol* : ce sont des meilleures terres d'alluvions du canton, humifiées naturellement comme les prés, tenant de l'herbue douce mêlée de pierrailles et de graviers calcaires, ce qui rend le sol facile à cultiver et ajoute à sa fertilité, en ce qu'il est plus meuble. Quoique chargées de peroxyde de fer, d'alumine et peu calcaires, ces terres sont propres à toutes sortes de cultures ; elles ont du fond et leur assise horizontale ou à peu près, avec leur exposition abritée de tous côtés, en fait des terrains où le houblon, les plantes sarclées et les légumes viennent à merveille. Les trois premiers climats sont très humides en hiver.

§ 3. *Constitution physique :*

Débris organiques	0.20
Pierrailles	5.94
Gravier	1.31
Sable fin	2.93
Matières ténues	89.62
	100.00

§ 4. *Composition chimique :*

Produits volatils ou combustibles.	Eau	3.00	10.58
	Matières volatiles ou combustibles.	7.38	
	Azote	0.20	
Matières minérales	Résidu insoluble, argile et silice.	71.02	89.42
	Alumine et peroxyde de fer	11.38	
	Chaux	2.95	
	Magnésie	0.36	
	Acide carbonique et pertes	3.71	
			100.00

§ 5. *Dénomination* : sols calcaires, argilo-siliceux, graveleux.

§ 6. *Epaisseur* : de 0m60 à 1 et 2 mètres sur fond argileux au sud et graveleux, perméable au nord, à l'est et à l'ouest.

§ 7. *Améliorations* : les mêmes qu'au n° 1 de la carte, sauf l'emploi de la chaux, à dose ordinaire, dans les parties compactes et argileuses, après un bon défoncement. Donner à ces terres des fumiers demi-pourris. Il faut surtout y faire des assainissements au moyen de fossés et d'aqueducs passant sous le chemin de Lavilleneuve, pour les climats, au sud du chemin de Fontaine, qui sont tous goutteux et dont les récoltes sont souvent compromises par l'eau qui séjourne très longtemps sur le sol.

§ 8. *Valeur vénale* : de 2,000 à 3,500 l'hectare.

Production moyenne agricole de Saint-Maurice.

Nos de la Carte et du Tableau	PRINCIPAUX CLIMATS.	PRODUITS MOYENS PAR HECTARE :									
		EN HECTOLITRES DE						EN QUINTAUX DE			
		Blé.	Seigle.	Avoine.	Orge.	Pommes de terre.	Vin.	Foin.	Luzerne.	Trèfle.	Sainfoin.
1	Fontaine Saligny.	21	17	28	24	150	30	»	75	52	60
2	Montmoroy, Genevrand.	12	»	18	15	110	25	»	52	»	52
3	Combe Colas, Arnon. . .	12	»	18	»	»	»	»	»	30	»
4	Revers de Genevrand . .	7	»	9	»	60	»	»	»	»	26
5	Le Conrois.	1 2	»	18	12	100	25	»	52	»	52
6	Romagne, Vesvres. . . .	22	20	36	»	100	»	»	40	45	»
7	Changevelle.	12	»	24	»	»	»	»	»	45	»
8	Voie du Tertre.	7	»	12	»	»	»	»	»	23	»
9	Mascombes.	15	»	24	»	»	»	»	»	30	»
10	Grosbert.	15	15	24	»	90	»	»	»	30	»
10bis	Malpertuis	10	»	15	13	90	»	»	37	»	30
11	Les Couées.	10	»	15	»	90	»	»	30	22	»
12	Prés naturels.	»	»	»	»	»	»	32	»	»	»
13	L'Outre, l'Ile.	22	20	36	27	150	30	»	75	52	37
	Moyennes. . . .	13.8	18	21.3	18.2	104.4	27 5	32	51.4	36.7	42.8

On ne cultive du seigle, sur les éteules de blé, dans les bonnes terres, que pour faire des liens. Les autres produits, moins importants, sauf le houblon, les pépinières et une partie des graines oléagineuses qu'on livre au commerce, sont consommés dans la localité et sont les mêmes qu'à Bourberain et à Fontaine-Française, sauf la culture du houblon qui a pris, grâce à l'initiative de MM. Chambure et Gendel, une importance qui mérite d'être signalée.

COMMUNE DE MONTIGNY-SUR-VINGEANNE.

Population. . . . . 602 habitants, compris le couvent.
Etendue territoriale. . . . . . 1,617 h. 79 a. 41 c.
Revenus imposables . . . . . 29,683 fr. 16 c.

Par sa position géographique et topographique, le territoire de Montigny-sur-Vingeanne, placé entre ceux de Saint-Maurice, d'Orain et de Mornay, a naturellement beaucoup d'analogie, sous le rapport géognostique, avec ceux de ces communes. Ainsi au nord, les chailles et les débris calcaires de la zone à pâte lithographique nous donnent, comme à Orain, pour base du sol, le *terrain oxfordien supérieur,* qui appartient aux couches inférieures de *l'étage moyen des terrains jurassiques.* Cette portion du territoire comprend tout l'espace situé entre les finages de Saint-Maurice, d'Orain, les bois communaux et le Grand Chemin, jusque vers la Côte et le bas de Neuveau. A l'ouest, touchant aussi le finage de Saint-Maurice, nous rencontrons encore la zone du calcaire lithographique très développée, et caractérisée en Genevrand, Crôs Bigarre et Montmoroy. Au sud, dans le village de Montigny et tout autour, nous sommes assis sur les bancs calcaires de la *zone inférieure du corallien,* immédiatement supérieure à celles de l'oxfordien. Enfin à l'est, contre Mornay, le *calcaire compacte supérieur* du sous-groupe inférieur du corallien sert de base à tous les climats en revers, exposés à l'ouest, au sud, au sud-est et à l'est. Dans quelques climats, aux Lavières, le Groselier, Champ Fressolle, nous avons reconnu des affleurements calcaires qui nous ont paru tenir du *calcaire lithographique oxfordien,* mais qui ne modifient pas sensiblement la masse des bonnes terres qui composent toute la zone environnante. Au nord-est encore, vers la ferme de Provenchère, au climat dit en Chaluet, le *bathonien supérieur,* que M. de Nerville ne signale pas, se rencontre en bancs compactes, grisâtres, de diverses épaisseurs et d'excellente qualité. La zone à *pentacrinus buvigneri* y est bien développée et parfaitement caractérisée par les débris de ce fossile et des briozoaires.

En somme, la structure pétrologique et géologique du sous-sol de Montigny appartient au *bathonien supérieur,* à *l'oxfordien* et au *corallien inférieur* et *moyen.*

En somme aussi, la couche végétale est composée *d'alluvions anciennes* et *modernes*, modifiées par les débris des assises géologiques sur lesquelles elles reposent et par les soins plus ou moins intelligents que les cultivateurs ont pu donner à la couche arable.

Comme industrie, sauf le commerce des grains, qui y est considérable (3,000,000 d'affaires par an), Montigny n'offre en ce moment rien de bien avantageux. Quoiqu'il y ait eu autrefois un haut-fourneau, dont on voit encore les ruines, et une forge avec martinets, le minerai de fer n'est pas abondant et sa qualité inférieure.

Les carrières, à part celles de Chaluet et Champ Gaillard dans le bathonien, ne fournissent que des moellons ordinaires, qui gèlent très souvent; tels sont ceux des carrières de la Côte.

Tous les bras se reportent donc sur la culture des céréales en particulier, bien qu'on commence celle du houblon et des plantes pivotantes. Les blés et les avoines sont de très bonne qualité. Il en est de même de l'orge, qu'on cultivait autrefois en plus grande quantité.

Les prairies artificielles trouvent sur le sol de Montigny d'excellents terrains d'une grande puissance. Aussi répéterons-nous aux cultivateurs qu'ils ne sèment pas assez de plantes fourragères, qu'ils n'élèvent pas assez de bétail et que, par suite, ils ne peuvent pas donner à leurs terres tout l'engrais qu'elles réclament; car, nous l'avons déjà dit, pour qu'une culture, dans nos contrées, soit bien faite, raisonnée et capable de rendre assez, il faut une tête de gros bétail, cheval ou bœuf, ou dix moutons, pour produire l'engrais et le fumier nécessaires à un hectare de terre.

Les vignes qui entourent le village produisent de petits vins, peu colorés, âpres et sans aucun parfum. *Les marnes de la grande oolithe* donnent, dit-on, aux vins de la Côte-d'Or le bouquet qui les caractérise. *Les marnes crayeuses et le silex* donnent aux vins du piquant et un goût de pierre à fusil très apprécié. *Les terrains oxfordiens* et leurs marnes donnent aux vins, comme à la plupart de ceux de Sacquenay, un goût de terroir analogue au purin de fumier. *Les calcaires coralliens* secs, comme ceux de Montigny et une partie de Dampierre, ne communiquent aucun goût de terroir aux vins et ne leur donnent aucun bouquet.

Sous tous les autres rapports, le finage de Montigny, que nous allons passer en revue et décrire géognostiquement, est meilleur qu'on ne le croit généralement, et susceptible de donner de très grands produits, si l'on apportait au sol toutes les améliorations qu'il comporte.

Avant de parcourir le territoire, disons de suite que les scories de l'ancien haut-fourneau étant aujourd'hui dans un état avancé de décomposition ou plutôt de désagrégation, nous engageons nos lecteurs à se reporter à l'article de la première partie de notre ouvrage qui traite de ces résidus.

Ils verront que ces crasses peuvent leur être très utiles pour ameublir leurs terres glaiseuses et y faire une sorte de drainage qui en améliorerait sensiblement la surface.

Les prés, que nous placerons en première ligne, sont composés, sur une épaisseur de deux mètres et plus, d'alluvions comme ceux de Saint-Maurice, auxquels ils touchent, et reposent sur un plafond graveleux qui était, ainsi que nous l'avons déjà dit, le fond de la vallée dans les premiers temps de l'ère chrétienne. On a vu ailleurs que ces alluvions ont dû se déposer en majeure partie, depuis l'occupation des Gaules par les Romains.

Ces prés, qui fournissent d'excellents foins, sont, tous les ans, deux ou trois fois couverts par les eaux de la Vingeanne, qui y dépose son limon et les engrais qu'elle charrie.

A l'est des prés, entre la Vingeanne et le chemin vicinal de Mornay, le chemin vicinal de Champlitte dit de l'Aigeronde et le village, la couche arable, comme aux Ages, au chemin de Theuley, les Grandes Vignes, etc., est un peu pierreuse, calcaire sans excès (2,67 pour 100), argilo-siliceuse, sans être trop compacte, assez légère, facile à labourer et bien exposée au levant et au midi ; le sous-sol est pierreux sur plusieurs points et marno-graveleux jaunâtre sur d'autres, mais partout assez perméable. Ces terrains d'alluvions anciennes, quoique renfermant du minerai de fer hydroxydé, ne sont pas acides et reconnus propres à toutes espèces de cultures. La luzerne, le trèfle, les légumes, le houblon, les plantes pivotantes, racineuses et la vigne y prospèrent.

Les herbues qu'on rencontre dans cette partie du territoire, vers le chemin de l'Aigeronde, sont douces et se lient à celles des climats immédiatement au nord, jusqu'au Grand Chemin, à celui des Herbues et à la route départementale n° 8. Ces herbues, telles que celles des climats appelés Champs Bourguignons, la Petite Herbue, le Champ au Vilain, etc., sont plus ou moins fortes, peu ou pas calcaires, mais cependant épaisses et généralement bonnes. Le sous-sol est glaiseux, rouget, peu perméable et très amer. Néanmoins, ainsi que dans la première zone des terres arables, l'expérience a démontré ces temps derniers que le sous-sol, sur bien des points de ces climats, ramené à la surface, s'emparait rapidement des gaz ambiants de l'atmosphère et se changeait promptement en bonne terre végétale, bien entendu avec des soins et quelque addition de fumier. Cela prouve que le labourage profond est utile.

La ferme de Provenchère, qui occupe l'extrémité nord-est du territoire de Montigny, présente au nord un sol qui, ayant pour sous-sol des marnes blanchâtres, de la glaise, des rougets acides et imperméables, est nécessairement froid, humide, goutteux, compacte, incapable de s'assimiler les engrais et de faciliter le développement des plantes. Ces terres, qu'il serait peut-être facile d'améliorer au moyen du drainage, des chaulages et même de l'irrigation, appartiennent malheureusement à des propriétaires qui, quoiqu'ayant beaucoup dépensé pour reconstruire la ferme presque à neuf, ne paraissent pas disposés à en améliorer le sol. C'est pourtant là le point essentiel ; car, que le fermier soit logé dans une maison plus ou moins belle, que lui importe ; il ne demande que le nécessaire ; pourvu que ses terres lui rapportent beaucoup, qu'il puisse payer à terme son fermage et faire quelques économies qui l'encourageront en augmentant son bien-être, il sera toujours temps d'ajouter le confortable et l'agréable au nécessaire de l'habitation.

La ferme de Provenchère a cependant de l'avenir, et le fermier qui l'exploite, M. Edouard Bourgeois, de Bourguignon (Haute-Saône), est un homme intelligent qui comprend la culture et qui élève, dès à présent, la quantité de bétail nécessaire à la production normale du fumier utile aux terres froides et ingrates qui composent la majeure partie de sa ferme. Nous ne pouvons que faire des vœux pour que ce fermier soit aidé par ses propriétaires, et qu'il réussisse comme tout nous le fait espérer. Nous nous permettrons de lui donner un conseil : c'est de mettre une dixaine d'hectares de ses terres les plus humides en prairies artificielles et d'établir, ce qui est facile, un système d'irrigation bien étudié et dirigé convenablement. Nous conseillerons encore à M. Bourgeois de cultiver le brôme de Schrader, qui pourrait réussir dans ses terres les moins compactes, mais où les céréales donnent de pauvres produits.

Si nous quittons la ferme et les herbues qui longent le Grand Chemin de Champlitte pour nous porter à l'ouest, nous nous trouverons dans des herbues encore plus fortes, plus amères et qui tiennent déjà des terrains chailleux. Dans ces climats qui se trouvent à droite et à gauche du chemin rural de la Motte aux Prêtres, depuis l'embranchement du Grand Chemin de Champlitte jusqu'au bois de Belle Fontaine, le sous-sol est compacte, rouget, argilo-ferrugineux, acide et imperméable ; cependant, comme cela arrive presque partout, quelques parties sont plus meubles, un peu graveleuses et ont un sous-sol plus perméable. Mais la masse de cette zone est formée de grosses terres, dans lesquelles nous avons cependant remarqué d'assez belles luzernes, des trèfles et des céréales passables. Nous croyons que le sous-sol, comme terre végétale, n'est pas aussi mauvais qu'il le paraît ; il lui faudrait l'insolation, le contact de l'air, et alors les sels que nous nous permettons d'appeler *latents*, c'est-à-dire cachés, qu'il contient, pourraient devenir actifs et régénérer la couche végétale qui s'épuise. (Voir à la première partie l'article du mélange des terres et les essais faits en Bresse, pages 68 et suivantes.)

Les terrains dont la description précède sont très peu calcaires (0,79 seulement pour 100 de chaux), mais leur analyse accuse 7,40 pour 100 de produits volatiles ou combustibles, ce qui indique qu'ils sont passablement humifiés; et n'étant pas suffisamment calcaires, ils sont nécessairement forts, compactes, froids et d'une culture difficile.

Allant toujours à l'ouest, nous arrivons en plein sol chailleux et pierreux de l'oxfordien. Nous avons compris sous un seul numéro toute la zone à chailles qui a pour limites : à l'est une ligne sensiblement parallèle au Grand Chemin du bois et située à cent mètres en moyenne de ce chemin; au sud, les revers de Genevrand et le bas de la Côte; à l'ouest, le finage de Saint-Maurice, et au nord celui d'Orain et les bois de Belle Fontaine. Les chailles sont très abondantes et dominent au nord-est de cette zone, tandis que les débris calcaires sont nombreux au sud et à l'ouest. L'une et l'autre de ces deux subdivisions appartiennent à la même formation géologique et ne diffèrent que par la nature des dépôts diluviens que la configuration du sol explique parfaitement.

Nous avons déjà dit que le sous-sol modifiait la couche végétale; ici encore le sous-sol influe considérablement sur le sol. Partout où la chaille se montre la terre est froide, acide et compacte quoique pierreuse et graveleuse; le sous-sol est imperméable, et les racines ayant de la peine à pénétrer dans la terre, les parties foliacées des plantes sont grêles et ne peuvent jamais arriver à un complet développement. A ces sols, il faut : 1° l'épierrement; 2° le chaulage à haute dose; 3° les engrais simultanés et nutritifs.

Depuis la loi du 21 mai 1836 et la création des prestations en nature, les cultivateurs ont enlevé de leurs champs d'énormes quantités de pierres calcaires et siliceuses et grandement amélioré leurs terres. Il reste néanmoins encore bien à faire de ce côté, et si les terrains chailleux étaient débarrassés de tous ces débris qui les inondent, leur qualité augmenterait en raison du défoncement, de l'épierrement et des autres soins qu'on pourrait alors plus facilement leur prodiguer. Ces terrains demandent surtout la division, la perméabilité. Il faut arriver à échauffer le sol et le rendre meuble, accessible aux influences atmosphériques, à la plus grande profondeur possible, et lui donner les éléments qui lui manquent. De profonds labours dans ces climats, comme dans la majeure partie des autres, ne peuvent qu'être très favorables à la culture. L'épierrement pourrait ainsi se faire plus profondément; les racines plongeant dans le sol rencontreraient des terres souvent riches en matières salines et alcalines. Le labourage devenant facile, l'ameublissement de la couche végétale ne laisserait par la suite que peu de chose à désirer et le développement des racines, aujourd'hui entravé, pourrait se faire sans difficulté au grand profit de la tige, des feuilles et des fruits.

Il ne nous reste du territoire de Montigny que les climats compris à l'ouest, entre le village, l'ancien chemin vicinal de Saint-Maurice, le finage de cette commune et la Vingeanne. Les terres qui forment cette zone sont les meilleures du territoire. Comme celles de Fontaine Saligny, sur Saint-Maurice, auxquelles elles touchent, elles sont de première qualité, excessivement fertiles, légères, suffisamment calcaires (4,74 pour 100), fraîches et humides sans excès, douces et d'une puissance qui atteint jusqu'à deux mètres comme les prés. C'est, on peut le dire, le jardin de Montigny, ainsi que les alentours de Saint-Maurice au sud forment les jardins de cette commune.

La couche végétale, composée d'alluvions anciennes et modernes, est riche en débris organiques, en azote, en humus, et tellement meuble que la culture y est excessivement facile. Les produits s'en ressentent et la végétation y est toujours luxuriante. Les betteraves, le houblon et toutes les plantes sarclées y trouveraient un terrain qui laisse peu à désirer et qui serait on ne peut plus favorable à leur culture.

Nous avons constaté avec plaisir que toutes les terres de Montigny sont bien humifiées, et que le minimum des chiffres qu'ont donnés les analyses est de beaucoup supérieur à celui des communes voisines, excepté Lavilleneuve.

Les carrières de Chaluet et de Champ Gaillard, qui appartiennent, ainsi que nous l'avons dit, à la zone à *pentacrinus buvigneri* du bathonien supérieur, fournissent de la pierre d'excellente qualité, non gélive et qui rendrait d'immenses services dans les localités voisines, si, comme on en a eu le projet, lors de la construction du chemin de fer de Gray à Langres, la carrière était ouverte au pied du monticule qui fait face à la route.

L'altitude de Montigny varie de 231 mètres dans les prés vers la Forge, à 273 au haut de la Côte, derrière le couvent, et atteint 295 au sommet de Folle.

La masse géologique du terrain étant oolithique, les eaux pluviales se perdent facilement dans les fissures et les veines de dislocation des roches. Ou si le sol et le sous-sol sont imperméables, les eaux coulent rapidement à la surface et forment des ruisseaux qui se rendent immédiatement à la Vingeanne. Les sources sont pour ces raisons peu nombreuses et peu abondantes à Montigny. Les quelques puits qui existent dans le village sont très profonds et les eaux qui les alimentent sortent de couches situées à un niveau souvent bien au-dessous du plafond de la Vingeanne.

L'analyse de la source du château et de celle de l'eau des puits ont donné 275 milligrammes de matières étrangères par litre, composées en grande partie de carbonate de chaux. Ces eaux occupent le sixième rang parmi celles du canton.

On dit qu'autrefois le seigneur de Montigny ne voulait boire que de l'eau de la source du Bois aux Dames, sur Lavilleneuve, parce que, soi-disant, elle était plus légère. L'analyse de cette eau a démontré le contraire, attendu qu'elle contient 294 milligrammes de matières étrangères par litre, et qu'ainsi elle n'occupe que le onzième rang parmi les seize principales sources du canton.

Il ne nous reste maintenant qu'à dire quelques mots du sol des bois. Ceux des Pans de Séry, des Codruets, du Four et de la Taille Loquin, sont généralement secs, pierreux et rocheux, en pentes fortes dépourvues de terre, sauf les revers légers et les bas-fonds où les alluvions anciennes, argilo-siliceuses calcaires, forment une bonne couche végétale. Dans ces bois, ainsi que dans celui de la Taille Germain, la roche du sous-sol présente à la base le bathonien supérieur, dans les parties plus élevées, le calcaire lithographique oxfordien alternant avec quelques petits bancs de marne, et enfin dans les sommets, les premières assises du corallien.

Les bois du Grés de Pierre, de Belle-Fontaine et des Quatre-Vingts Journaux sont chailleux et pierreux, avec une étendue notable d'herbue calcaire, silicéo-argileuse, d'une grande puissance, faisant un très bon fond de bois. Les parties chailleuses et siliceuses sont froides et pauvres comme le sol des terres qui les entourent. Dans les herbues, le sous-sol glaiseux est amer, compacte et imperméable ; tandis que dans les graviers et les pierrailles calcaires, dans les rochers et dans les chailles même, le sous-sol est disloqué et composé, ainsi que celui des autres bois du territoire de Montigny, d'assises bathoniennes, oxfordiennes et coralliennes. En général, ces forêts fournissent des bois de belle venue, de bonne qualité et d'une valeur relativement grande, particulièrement dans les fonds d'herbue, où se rencontrent les plus beaux arbres des environs.

Tableau géognostique et analytique du territoire de MONTIGNY-SUR-VINGEANNE.

N° 1 DE LA CARTE.

§ 1. *Climats* ou *lieux-dits* : les prés en général.

§ 2. *Caractères extérieurs du sol* : terrains d'alluvions anciennes et modernes, à base d'argile siliceuse, très humifiés et très chargés d'alumine et de peroxyde de fer, sol humide et acide, à fond graveleux au niveau du plafond de la Vingeanne.

§ 3. *Constitution physique :*

Débris organiques, pailles, racines, fumier, etc.	0.63	100.00
Pierrailles, de la grosseur d'un pois à une noix ordinaire, ou de plus de 0m003 de diamètre	0.53	
Gravier, de la grosseur d'un grain de navette à un pois, ou de 0m0005 à 0m003 de diamètre	0.32	
Sable fin, au-dessous de la grosseur d'un grain de navette, ou de moins de 0m0005 de diamètre	1.33	
Matières ténues entraînées par l'eau	97.19	

§ 4. *Composition chimique :*

Produits volatils ou combustibles.	Eau	5.15	16.36
	Matières volatiles ou combustibles : humus, sels divers et débris organiques	10.79	
	Azote	0.42	
Matières minérales	Résidu insoluble, argile et silice	60.01	83.64
	Alumine et peroxyde de fer	16.69	
	Chaux	2.80	
	Magnésie	0.71	
	Acide carbon. et produits non dosés.	3.43	
			100.00

§ 5. *Dénomination scientifique du sol* : sols calcaires, argilo-siliceux, très ferrugineux.

§ 6. *Puissance* ou *épaisseur du sol végétal* : 2 mètres en moyenne sur fond graveleux.

§ 7. *Observations et améliorations que le sol réclame :* assainissement des parties humides au moyen de *noues*, comme à Saint-Maurice, et irrigation des parties sèches. Cendrer les endroits mousseux, ne pas craindre d'y répandre quelques engrais et herser légèrement pour arracher la mousse.

§ 8. *Valeur vénale* : de 4,000 à 4,500 francs l'hectare.

N° 2 DE LA CARTE.

§ 1. *Climats* : Champ Potot, Corvée Maillot, chemin du haut de Saint-Maurice, Roidon, derrière des Pâquis, milieu et devant des Pâquis, Pré des Pâquis et Vieille Chenevière.

§ 2. *Caractères extérieurs du sol* : terre d'une grande puissance, très fertile, humifiée, meuble, facile à cultiver, propre aux légumes et à toutes les plantes sarclées ; couleur noirâtre, exposition au sud et au sud-est en plaine et en pentes douces. Sous-sol un peu rouget, mais graveleux, pierreux et perméable. Ces terrains, formés d'alluvions anciennes et modernes, sont les meilleurs de la localité et les plus productifs.

§ 3. *Constitution physique :*

Débris organiques	0.04
Pierrailles	6.65
Gravier	2.60
Sable fin	3.53
Matières ténues entraînées par l'eau	87.18
	100.00

§ 4. *Composition chimique:*

Produits volatils ou combustibles.	Eau	2.50	10.10
	Matières volatiles ou combustibles	7.37	
	Azote	0.23	
Matières minérales	Résidu insoluble, argile et silice	73.11	89.90
	Alumine et peroxyde de fer	7.91	
	Chaux	4.74	
	Magnésie	0.32	
	Acide carbonique et pertes	3.82	
			100.00

§ 5. *Dénomination* : sols calcaires, argilo-siliceux, un peu pierreux et graveleux.

§ 6. *Epaisseur* : de 0m50 à 2 mètres sur fond rouget et pierreux au nord, graveleux et léger au sud.

§ 7. *Améliorations* : ces terres étant naturellement très humifiées, ne demandent que de profonds labours, de bonnes fumures pour supprimer la jachère morte, le sombre, qui fait perdre tous les trois ans une année de récolte.

§ 8. *Valeur vénale* : de 3,000 à 4,000 francs l'hectare.

N° 3 DE LA CARTE.

§ 1. *Climats* : la Croix Blanche, bas et dessus de Champ Guéridot, Vigne Champ Guéridot, Champ Guillemette, les Mergerottes, Rouge Couchot et la partie sud de Vigneule.

§ 2. *Caractères extérieurs du sol* : nous avions réuni les terrains du n° 2 avec ceux-ci, mais nous avons cru devoir les en séparer, après un nouvel examen des lieux, parce qu'ils sont plus pierreux, moins humifiés, secs, moins fertiles, en pentes plus raides au sud-ouest et que la couleur et l'épaisseur de la couche végétale sont loin d'être les mêmes.

§ 3. *Constitution physique :*

Débris organiques	0.04
Pierrailles	8.65
Gravier	2.60
Sable fin	3.53
Matières ténues	85.18
	100.00

§ 4. *Composition chimique :*

Produits volatils ou combustibles.	Eau	2.50	8.00
	Matières volatiles ou combustibles.	5.37	
	Azote	0.13	
Matières minérales	Résidu insoluble, argile et silice.	75.21	92.00
	Alumine et peroxyde de fer	7.91	
	Chaux	4.74	
	Magnésie	0.32	
	Acide carbonique et pertes	3.82	
			100.00

§ 5. *Dénomination* : sols calcaires, argilo-siliceux, pierreux et graveleux.

§ 6. *Epaisseur* : de 0m20 à 0m50 sur fond pierreux et rocailleux perméable.

§ 7. *Améliorations* : défoncement profond et épierrement. Enfouissement en vert du sarrasin, du sainfoin, des légumineuses, qui, tout en donnant de la fraîcheur et du liant à la terre, y produiraient l'effet d'une demi-fumure. Ces terres, comme celles du n° 2, ne demandent que des soins ordinaires et de l'engrais pour devenir excellentes.

§ 8. *Valeur vénale* : 2,500 francs l'hectare, en moyenne.

N° 4 DE LA CARTE.

§ 1. *Climats* : partie nord de Vigneule, Champs Bornes, la Voie d'Orain, Champ Rond, la Chaille, les Grands Champs, dessus de la Voie d'Orain, les Trois Poiriers, Champ du Chêne, Contour de Combotte, la Plante Agesaigne, la Petite Agesaigne, Grand Champ, tous les climats de l'Epoisse, une partie de la Croix Blanche et du bas de Neuveau, Champ Bremet, tous les climats de la Louère, les Combottes, Argent, Cences au Taureau, Champ à la Chèvre, Corvée du Chêne, Carre de Velet, Combe au Rat, le Poirier Aubriot, le Champ à l'Ane, tous les climats d'Ussières, ceux de Tambour, de Combediez, des Chaillots, de Malnoye, de Champ Fremy, Essart au Caillet, Vigne Michel, Croix à la Bouchaille, Fort des Montants, Rang Frocholle et Champ Verrot.

§ 2. *Caractères extérieurs du sol* : terres généralement chailleuses, surtout contre les bois où les rognons siliceux couvrent le sol. Quelques climats au sud et à l'ouest sont plus pierreux, calcaires et graveleux, par conséquent plus chauds et moins tenaces. Partout où se rencontrent les chailles, la couche arable est amère, froide, ingrate, humide, à pâte compacte, peu productive et imperméable. La couleur du sol varie du jaune-blond au jaune rouille et au grès foncé. Les pentes sont ordinaires et les diverses expositions au sud, à l'est à l'ouest. Le sous-sol imperméable est glaiseux, tenace et très acide.

§ 3. *Constitution physique* :

Débris organiques	0.07
Pierrailles	18.89
Gravier	4.15
Sable fin	5.20
Matières ténues	71.69
	100.00

§ 4. *Composition chimique :*

Produits volatils ou combustibles.	Eau	2.25	7.00
	Matières volatiles ou combustibles	4.63	
	Azote	0.12	
Matières minérales	Résidu insoluble, argile et silice	72.50	93.00
	Alumine et peroxyde de fer	8.38	
	Chaux	8.23	
	Magnésie	0.33	
	Acide carbonique et pertes	3.56	
			100.00

§ 5. *Dénomination* : sols calcaires, argilo-siliceux et silicéo-argileux, chailleux.

§ 6. *Epaisseur* : de 0^{m}30 à 0^{m}60 sur fond marno-ferrugineux, ou graveleux, pierreux et chailleux.

§ 7. *Améliorations* : quoique l'analyse ait donné 8,23 pour 100 de chaux, bien des climats de cette zone ont besoin de chaulages. Ce sont surtout ceux où la terre argileuse, les chailles et l'oxyde de fer dominent. Il faut essayer dans ces climats, après avoir bien épierré la couche végétale sur 0^{m}25 au moins, de 6 à 8 et même 10 mètres cubes de chaux par hectare. Ici plus qu'ailleurs il faut bien prendre toutes les précautions que nous avons recommandées dans l'article *manière d'employer la chaux ;* de ce bon emploi dépend tout le succès, et l'état en poudre fine de l'amendement est la première condition d'une bonne opération. Dans les autres climats, moins chailleux et moins acides, ramener le sous-sol à la surface, en ayant soin de bien épierrer. Augmenter les fumures. Employer des composts calcaires renfermant les éléments de division du sol, de neutralisation de son acidité, et ne donner à ces terres que des fumiers longs et peu fermentés, qui échauffent la couche végétale.

§ 8. *Valeur vénale* : de 800 à 1,200 francs l'hectare, selon la position, l'éloignement du pays et la qualité.

N° 5 DE LA CARTE.

§ 1. *Climats* : la Forge, le Cray, Vignes de Chevance, les clos à l'est, à l'ouest et au sud du village, Champ du Biez, le Ronchot, les Ages, la Maladière, Pré et Fontaine Guyot, bas de la Trimodelle, Chemin de Theuley, Crabonet, les Grandes Vignes, la Boudière, Eau Bénite, le Surmont, les Combes, Clos de la Luzerne à l'est, bas de la Côte, Petite et Grande Corvée, Champ Corroyer, Côte au Roty, les Blanchards, Noyer Jacquot, Pré Gibou, la Perche, Champ Rebilly, l'Aigeronde, Champ Donet, Pincevin, Poirier au Fèvre, Combe Lacour et le sud des Laverottes.

§ 2. *Caractères extérieurs du sol* : terre argileuse, un peu pierreuse et graveleuse, fraîche, un peu compacte, mais assez facile à cultiver, fertile, à fond d'herbue douce, meuble, de bonne qualité et perméable. Couleur blonde et jaunâtre en plaine, rousse et brune autour des maisons. Quelques climats, tels que l'Aige ronde, ont le sous-sol très argileux et même glaiseux. Exposition en pentes assez raides au sud et au sud-est, en pentes légères et en plateaux au nord. Ces terres sont susceptibles de toutes sortes de cultures, et, pour devenir actif, le sous-sol ne demande que le contact de l'air et l'insolation.

§ 3. *Constitution physique :*

Débris organiques	0.05
Pierrailles	4.59
Gravier	2.72
Sable fin	6.83
Matières ténues	85.81
	100.00

§ 4. *Composition chimique :*

Produits volatils ou combustibles.	Eau	2.60	7.20
	Matières volatiles ou combustibles	4.48	
	Azote	0.12	
Matières minérales	Résidu insoluble, argile et silice	80.00	92.80
	Alumine et peroxyde de fer	7.88	
	Chaux	2.07	
	Magnésie	0.33	
	Acide carbonique et pertes	1.92	
			100.00

§ 5. *Dénomination* : sols calcaires, argilo-siliceux, pierreux et graveleux.

§ 6. *Epaisseur* : de 0m30 à 0m60 sur fond léger, un peu rouget et marno-blanchâtre à l'est ; sur pierrailles et rocailles à l'ouest et autour du village.

§ 7. *Améliorations* : ces terrains sont généralement bons; cependant les bas-fonds demandent à être assainis et chaulés. Les cendres y joueraient un rôle bienfaisant. Les enfouissements en vert des plantes propres aux terrains calcaires et légers, vesces, spergules, sarrasin, leur donneraient une nouvelle fertilité ; les boues de route, les plâtras, les sables et les engrais calcaires, en neutralisant l'acidité du sol, aideraient grandement à l'ameublissement de la couche végétale. Employer les fumiers longs dans les parties fortes, argileuses, et les fumiers gras bien consommés dans les parties pierreuses.

§ 8. *Valeur vénale* : de 2,800 à 3,000 francs l'hectare.

N° 6 DE LA CARTE.

§ 1. *Climats* : 1° au sud-est du territoire on a : au Chemin Blanc, Côteau de Folle et tous les autres climats de Folle, les Groises et tous les autres climats des Groises, revers de Combe Arnon, bas de la Combe Arnon, Buisson à la Biche et les climats voisins de la route, partie sud des Essarts, du revers et du bas des Codruets ; 2° au nord du village, on a : les Jardins, la Grande Charme, les clos de Bert, partie ouest du clos de la Luzerne, la Côte, le dessus de la Côte, les Meix, le clos de Beire et une partie des climats joignant ceux-ci.

§ 2. *Caractères extérieurs du sol* : terrains excessivement pierreux, à l'exception de Combe Arnon, où ils sont plus herbus. Tous les autres climats sont secs, arides, brûlants, sans fond et infertiles. Ils sont en pentes raides exposées à l'est et à l'ouest ; le sous-sol est rocailleux, rocheux et très perméable.

§ 3. *Constitution physique* :

Débris organiques	0.00
Pierrailles	13.55
Gravier	1.43
Sable fin	1.26
Matières ténues	83.76
	100.00

§ 4. *Composition chimique* :

Produits volatils ou combustibles.	Eau	1.60	7.00
	Matières volatiles ou combustibles	5.24	
	Azote	0.16	
Matières minérales	Résidu insoluble, argile et silice	52.73	93.00
	Alumine et peroxyde de fer	15.53	
	Chaux	13.35	
	Magnésie	0.37	
	Acide carbonique et pertes	11.02	
			100.00

§ 5. *Dénomination* : sols très calcaires, argilo-siliceux, ferrugineux, très pierreux et perméables.

§ 6. *Epaisseur* : de 0m05 à 0m15 et 0m30 sur fond pierreux, rocailleux et rocheux.

7. *Améliorations* : dans ces climats, nous ne voyons rien de plus utile et de plus facile que le mélange des terres : prendre des herbues à proximité et les amener dans les terrains légers, pour conduire de ceux-ci dans les herbues, et *vice versa*. Epierrer constamment, employer les fumiers bien consommés, enfouir en vert le sarrasin, le sainfoin, pour donner de la fraîcheur, du liant et une demi-fumure au sol.

§ 8. *Valeur vénale* : de 300 à 800 francs l'hectare.

N° 7 DE LA CARTE.

§ 1. *Climats* : la partie nord des Essarts, des Codruets et des Laverottes, Foulot, la Carre du Haut, Champ du Sauce, le Groselier, la Combe, Chaluet, les petits climats longeant la route 8, Champs Fressolles, la Petite Herbue, Champ au Vilain, Champs Bourguignons, les Seize Journaux, l'Epluet et les climats voisins plus ou moins légers, la Corvée des Codruets, la Grande Corvée et l'Aige à la Vacherotte.

§ 2. *Caractères extérieurs du sol* : herbues assez douces, mais fortes et encore bonnes sur bien des points. Couleur rougeâtre, ferrugineuse ; exposition à l'est en pentes légères et en plateaux. Sol assez compacte, peu perméable, culture souvent difficile ; sous-sol argileux, rouget, acide et peu perméable.

§ 3. *Constitution physique* :

Débris organiques	0.00
Pierrailles	5.24
Gravier	3.77
Sable fin	2.69
Matières ténues	88.30
	100.00

§ 4. *Composition chimique* :

Produits volatils ou combustibles.	Eau	1.10	5.00
	Matières volatiles ou combustibles.	3.77	
	Azote	0.13	
Matières minérales	Résidu insoluble, argile et silice.	72.68	95.00
	Alumine et peroxyde de fer	11.10	
	Chaux	3.18	
	Magnésie	0.29	
	Acide carbonique et pertes	7.75	
			100.00

§ 5. *Dénomination* : sols calcaires, argilo-siliceux et silicéo-argileux compactes.

§ 6. *Epaisseur* : de 0m50 à 1 mètre sur fond rouget, glaiseux et imperméable.

§ 7. *Améliorations :* labours profonds, fortes fumures, chaulages à la dose de 6 à 8 mètres par hectare, dans les parties froides, acides ; employer les fumiers longs, les boues de route, les cendres, les terres pierreuses, les enfouissements en vert du colza, du trèfle, des vesces, et faire travailler le sous-sol en le défonçant pour le rendre perméable et accessible aux racines des plantes.

§ 8. *Valeur vénale :* au nord, 600 francs l'hectare ; au sud, de 1,500 à 1,800 francs.

N° 8 DE LA CARTE.

§ 1. *Climats :* Courtot Moniot, partie de la Cognée, contre la Cognée, le Foucheroy, bas des Montants, tous les climats de Prunier, Hautefonte, les Champs Bitorts, le dessus de Hautefonte, Courtots à la Maillarde, la Motte au Prêtre, l'Epluet, la Fosse, Charme au Cordelier, les Champs Egelez, au-dessus de la Motte au Prêtre, le Poirier Gerbelay, la Croisotte, Creux aux Loups, partie sud de Champ Fremy et Combe de Champ Renard.

§ 2. *Caractères extérieurs du sol :* herbues généralement fortes, tenaces, difficiles à cultiver quoique graveleuses, ferrugineuses et amères, de couleur ocre foncé ; herbues douces sur quelques points, mais partout à sous-sol rouget, argileux, imperméable, ferrugineux et siliceux, ce qui rend la couche végétale froide, humide et tenant déjà des terrains chailleux. Expositions diverses en plateaux et en pentes douces.

§ 3. *Constitution physique :*

Débris organiques	0.11
Pierrailles	6.63
Gravier	3.84
Sable fin	6 33
Matières ténues	83.09
	100.00

§ 4. *Composition chimique :*

Produits volatils ou combustibles.	Eau	2.55	7.40
	Matières volatiles ou combustibles	4.74	
	Azote	0.11	
Matières minérales	Résidu insoluble, argile et silice	80.56	92.60
	Alumine et peroxyde de fer	7.82	
	Chaux	0.79	
	Magnésie	0.37	
	Acide carbonique et pertes	3.06	
			100.00

§ 5. *Dénomination :* sols excessivement peu calcaires, argileux et argilo-siliceux graveleux et un peu chailleux.

§ 6. *Epaisseur :* de 0m50 à 1 mètre sur fond rouget imperméable avec minerai de fer brûlé.

§ 7. *Améliorations :* employer la chaux à très hautes doses, 12 à 15 mètres cubes par hectare, pour ameublir le sol, l'échauffer, neutraliser l'acidité et la rouille produites par le peroxyde de fer et faire dissoudre plus facilement les sels fumiques. Mélanger les terres légères et pierreuses avec la surface de ces climats, et faire contre-voiture pour emmener des terres fortes dans les sols pierreux et secs. Labourages profonds, hersages répétés et prendre bien des soins dans les parties chailleuses pour les échauffer et les rendre plus fertiles. Employer les fumiers longs.

§ 8. *Valeur vénale :* de 1,000 à 1,500 francs l'hectare, parce que ce sont généralement de bonnes terres à grains.

N° 9 DE LA CARTE.

§ 1. *Climats* : les Courtots, les Grands Essarts, Fontaine Ratey, la Corvée de la Perche, Vieux Sainfoin, Champ Biot, les Hantes, la Ferme de Provenchère, le Champ et le Pré de l'Epine.

§ 2. *Caractères extérieurs du sol :* les quatre derniers climats sont d'une herbue froide, compacte, goutteuse, blanchâtre, amère et très peu fertile. Le sous-sol est blanc et marneux, imperméable, acide et d'une grande puissance. Les autres climats sont meilleurs, la terre est plus fertile et moins froide ; le sous-sol est pierreux et rouget mélangé. Exposition au levant et au couchant à droite et à gauche du petit vallon parallèle à la route 8.

§ 3. *Constitution physique :*

Débris organiques	1.00
Pierrailles	7.88
Gravier	2.15
Sable fin	2.35
Matières ténues	86.62
	100.00

§ 4. *Composition chimique :*

Produits volatils ou combustibles.	Eau	1.75	8.00
	Matières volatiles ou combustibles.	6.08	
	Azote	0.17	
Matières minérales	Résidu insoluble, argile et silice	66.42	92.00
	Alumine et peroxyde de fer	19.47	
	Chaux	3.08	
	Magnésie	0.28	
	Acide carbonique et pertes	2.75	
			100.00

§ 5. *Dénomination :* sols calcaires, silicéo-argileux, très ferrugineux.

§ 6. *Epaisseur :* de 0m30 à 1 mètre sur fond marno-compacte et rouget graveleux, mais partout très acide et imperméable.

§ 7. *Améliorations :* drainer toutes les parties basses, goutteuses et humides, transformer en prairies naturelles tous les climats susceptibles d'être irrigués. Le fond du sol étant très chargé en peroxyde de fer, chauler à haute dose, 12 à 15 mètres cubes par hectare, cendrer les parties moussues; employer les fumiers longs, les boues de route, les engrais et composts calcaires. Introduire des matières graveleuses et même pierreuses dans les terres à conserver pour les céréales. Cultiver beaucoup de fourrages artificiels, de légumineuses, et ne pas craindre d'en enfouir en vert, en ayant soin de labourer très profondément, pour renouveler en quelque sorte la couche arable et la faire profiter des gaz ambiants de l'atmosphère, des rosées et de l'insolation.

§ 8. *Valeur vénale :* de 600 à 1,200 francs l'hectare, selon la position et la nature de la propriété.

N° 10 DE LA CARTE.

§ 1. *Climats :* l'ancienne ferme de Champy, le Patouillet, Corvée du Trou au Noyer, au Champ Guérin, Corvée de la Voie d'Orain et au Chagnet.

§ 2. *Caractères extérieurs du sol :* le Trou au Noyer est chailleux et le Chagnet pierreux ; les autres climats sont d'une herbue rousse, forte, très bonne à la place de l'ancienne ferme, mais partout ailleurs froide et tenace, quoique encore fertile. Sous-sol glaiseux et pierreux peu perméable. Exposition en plateaux et en pentes douces, au nord et à l'est. Terres très chargées en peroxyde de fer et par conséquent très acides.

§ 3. *Constitution physique :*

Débris organiques	0.00
Pierrailles	8.77
Gravier	1.94
Sable fin	2.32
Matières ténues	86.97
	100.00

§ 4. *Composition chimique :*

Produits volatils ou combustibles.	Eau	1.75	9.25
	Matières volatiles ou combustibles.	7.33	
	Azote	0.17	
Matières minérales	Résidu insoluble, argile et silice.	66.70	90.75
	Alumine et peroxyde de fer	19.53	
	Chaux	1.69	
	Magnésie	0.17	
	Acide carbonique et pertes	2.66	
			100.00

§ 5. *Dénomination :* sols calcaires, silicéo-argileux, très ferrugineux.

§ 6. *Épaisseur :* de 0m40 à 1 mètre sur fond rouget et graveleux imperméable.

§ 7. *Améliorations :* sensiblement les mêmes que pour les climats du numéro précédent.

§ 8. *Valeur vénale :* de 1,000 à 1,200 francs l'hectare.

Production moyenne agricole de Montigny.

Nos de la Carte et du Tableau	PRINCIPAUX CLIMATS.	PRODUITS MOYENS PAR HECTARE : EN HECTOLITRES DE						EN QUINTAUX DE			
		Blé.	Seigle.	Avoine.	Orge.	Pommes de terre.	Vin.	Foin.	Luzerne.	Trèfle.	Sainfoin.
1	Les prés naturels.	»	»	»	»	»	»	35	»	»	»
2	Roidon, Pâquis.	18	16	28	21	120	»	»	78	35	35
3	Croix Blanche	12	»	21	16	75	32	»	70	18	35
4	Voie d'Orain, Combediez.	13	»	21	»	55	»	»	»	22	18
5	Voie de Theuley, l'Aige-ronde.	17	16	28	21	120	32	»	76	35	35
6	Folle	8	»	13	»	50	»	»	»	»	18
7	Champ du Sauce.	14	»	22	»	70	»	»	52	35	26
8	La Motte au Prêtre . . .	14	»	22	»	75	»	»	»	35	35
9	Provenchère (Ferme) . .	11	12	14	11	105	»	22	43	22	18
10	Champy (Ferme).	16	16	22	»	105	»	»	43	52	»
	Moyennes.	13.3	18	21,2	17.2	86.1	32	28.5	60.3	34.2	28.7

On ne sème du seigle, sur les éteules des blés, dans les bonnes terres, que pour faire des liens.

Les autres produits, moins importants et de consommation locale, sont comme ceux de Saint-Maurice et de Saint-Seine.

On commence aussi à Montigny la culture du houblon, qui réussit bien dans les terrains profonds et perméables.

COMMUNE DE MORNAY.

Population. . . . . 203 habitants.
Etendue territoriale.. . . . . 801 h. 65 a. 01 c.
Revenus imposables. . . . . 12,648 fr. 95 c.

Le territoire de Mornay est en somme le plus élevé du canton. Son altitude varie de 232 mètres dans les prés, de à 294 au climat appelé Champ Jacques, et atteint 295 vers la limite nord contre le territoire de Montigny, où se trouve au-dessus du Châtelet, sur Folle, le point culminant de nos communes de la rive gauche de la Vingeanne.

Le sol de Mornay se ressent de cette élévation : il est, sur la presque totalité de sa surface, sec, pierreux, rocheux et peu productif. Les parties les moins pierreuses, celles où se trouvent des herbues, quelques rougets et des lambeaux de bonne terre ayant du fond, longent une portion du territoire de Montigny et la Vingeanne à l'est, et se retrouvent vers les bois à l'extrémité du chemin vicinal de Vars et du chemin rural de l'Aige du Four. De faibles climats, épars dans le reste du finage, soit en légers revers, soit dans les bas-fonds, sont aussi moins pierreux, de meilleure qualité et plus fertiles.

Mais la généralité des terres arables ne fournit pas, comme d'autres pays privilégiés, des récoltes bien abondantes en céréales. En retour, le sainfoin et la luzerne peuvent y donner de bons produits et les foins naturels sont de première qualité.

Les hauteurs qui couvrent Mornay au nord et au nord-est étant les plus élevées des environs, on comprendra facilement l'absence des dépôts tertiaires et des alluvions anciennes pures qui ont pu y exister, mais que la déclivité du sol a facilement laissé entraîner par les courants dans le vallon de la Vingeanne. La masse du sol et du sous-sol est composée des *calcaires compactes* supérieurs et inférieurs qui appartiennent au sous-groupe inférieur corallien de *l'étage moyen des terrains oolithiques.* Ces calcaires, peu propres aux grandes constructions, ne fournissent que des moellons ordinaires de bien médiocre qualité, souvent gélifs et sans ténacité. La roche est très fendillée et disloquée en tous sens, l'eau y pénètre facilement et se perd jusqu'à des profondeurs inconnues ; de sorte que la couche végétale, déjà trop pierreuse, est tout à fait sèche et brûlante sur bien des points.

Les calcaires du genre de ceux du sous-sol de Mornay se désagrégent facilement et forment, comme aux sablières des chemins de Vars et de la Vaiprière, des masses de sable d'arène, connus dans la localité sous le nom de *groises*, et renfermant une grande quantité de coraux, d'apiocrinites, de cérithes, etc. Ces sables, exclusivement calcaires, sont avantageusement employés dans les constructions pour composer les mortiers d'intérieur seulement, parce qu'étant gélifs, ils ne peuvent entrer dans les enduits extérieurs.

Tous les calcaires de Mornay pourraient, par la calcination, fournir de la chaux grasse propre aux constructions, mais surtout propre à l'amendement des terres. Il est regrettable qu'il ne se trouve, ni ici ni à Montigny, une personne assez industrieuse pour faire cette fabrication qui devrait, sans contredit, lui donner de beaux bénéfices.

Nous espérons que quand nous aurons nous-même expérimenté les procédés si faciles que nous avons donnés dans le commencement de cet ouvrage pour la fabrication de la chaux, beaucoup de cultivateurs suivront notre exemple et pourront, sans grands frais, se procurer toute la chaux que réclament leurs terres argileuses dépourvues du principe calcaire. Nous ne disons pas ceci pour Mornay en particulier, car la quantité de chaux contenue dans ses terres arables est relativement considérable. Ainsi dans les climats de la Craie, des Saligots, Champ Jacquot, etc., cet élément entre pour 25 sur 100 dans la composition chimique de la couche végétale. La chaux est néanmoins en très petite quantité dans les herbues et les rougets avoisinant les chemins de Theuley, de Vars et de l'Aige du Four.

Tous les climats où le sol est compacte, froid et tenace, pourraient facilement être améliorés au moyen du mélange des terres. Il ne manque, en effet, pas de terres légères à proximité qu'il serait aisé de conduire dans les terres fortes et les rougets, pour les diviser, les échauffer, y introduire le calcaire et les amener à un état convenable de perméabilité. Le labourage y étant fait profondément, le mélange des sables, pierrailles et autres parties calcaires rendrait plus légère une bonne épaisseur de la couche végétale ; les racines pourraient mieux se développer, plonger plus profondément dans le sol et y puiser, avec plus de facilité, une nourriture plus abondante. Si les racines prennent un plus grand développement, nécessairement la tige s'en sentira et les produits seront meilleurs et plus importants.

Il est certain qu'au contraire, si dans les climats très pierreux, secs et sans fond, on enlève d'abord toutes les grosses pierres, puis qu'on y introduise des herbues, des rougets, on donnera à ces terres des éléments qui leur manquent, plus, de la consistance et de la fraîcheur.

Outre ce genre si peu coûteux d'amendement, on fera bien d'essayer la culture et l'enfouissement en vert des plantes telles que le sarrasin, la spergule, qui fournissent promptement beaucoup de parties foliacées et qui, en donnant de la fraîcheur et du liant au sol, lui donnent aussi tous les sels que ces plantes auront puisés dans l'atmosphère.

Au moyen des améliorations pratiques ci-dessus et de plus fortes fumures, qu'on pourra se procurer en cultivant plus de prairies artificielles et en élevant plus de bétail, on arriverait à changer totalement le sol de bien des climats, à lui faire produire davantage et à le rendre propre à la culture de plantes que la composition et la constitution actuelles de la couche végétale ne permettent pas.

Les terres de Mornay, à part les prés, sont peu chargées en peroxyde de fer; elles ne sont cependant pas plus favorables à la culture des céréales et des légumineuses que celles de bien d'autres localités, qui paraissent meilleures au premier aspect, mais où la grande acidité produite par le fer qu'elles renferment, nuit aux racines, rouille les tiges et empêche le parfait développement de toute la plante.

Au milieu de ces grands terrains coralliens, on trouve en Champ Chardon et au Foucheroy, un affleurement oxfordien où le sol est couvert de chailles. Nous avons largement parlé de ces terrains dans Saint-Maurice et Montigny; nous ne nous répéterons pas. D'ailleurs l'affleurement dont nous parlons a peu d'étendue et ne mérite pas qu'on s'y arrête plus longtemps. Nous engageons les cultivateurs à y faire des recherches pour découvrir les marnes oxfordiennes qui seraient un précieux amendement pour leurs terres légères.

Si le territoire de Mornay était moins pierreux et si la couche de terre végétale était amendée convenablement, les récoltes y seraient plus belles; l'exposition au midi et au couchant, de la plupart des climats, s'y prête d'ailleurs admirablement, ainsi que les pentes qui vont graduellement en s'élevant du sud-ouest au nord-est.

Le sous-sol rocheux et fendillé absorbe promptement les eaux pluviales. Celles-ci, ne pouvant pas se réunir, ne forment pas de sources. La seule qui existe au bas du village est à peine pérenne, et elle ne vient pas précisément du finage. Nous la croyons alimentée par les eaux de filtrations de l'étroit vallon qui remonte jusqu'aux terres humides et froides de Provenchère. Ce vallon est composé de terres argilo-siliceuses, reposant sur un sous-sol marneux, glaiseux et peu perméable.

L'eau de la Fontaine de Mornay contient 271 milligrammes de matières étrangères par litre. Elle est très bonne et occupe le cinquième rang parmi celles du canton dont l'eau a été analysée.

La source de Mauvaret, qui coule sur le finage de Vars, n'est pas pérenne, c'est-à-dire ne donne pas en tout temps. Elle provient probablement des eaux qui, tombant sur les bois de Montigny, de Champlitte et de Mornay, viennent se réunir au point le plus bas de leurs versants.

Les quelques parties du territoire de Mornay cultivées en vignes autour du village ne produisent que des vins sans couleur, inférieurs même à ceux de Montigny. Le raisin blanc est le seul qui puisse y être planté, l'espèce noire ne réussit pas aussi bien.

Disons, pour finir, quelques mots des bois. Celui de la Fouchère, du côté de Pouilly, a un fond de détritus calcaires provenant de la désagrégation du corallien compacte dont le sous-sol est formé. Du côté de Vars, le fond est gras, marécageux, et le reste, au nord, paraît être une herbue sableuse de bonne qualité.

Le bois aux Dames est crayeux et graveleux, sec et sans fond. Quelques parties sont cependant d'une bonne herbue. Le sous-sol est rocheux et appartient à la zone moyenne du corallien.

Le bois de l'Aige du Four a un fond un peu graveleux et herbu, comme celui du bois aux Dames.

Enfin le buisson de Bellecourt, cette charmante dépendance du château de Mornay, a un sol pierreux et sec comme les terres qui l'entourent.

L'assise géologique de ces bois est le calcaire compacte moyen du corallien des terrains jurassiques.

Tableau géognostique et analytique du territoire de MORNAY.

N° 1 DE LA CARTE.

§ 1. *Climats ou lieux-dits :* les Plantes et le Closet.

§ 2. *Caractères généraux extérieurs du sol :* terrains légers, très fertiles, doux, faciles à cultiver, bien composés et d'un grand produit. Couleur blonde et grise, exposition en pentes au sud-ouest, sous-sol pierreux et rocailleux, très perméable. Ce sont les meilleures terres du finage.

§ 3. *Constitution physique :*

Débris organiques, pailles, racines, fumiers, etc.	0,09	100,00
Pierrailles, de la grosseur d'un pois à une noix ordinaire, ou de plus de 0m003 de diamètre	9,76	
Gravier, de la grosseur d'un grain de navette à un pois, ou de 0m0005 à 0m003 de diamètre	1,48	
Sable fin, au-dessous de la grosseur d'un grain de navette, ou de moins de 0m0005 de diamètre	6,16	
Matières ténues entraînées par l'eau.	82,51	

§ 4. *Composition chimique :*

Produits volatils ou combustibles.	Eau	2.25	8.37
	Matières volatiles ou combustibles : humus, sels divers et débris organiques.	5.92	
	Azote	0.20	
Matières minérales	Résidu insoluble, argile et silice. . .	68.56	91.63
	Alumine et peroxyde de fer	8.20	
	Chaux.	9.92	
	Magnésie	0.23	
	Acide carbonique et pertes.	4.72	
			100.00

§ 5. *Dénomination scientifique du sol :* sols calcaires, argilo-siliceux, un peu pierreux et sableux.

§ 6. *Puissance ou épaisseur du sol végétal :* de 0m30 vers la route, jusqu'à 1 mètre contre les prés, sur fond pierreux, rocailleux, très perméable.

§ 7. *Observations et améliorations que le sol réclame :* ces terrains sont assez riches en chaux et ne demandent que de profonds labours, de fortes fumures pour empêcher l'épuisement de la couche végétale. Il ne serait peut-être pas inutile de retourner dans le sens de la route les sillons qui se trouvent, avec leur direction actuelle, trop sujets à être dégradés par les eaux. Celles-ci entraînent non seulement la couche végétale, mais encore tous les sels et les débris des fumiers non consommés ou non encore assimilés au sol.

§ 8. *Valeur vénale :* 1,800 francs l'hectare, en moyenne.

N° 2 DE LA CARTE.

§ 1. *Climats :* Champ Pelot, Champ de Murot, la Grande Corvée, Charme au Maire, le Fusil, au Chemin de Gray, Combe à la Lauche et Pisse Denier.

§ 2. *Caractères extérieurs du sol :* terrains très pierreux, secs, rocheux, brûlants, peu fertiles, sans fond, à base de rouget ferrugineux amer. Couleur ocre rouille ; exposition en pentes assez fortes à l'ouest, au sud et au sud-est. Les parties terreuses sont aussi bonnes que les Plantes, mais les parties sèches et pierreuses sont d'un rapport excessivement minime. Le sous-sol est partout rocheux, très disloqué et perméable. La couche végétale a généralement peu d'épaisseur et les plus petites sécheresses compromettent vite les récoltes.

§ 3. *Constitution physique :*

Débris organiques	0.09
Pierrailles	19.76
Gravier	1.48
Sable fin	6.16
Matières ténues	72.51
	100.00

§ 4. *Composition chimique :*

Produits volatils ou combustibles.	Eau	3.25	7.30
	Matières volatiles ou combustibles.	3.92	
	Azote	0.13	
Matières minérales	Résidu insoluble, argile et silice.	65.63	92.70
	Alumine et peroxyde de fer	8.20	
	Chaux	9.92	
	Magnésie	0.23	
	Acide carbonique et pertes	8.72	
			100.00

§ 5. *Dénomination :* sols calcaires, argilo-siliceux très pierreux.

§ 6. *Épaisseur :* de 0m10 à 0m50 sur fond rocailleux et rocheux, très perméable.

§ 7. *Améliorations :* défoncer le plus profondément possible et épierrer constamment. Amener dans ces terres des herbues et des terres fortes à la dose de 50 à 60 mètres cubes par hectare. Cultiver et enfouir en vert la spergule, le sainfoin, les lupins et le sarrasin, et employer des fumiers gras et courts qui se consomment promptement et qui n'échauffent pas le sol comme les fumiers longs dont la fermentation est incomplète.

§ 8. *Valeur vénale* : 1,000 francs l'hectare, en moyenne.

N° 3 DE LA CARTE.

§ 1. *Climats :* les prés en général.

§ 2. *Caractères extérieurs du sol* : alluvions anciennes et modernes, argileuses, glaiseuses, chargées de peroxyde de fer, acides et fortes, mais produisant d'excellents fourrages.

§ 3. *Constitution physique :*

Débris organiques	0.50
Pierrailles	0.53
Gravier	0.54
Sable fin	2.92
Matières ténues	95.51
	100.00

§ 4. *Composition chimique :*

Produits volatils ou combustibles.	Eau	5.17	15.43
	Matières volatiles ou combustibles.	9.89	
	Azote	0.37	
Matières minérales	Résidu insoluble, argile et silice	66.77	84.57
	Alumine et peroxyde de fer	12.21	
	Chaux	2,00	
	Magnésie	0.46	
	Acide carbonique et pertes	3.13	
			100.00

§ 5. *Dénomination :* sols calcaires, argilo-siliceux, ferrugineux, d'alluvions anciennes et modernes.

§ 6. *Épaisseur :* de 1m50 à 2 mètres sur fond graveleux.

§ 7. *Améliorations :* l'irrigation bien entendue augmenterait les rendements ; cendrer les parties moussues et ne pas craindre d'y passer la herse, légèrement, en divers sens, pour soulever la mousse.

§ 8. *Valeur vénale :* de 4,000 à 5,000 francs l'hectare.

N° 4 DE LA CARTE.

§ 1. *Climats :* la Craie, les Aubigeots, Champ Jacquot, bas de la Côte, aux Fourches, Corvée du Bas, la Sablière, les Erreignes, Champ Bouchot, Combe au Ramini, la Margueritote, la Boule au Martin, la Fouchère, revers des Tassonnières, Comme Bardel, Grande Viprière, Rang Crapeau, la Charbonnière, les Lavières, Champ de Mothey, au-dessus de la Grande Charme, l'Eronée, Boule Ronde, Combe à l'Eglise et en Larbiot.

§ 2. *Caractères extérieurs du sol :* terres excessivement pierreuses sèches, brûlantes, arides, les plus chargées en chaux de tout le canton

Couleur jaunâtre et ocre ; expositions diverses, mais la majeure partie au sud et à l'est, en pentes assez fortes, sous-sol rocailleux, rocheux, fendillé et très perméable.

§ 3. *Constitution physique :*

Débris organiques	0.10
Pierrailles	44.03
Gravier	3.06
Sable fin	2.36
Matières ténues	50.45
	100.00

§ 4. *Composition chimique :*

Produits volatils ou combustibles.	Eau	2.40	6.06
	Matières volatiles ou combustibles	3.52	
	Azote	0.14	
Matières minérales	Résidu insoluble, argile et silice	39.50	93.94
	Alumine et peroxyde de fer	6.15	
	Chaux	25.69	
	Magnésie	0.38	
	Acide carbonique et pertes	22.22	
			100.00

§ 5. *Dénomination :* sols très calcaires, argilo-siliceux, excessivement pierreux.

§ 6. *Épaisseur :* de 0m00 à 0m25 et 0m30 sur fond rocheux, fendillé et disloqué en tous sens.

§ 7. *Améliorations :* les mêmes qu'au n° 2, seulement il faudrait y amener une plus grande quantité de terre forte et épierrer en tout temps.

§ 8. *Valeur vénale :* de 300 à 900 fr. l'hectare, selon position et qualité.

N° 5 DE LA CARTE.

§ 1. *Climats :* Chemin de Theulet, Petites Genôches, Creux Rochenots, Folle, les Chênots, Queue aux Serpents, Courtes Roies, au Cabaret, revers de Combe Arnou, revers des Bas, sur la Greuse, dessus du Châtelet, le Foucheroy, Mesure des Chaillons, Corne des Chênots, Muits de Vin, Champ Chardon, Montrepin, Champs Rouges, es Bas, Crot, en Champ Gobard, en l'Albute, en Champ de l'Epine, en la Roche, l'Essart Nogent, les Herbiottes et la Terrasse.

§ 2. *Caractères extérieurs du sol :* terrains très pierreux sur plusieurs points, mais à base d'argile, ce qui le rend souvent difficile à cultiver. Sur la plus grande étendue au nord-est, se trouvent des herbues froides, compactes, argileuses, humides même, de couleur blanchâtre, jaune-roux et grise, assez fertiles et d'un bon produit en céréales. L'exposition en plateaux et en ondulations légères au sud-est et au sud ajoute à la qualité de ces terres, dont le sous-sol est rocailleux, argileux et perméable sur bien des points. Deux de ces climats, en Champ Chardon et au Foucheroy, sont chailleux, et pour cela amers, encore plus froids et plus tenaces que les autres.

§ 3. *Constitution physique :*

Débris organiques	0.06
Pierrailles	6.06
Gravier	3.30
Sable fin	[illegible]
Matières ténues	85.02
	100.00

§ 4. *Composition chimique :*

Produits volatils ou combustibles.	Eau	2.05	5.40
	Matières volatiles ou combustibles	3.22	
	Azote	0.13	
Matières minérales	Résidu insoluble, argile et silice	84.18	94.60
	Alumine et peroxyde de fer	6.67	
	Chaux	2.57	
	Magnésie	0.33	
	Acide carbonique et pertes	0.85	
			100.00

§ 5. *Dénomination* : sols argilo-calcaires, graveleux et sableux.

§ 6. *Épaisseur :* de 0m30 à 0m60 sur fond argileux et pierreux peu perméable.

§ 7. *Améliorations :* dans les climats secs, le mélange des terres, l'emploi des fumiers courts et bien pourris ; dans les climats froids et forts, la chaux à la dose de 8 à 12 mètres cubes par hectare, selon la composition du sol, et l'emploi des fumiers longs, pailleux et peu fermentés, pour échauffer et diviser la couche végétale. Le sous-sol paraissant bon, ne pas craindre de le retourner en ayant soin de le laisser exposé en temps convenable au contact de l'atmosphère, où il s'enrichira des gaz et des matières tenues en suspension dans l'air. On peut encore cendrer les bas, y amener des terres légères, par contrevoiture des terres fortes, qu'il conviendrait de conduire dans les climats secs et pierreux. Nous recommandons encore la culture, l'enfouissement en vert, tel que nous l'avons indiqué dans notre première partie de cet ouvrage, du trèfle choisi à cet effet, du colza, des vesces et de toutes espèces de légumineuses, pour diviser le sol et lui donner, avec la chaleur produite par la fermentation, des matières propres à la nutrition des plantes qui seront semées sur ces terres. Ne pas oublier enfin que les plâtras, les boues de route, la poussière, peuvent être très favorables à la végétation dans tous les endroits forts et tenaces.

§ 8. *Valeur vénale :* 1,000 francs l'hectare, en moyenne.

N° 6 DE LA CARTE.

§ 1. *Climats :* bas des Ages, Chemin de Champlitte, Champ Madeleine, les Perrières, en Combotte, Poirier Corbeau, Combe au Pénet, les Meix, Petit et Grand Papiquier, Charagot, Champ du Biez et le Village.

§ 2. *Caractères extérieurs du sol :* terres très fertiles, bonnes, bien humifiées, argileuses et un peu fortes, mais faciles à cultiver ; en pentes assez fortes au sud et au sud-ouest, à sous-sol argileux et rocailleux, presque partout perméable. Ces terres sont tout aussi bonnes que les Plantes ; cependant leur composition annoncerait qu'elles sont plus chaudes, plus sèches ; mais, comme celles des Plantes, elles sont susceptibles de toutes sortes de cultures et sont d'une bonne production.

§ 3. *Constitution physique :*

Débris organiques	0.16
Pierrailles	20.87
Gravier	1.57
Sable fin	3 40
Matières ténues	74.00
	100.00

§ 4. *Composition chimique :*

Produits volatils ou combustibles	Eau	2.80	7.08
	Matières volatiles ou combustibles	4.12	
	Azote	0.16	
Matières minérales	Résidu insoluble, argile et silice	62.77	92.92
	Alumine et peroxyde de fer	6.60	
	Chaux	11.48	
	Magnésie	0.23	
	Acide carbonique et pertes	11.84	
			100.00

§ 5. *Dénomination :* sols calcaires, argilo-siliceux, très pierreux.

§ 6. *Épaisseur :* de 0m20 à 0m60 sur fond argileux et rocailleux, perméable.

§ 7. *Améliorations :* ces terres sont assez riches en chaux, on peut leur appliquer les améliorations que nous avons indiquées pour les Plantes et employer de préférence les fumiers gras qui produisent promptement leur effet. Dans ces sols, les composts de cendres, de plâtras, de chaux, de gazons, mélangés avec de la terre et laissés au repos pendant un hiver, produiraient d'excellents effets, et sur la constitution du sol, et sur la végétation des céréales et des légumineuses.

§ 8. *Valeur vénale :* de 1,000 à 1,200 francs dans les terres éloignées, et 1,800 francs l'hectare, aux abords du pays.

Production moyenne agricole de Mornay.

Nos de la Carte et du Tableau	PRINCIPAUX CLIMATS.	PRODUITS MOYENS PAR HECTARE :									
		EN HECTOLITRES DE						EN QUINTAUX DE			
		Blé.	Seigle.	Avoine.	Orge.	Pommes de terre.	Vin.	Foin.	Luzerne.	Trèfle.	Sainfoin.
1	Les Plantes.	16	16	31	28	84	32	»	78	52	35
2	Grande Corvée.	10	»	17	»	75	»	»	50	40	26
3	Prés naturels.	»	»	»	»	»	»	35	»	»	»
4	Aux Fourches	8	»	15	14	70	»	»	35	30	26
5	Champ Gobard.	9	»	15	15	70	»	»	35	26	26
6	Chemin de Champlitte. .	14	14	23	23	84	32	»	78	40	35
	Moyennes. . . .	11.4	15	20.2	20	76.6	32	35	55.3	37.6	29.6

On ne cultive du seigle, sur les éteules des blés, dans les bonnes terres, que pour faire des liens.

Les autres produits, moins importants et de consommation locale, sont comme ceux des communes voisines.

La commune de Mornay est celle du canton qui produit le moins de céréales. Cela tient à la constitution physique du sol qui est généralement pierreux et a peu de fond. Aussi insistons-nous de nouveau pour le mélange des terres, partout où l'herbue et les fortes terres sont à proximité des sols légers.

COMMUNE D'ORAIN.

Population . . . . 375 habitants.
Etendue territoriale. . . . . 1,366 h. 89 a. 32 c.
Revenus imposables. . . . . 20,563 fr. 97 c.

Comme le territoire de Courchamp, celui d'Orain peut être divisé en deux grandes zones géognostiques, l'une calcaire et l'autre argileuse et siliceuse. La première zone comprend toutes les terres au nord de la *faille* (1) qui suit à peu près la direction du chemin vicinal de Champlitte, le bas du village et une ligne qui passe au milieu des climats compris entre les chemins vicinaux de la Romagne et de Percey-le-Grand. Toutes les terres qui composent cette zone sont très calcaires, beaucoup sont sèches à l'excès et arides, excepté cependant celles qui longent les chemins de Champlitte, de Monseaugeon, de Percey-le-Grand, les revers aux abords des combes et les bas-fonds de ces combes. Elles reposent toutes sur le *bathonien supérieur* (zone à *pentacrinus buvigneri*, calcaire ordinaire qui appartient à l'étage inférieur de la *série oolithique*), et sur la zone *calcaire conchoïde* ou *ruiniforme* des mêmes terrains.

Quoique le bathonien, appelé encore *cornbrasch*, ait la réputation d'être gélif et de mauvaise qualité, les carrières de Montautoy et de Champ Prin fournissent de la lave, des moellons, des dalles et de la taille de bas appareil d'un grain serré, uniforme, que nous n'avons jamais hésité à employer dans nos travaux, avec la seule condition que la pierre soit extraite en bonne saison.

Les lits de ces carrières sont réguliers en épaisseur, aussi voit-on, dans la localité, des maçonneries qui, même à sec, ont fort belle apparence. Les bancs fissiles de la partie supérieure fournissent une bonne *lave* qui sert à couvrir les bâtiments. Les moellons et les dalles sont aussi fort recherchés dans les environs.

Tous les climats très pierreux de la zone calcaire sont peu ou point productifs. La terre manque totalement sur bien des points, et si, sur d'au-

(1) On appelle *faille* une grande fente au milieu des rochers et qui est accompagnée d'un changement de niveau des couches, dont les unes ont été ou élevées d'un côté ou abaissées de l'autre, et ne se correspondent plus.

tres, elle existe avec plus ou moins d'épaisseur, elle est toujours sèche et le sous-sol est tellement rocailleux et fendillé, que la couche végétale ne conserve aucune humidité et est souvent brûlante.

Ces terrains ne produisent aucune source, attendu que les roches du sous-sol sont coupées, dans tous les sens, par des délits et des joints qui laissent filtrer l'eau jusqu'à des profondeurs bien au-dessous des bas-fonds du territoire.

Si les céréales prospèrent médiocrement dans la zone qui nous occupe, la luzerne et le trèfle commun viennent admirablement dans les parties où le sol est profond ; le sainfoin et le sarrasin réussissent bien dans les autres parties où le sol est plus pierreux et plus léger. Aussi recommandons-nous, d'une manière toute spéciale, ces dernières plantes comme engrais végétal à enfouir en vert dans les terres pierreuses et sèches. Nous avons vu que le sainfoin avait la propriété de modifier tellement le sol, qu'après la culture de cette plante, dans une terre ingrate, celle du froment pouvait y réussir parfaitement. C'est ce qui est arrivé à Orain : les climats pierreux ne produisaient, il y a quelque vingt-cinq ans, que de maigres seigles. L'introduction et la culture du sainfoin ont, en quelque sorte, totalement changé la nature du sol, puisqu'on y récolte maintenant d'excellents blés.

On pourrait avantageusement planter l'épicea et le pin sylvestre dans les 80 hectares de friches communales. La commune se créérait ainsi, pour l'avenir, une source de revenus qui compenseraient largement les sacrifices qu'elle pourrait faire pour ces plantations, tout en arrivant à changer l'aspect très pauvre de cette portion du territoire et à garantir des vents du nord toute la partie haute du village.

Il ne faut pas semer le pin sylvestre dans les terrains comme ceux des friches d'Orain. On doit employer des plants de deux ans, provenant de semis faits dans de bonnes terres, ou pris au pied même des arbres d'anciennes plantations.

Les fumiers bien fermentés, bien pourris, les fumiers gras en un mot, conviennent dans les terres légères de la première zone ; tandis que les fumiers longs, pailleux, d'une fermentation incomplète, doivent être préférés pour les terres de la seconde zone qui ont généralement besoin d'être divisées et échauffées.

La seconde zone qui comprend au sud de la première et de la faille dont nous avons parlé, tout le reste du territoire en deçà des chemins de Percey-le-Grand et de Champlitte, est chailleuse, siliceuse, argileuse et froide, sauf quelques climats au haut de Genevrand et plus loin, le long du chemin vicinal de Montigny et de Saint-Maurice.

Les chailles oxfordiennes se rencontrent à fleur de terre et en grande quantité, particulièrement au sud et au sud-ouest du village, où elles rendent le sol froid, ingrat, amer et trop siliceux.

La zone qui nous occupe appartient à une formation moins ancienne et immédiatement supérieure à celle de la première, qui a pu être dénudée par des courants et des causes diluviennes entraînant avec les eaux les couches incomplètement constituées, et mettant à nu le bathonien qui en fait la base, ce qu'attestent encore les dépôts argilo-marneux, chailleux de plusieurs climats qui avoisinent les chemins des Longues Raies et de la combe Nicolas-Louis.

Le groupe oxfordien est parfaitement caractérisé dans la seconde zone et nous avons pu reconnaître dans les bas-fonds : 1° le *kallovien*, sur la ferme d'Hilly, avec minerai de fer oolithique miliaire, à gangue calcaire et marneuse, autrefois très exploité pour les usines du Vallon ; 2° les *marnes oxfordiennes*, avec calcaire et minerai de fer disséminé dans les vignes et contre les bois ; 3° la *marne grise calcaire*, propre aux amendements des terres légères, à l'ouest du village contre le finage de Percey-le-Grand ; 4° enfin le *calcaire lithographique à pâte fine*, qui domine même au-dessus de Genevrand, et les *chailles siliceuses* qu'on rencontre aussi dans les plateaux et les revers à droite et à gauche des chemins vicinaux de Montigny et de la Romagne.

Le minerai de fer miliaire et les marnes oxfordiennes forment à Orain, sur une puissance d'environ deux mètres, le sous-groupe *kallovien ;* les marnes grisâtres, le calcaire jaunâtre et les chailles d'une grande puissance, forment le sous-groupe *argovien* des *terrains oxfordiens inférieurs.*

Les marnes qu'on trouve sur la limite du chemin vicinal de Percey-le-Grand contiennent 57,80 pour 100 de calcaire et 42,20 de matières argileuses et autres. Elles peuvent être avantageusement employées dans les terrains siliceux et froids, mais pas trop forts, à la dose de 20 à 40 mètres cubes par hectare, selon la nature du sol, et l'effet produit serait apparent pendant dix à douze ans au moins. Cette marne conviendrait aussi très bien, mais à dose un peu moins forte, dans les terres légères où elle introduirait des matières ténues et de l'argile qui rendrait la couche végétale plus serrée et plus fraîche, au moins sur l'épaisseur remuée par la charrue, ce qui serait déjà un avantage immense pour la végétation (1).

Dans les climats chailleux, le sol est ingrat, froid, peu fertile, les légu-

---

(1) Voir, pour l'emploi et les doses de marne, première partie, pages 36 et suivantes.

mineuses n'y viennent pas et les récoltes en céréales ne sont pas abondantes. Dans les autres climats plus calcaires et moins froids, le froment réussit bien ainsi que les autres céréales et les plantes fourragères. Ces deux dernières observations nous conduisent naturellement à dire que si, dans les terres froides, le cultivateur introduisait des terres légères, tandis qu'il introduirait celles-ci dans les sols froids et compactes, il constituerait normalement la couche végétale, et les plantes qui, aujourd'hui, ne peuvent venir ou réussissent mal dans certains climats, trouvant un fond dont la composition en permettrait le développement, donneraient des produits qui paieraient dix fois le travail de mélange des terres, facile à faire sans aucun frais dans les moments de morte-saison.

On cultive bien à Orain : le sol produit en général beaucoup ; les cultivateurs sont tous à l'aise et les terres s'y vendent bien plus cher que dans toutes les autres communes du canton.

Nous avons dit que la marne d'Orain pourrait être employée dans les terres siliceuses et froides, ainsi que dans certaines terres légères ; mais la chaux est indispensable dans tous les terrains forts, compactes, argileux et ferrugineux, notamment dans toutes les parties où on a extrait le minerai de fer et celles où le sol acide et amer rouille les plantes et les brûle souvent.

On trouve sur le territoire d'Orain une certaine quantité de vignes qui produisent à peu près le vin nécessaire à la consommation. Le sol de ces vignes est une marne oxfordienne, chailleuse, froide, humide et mal exposée ; aussi le vin qu'on y récolte est faible, sans bouquet ni couleur, et de qualité très médiocre,

Toute la partie basse du finage a un sol très épais, profond, où pourraient être cultivés avec succès les betteraves et le houblon. Mais à Orain comme ailleurs, les progrès agricoles marchent lentement, on se soumet difficilement aux nouvelles méthodes et on ne veut tenter aucun essai. Il est vrai que la main-d'œuvre est rare et chère ; cependant le cultivateur, industrieux pourrait bien ne pas se contenter de labourer, herser, semer et récolter des céréales ; il pourrait, ainsi que le font les habitants de la plaine, cultiver des plantes pivotantes ou sarclées et des menus grains qui leur procurent toujours de beaux bénéfices.

Nous avons parlé des fermes de Bessey, sur Bourberain, et de Provenchère, sur Montigny; nous devons dire quelques mots de celle d'Hilly, aujourd'hui exploitée par M. Baulard.

Les terres de la ferme d'Hilly sont fortes, froides, compactes, acides et presque toutes goutteuses. Cependant le fermier y fait de belles récoltes et des économies. Pourquoi ? Parce qu'il élève beaucoup de bétail qui lui fournit beaucoup de fumier, et que ses terres, fumées convenablement et travaillées avec intelligence, lui donnent des produits supérieurs à tous les autres. M. Baulard cultive beaucoup de fourrages artificiels, il a une tête de gros bétail ou dix moutons par hectare, il sème moins de blé en superficie et il en récolte davantage; puis la vente de son bétail et de ses moutons lui paie son fermage. En un mot son exploitation est parfaitement tenue, elle est maintenant la première du canton, et tant que M. Baulard la dirigera, nous sommes certain qu'elle conservera ce rang.

Nous ferons néanmoins une recommandation et nous donnerons un conseil à M. Baulard. Il peut, — son activité et son intelligence nous autorisent à le dire, — faire de la chaux même sur sa ferme et amender d'ici à peu de temps une grande partie de ses terres. Les effets de la chaux dans les sols argileux non calcaires et acides, comme les siens, lui sont connus; nous espérons qu'il ne restera pas en arrière sur ce point et qu'il mettra bientôt en pratique nos méthodes économiques de fabrication de la chaux.

Au premier coup d'œil on pourrait croire que le finage d'Orain devrait être riche en sources. Il n'en est point ainsi, nous avons dû déjà en parler et nous répéterons que, dans les parties calcaires et rocheuses, l'eau se perd dans les fissures du bathonien et peut-être encore plus dans la faille qui passe vers la ferme d'Hilly, au sud du village, et se dirige sur Courchamp ; tandis que dans les parties siliceuses, argileuses et chailleuses, la marne et la glaise étant à une faible profondeur, l'eau coule rapidement, l'évaporation peut se faire facilement et la nappe souterraine, qui n'est pas constamment alimentée par des filtrations lentes et continues, n'est abondante qu'au moment des grandes pluies. Le territoire d'Orain est peu boisé, et les quelques forêts qui y existent ou qui l'avoisinent versent une grande partie de leurs eaux sur d'autres communes.

L'eau de la source dite la Fontaine du Village, est relativement peu chargée en matières étrangères, 286 milligrammes par litre. Cela tient à ce qu'elle coule dans un sol siliceux, qu'elle y reste peu de temps et qu'elle ne peut dissoudre qu'une faible partie des sels qu'il contient. La source d'Orain occupe le dixième rang parmi celles du canton. Malheureusement elle se trouble aux moindres pluies, et, dans ces moments, elle ne peut guère être employée aux usages domestiques.

Les puits sont fort rares à Orain, on en sait la cause. Chaque maison a sa citerne, qu'alimentent abondamment les pluies qui tombent sur la grande surface des couvertures.

L'altitude du territoire d'Orain est généralement élevée. Le village est en moyenne à 259 mètres au-dessus du niveau de la mer ; le sol s'élève à

288 vers le bois des Lavières, à 291 en Montantoy et à 292 vers le bois de la Côte, à la pointe septentrionale du plateau.

Le bois de l'Aige du Grand Chêne, sur la limite extrême nord du territoire, dans le bathonien supérieur, est très pierreux et rocheux, sauf quelques bas-fonds où les terres des côteaux voisins ont été entraînées.

Le bois de la Côte est aussi très pierreux ; en outre il est chailleux, d'un fond pauvre et très fourré. On prétend que les loups ont l'habitude de s'y réfugier et que c'est là que les femelles mettent bas tous les ans.

Le petit bois du Fays est chailleux; le sol, semblable à celui des vignes et des terrains voisins, est argilo-calcaire et siliceux, froid, compacte et imperméable, quoique graveleux et sableux sur une grande étendue.

Le bois de la Yendue, au moins aussi chailleux que le précédent, est composé de terres très peu calcaires, plus froides, plus humides et très acides. Le sol, au sud, est comme celui du territoire de Saint-Maurice, qui le joint, et au nord comme ceux des nos 7 et 8 du tableau géognostique d'Orain.

Enfin le petit bois des Lavières est aussi sec que son nom l'indique ; le sol n'est composé que de peu de terre reposant sur les assises fissiles, les laves du bathonien qui en font un bois très pauvre et d'un bien minime produit.

Tableau géognostique et analytique du territoire d'ORAIN.

N° 1 DE LA CARTE.

§ 1. *Climats* ou *lieux-dits* : aux Riettes, les deux extrémités de Genevraies, Longues Raies, à l'est ; la Banière, au nord ; Combe Drouin, Combe Saint-Père, la Jarelle, au sud ; en l'Aïe, Combe Coupot, Pommier Sauvage, les Truffières, au Braconet, Combe Prin, Devant les Lavières, au sud ; Champ Pillemiche, au nord, derrière les Lavières, au sud ; Corvée de la Borde, au Sensey et Champ de l'Agé.

§ 2. *Caractères généraux extérieurs du sol* : herbue douce, un peu pierreuse sur bien des points, légère, facile à cultiver, fertile, chailleuse dans quelques endroits ; mais bonne terre à grains et à légumineuses, de couleur variant du blond au gris ocré, exposée, au sud et à l'est, en pentes très douces et en plateaux à sous-sol rocailleux, mêlé de rouget compacte, glaiseux, ferrugineux et peu perméable.

§ 3. *Constitution physique* :

Débris organiques, pailles, racines, fumier, etc.	0.21	100.00
Pierrailles, de la grosseur d'un pois à une noix ordinaire, ou de plus de 0m003 de diamètre	10.71	
Gravier, de la grosseur d'un grain de navette à un pois, ou de 0m0005 à 0m003 de diamètre	2.26	
Sable fin, au-dessous de la grosseur d'un grain de navette, ou de moins de 0m0005 de diamètre	3.62	
Matières ténues entraînées par l'eau	83.20	

§ 4. *Composition chimique* :

Produits volatils ou combustibles.	Eau	3.20	8.30
	Matières volatiles ou combustibles : humus, sels divers et débris organiques	4.95	
	Azote	0.15	
Matières minérales	Résidu insoluble, argile et silice	72.67	91.70
	Alumine et peroxyde de fer	7.65	
	Chaux	5.73	
	Magnésie	0.18	
	Acide carbon. et produits non dosés.	5.47	
			100.00

§ 5. *Dénomination scientifique du sol* : sols calcaires, argilo-siliceux pierreux.

§ 6. *Puissance ou épaisseur du sol végétal* : de 0m30 à 0m70 sur fond pierreux, mêlé de rouget acide, peu perméable.

§ 7. *Observations et améliorations que le sol réclame* : ces terres sont bonnes, mais elles ont encore besoin de défoncement, d'épierrement, de profonds labours, de fortes fumures, de la culture des plantes pivotantes pour puiser, dans la couche inférieure au sol remué par les instruments, les matières nutritives et tout à fait inactives du sous-sol, si on ne les ramène pas à la surface, où le contact de l'atmosphère et ses agents ajouteraient encore beaucoup à sa fécondité. La chaux en composts, c'est-à-dire mélangée au préalable avec des terres, pourrait y être employée à la dose de 8 à 9 mètres cubes par hectare. Dans ces terres, il faut mettre du fumier ni trop long ni court, du demi-fermenté, qui conserve encore une partie de sa chaleur.

§ 8. *Valeur vénale* : de 1,800 à 2,400 et 3.000 francs l'hectare, selon la position et les convenances.

Nº 2 DE LA CARTE.

§ 1. *Climats* : le Village, Meix Serugue, Creux d'Enfer, la Charme, le Groselier, sous les Lavrottes, la Banière, au sud ; dessus des Lavrottes, Gombe Drouin, au nord ; Charmongiot, la Jarelle, au nord ; Clos Masson, Combe Nicolas Louis, l'Epluey, les Ruchottes, les Crôs, Champ Pillemiche, au sud ; devant les Lavières, au nord ; le milieu des Bergères, la Rotûre, au-dessus de la Rotûre, Craie l'Oiseau, Clos de la Borde, Longues Raies, à l'ouest ; Vieille Borne, Champ Prin, Fausse Charmoie, Champ Fourcaut, Champ Gendarme, le Montantoy, les Combes, Craie le Vin, revers des Combes, Crassoillots, Comme de Varoils, au nord ; sous Grandes Craies, la Grande Craie, dessus l'Aige Villemot, Champ Mélegrand, Champ Fiot, les Glacis, replat de Champ Fiot, Champ Jean-Marie, le fond des Tassonnières et les petits climats voisins.

§ 2. *Caractères extérieurs du sol* : terres très pierreuses, très sèches, acides sur la plus grande étendue, sauf les combes et quelques revers. Sol brûlant, improductif, sans fond, très accidenté, exposé au nord, à l'est et au sud en pentes fortes et tout à fait agrestes ; sous-sol rocailleux et rocheux sans aucun mélange de terre ou de marne.

§ 3. *Constitution physique* :

Débris organiques	0.21
Pierrailles	28.81
Gravier	6.54
Sable fin	4.70
Matières ténues	59.75
	100.00

§ 4. *Composition chimique :*

Produits volatils ou combustibles.	Eau	3.10	5.66
	Matières volatiles ou combustibles.	2.44	
	Azote	0.12	
Matières minérales	Résidu insoluble, argile et silice.	74.43	94.34
	Alumine et peroxyde de fer	5.60	
	Chaux	8.59	
	Magnésie	0.18	
	Acide carbonique et pertes	5.54	
			100.00

§ 5. *Dénomination :* sols calcaires, argilo-siliceux très pierreux.

§ 6. *Épaisseur :* de 0 à 0m20 sur rocaille et roche.

§ 7. *Améliorations :* dans les endroits où il y a très peu de terre, nous ne voyons qu'un moyen de tirer parti du sol, c'est d'y planter des pins sylvestres et des épicéas, en ouvrant une bonne jauge dans la rocaille et la remplissant de terre prise à proximité. Dans les endroits où il y a un peu plus de fond, épierrer et amener de l'herbue, de l'argile, des marnes, pour donner de la consistance à la couche végétale et essayer de la constituer. Enfouir dans ces terres la spergule, le sainfoin, le sarrasin, qui rafraîchissent le sol et ajoutent à son activité tous les sels que ces plantes ont puisés dans l'atmosphère. Employer les fumiers courts, gras et bien pourris, qui produisent instantanément leur effet, sans échauffer la couche végétale comme le font les fumiers longs et peu fermentés.

§ 8. *Valeur vénale :* 100 francs l'hectare dans les friches et de 200 à 600 francs dans les revers et les combes.

N° 3 DE LA CARTE.

§ 1. *Climats* : les Ensanges, les Montants, la Perrière, Thora, la Maladière, derrière la Cour, la Chapelle, Champ Mairedeult, Champ Duru, en Prèle, Pré Truchot, Pré Moissons, Champ Gratot, au revers de Champeau, Champ aux Anes, aux Aillets, la Pôcherie, Champ Denet et Pré aux Gendres.

§ 2. *Caractères extérieurs du sol :* terrains un peu chailleux et siliceux, d'herbue froide, forte, d'une culture difficile et imperméable ; sol goutteux, humide, ferrugineux, acide ; couleur ocre foncé, exposition au midi, ce qui le rend plus productif ; sous-sol marno-compacte, glaiseux et imperméable.

§ 3. *Constitution physique :*

Débris organiques	0.13
Pierrailles	2.40
Gravier	1.76
Sable fin	3.32
Matières ténues	92.39
	100.00

§ 4. *Composition chimique :*

Produits volatils ou combustibles.	Eau	4.35	9.00
	Matières volatiles ou combustibles	4.49	
	Azote	0.16	
Matières minérales	Résidu insoluble, argile et silice	69.30	91.00
	Alumine et peroxyde de fer	10.87	
	Chaux	4.73	
	Magnésie	0.54	
	Acide carbonique et pertes	5.56	
			100.00

§ 5. *Dénomination* : sols argilo-calcaires et argilo-siliceux calcaires, sablonneux et ferrugineux.

§ 6. *Epaisseur* : de 0m25 à 0m60 sur fond marno-compacte, glaiseux, acide et imperméable.

§ 7. *Améliorations* : quoique l'analyse ait donné 4,73 pour 100 de chaux, cet élément est encore utile dans ces sols pour en détruire l'acidité produite par le fer, l'échauffer et le diviser. Il convient donc d'y introduire la chaux à la dose de 9 à 12 mètres cubes par hectare, mais avant cette opération, il faut bien assainir et égoutter les parties humides, soit au moyen du drainage, soit avec des fossés à ciel ouvert. Les cendres, les boues de route, les plâtras conviennent à ces sols, ainsi que les fumiers longs et peu fermentés, sans oublier les labours profonds.

§ 8. *Valeur vénale* : de 1,800 à 2,400 francs l'hectare.

N° 4 DE LA CARTE.

§ 1. *Climats :* le Quartier Neuf, les Pâtis, partie de la Corne de la Fontaine et les Ecluses.

§ 2. *Caractères extérieurs du sol :* terre tourbeuse, noire, acide, marécageuse, très humide, ne produisant que de mauvais fourrages et impropre à la culture.

§ 3 et 4. L'analyse n'en a pas été faite.

§ 5. *Dénomination :* sols tourbeux, acides contemporains.

§ 6. *Epaisseur* : de 1 à 2 mètres sur fond rocheux.

§ 7. *Améliorations :* faciliter l'écoulement de l'eau et assainir au moyen de larges fossés dont la terre servirait à exhausser le sol ; chauler et cendrer à très hautes doses, pour détruire la mousse et neutraliser l'acidité de la couche végétale ; employer toutes matières et tous composts qui introduiraient le calcaire dans ces terres et les affermiraient.

§ 8. *Valeur vénale :* 900 francs l'hectare, comme prés à pâturer.

N° 5 DE LA CARTE.

§ 1. *Climats* : 1° *Vignes*. En Verdeau, les Vévrottes, sous le Fays, Champ Antoine, le Charmois, le Petit Fays et le bas des Bois ; 2° *Terres*. Marché Robin et les Vévrottes.

§ 2. *Caractères extérieurs du sol :* terres pierreuses, mais marneuses, tenaces, goutteuses, froides et amères ; couleur blanchâtre, bleuâtre et grises ; exposition en fortes pentes au nord, à l'est et à l'ouest, sous-sol marno-compacte noirâtre, chailleux, ferrugineux et imperméable.

§ 3. *Constitution physique* :

Débris organiques	0.10
Pierrailles	12.10
Gravier	3.32
Sable fin	5.60
Matières ténues	78.88
	100.00

§ 4. *Composition chimique :*

Produits volatils ou combustibles	Eau	3.18	6.90
	Matières volatiles ou combustibles	3.57	
	Azote	0.15	
Matières minérales	Résidu insoluble, argile et silice	85.16	93.10
	Alumine et peroxyde de fer	5.21	
	Chaux	0.10	
	Magnésie	0.43	
	Acide carbonique et pertes	2.20	
			100.00

§ 5. *Dénomination :* sols non calcaires, silicéo-argileux graveleux et sablonneux.

§ 6. *Épaisseur :* de 0m60 à 1 mètre sur fond marno-compacte, imperméable.

§ 7. *Améliorations :* le chaulage à la dose de 12 à 15 mètres cubes par hectare, de fortes fumures avec fumier long ; assainissements, cendrages, plâtrages, mélange de terres et emploi de tout ce qui pourrait introduire la chaux et la division dans ces sols : telles que les boues et les poussières de chemins, les curures de fossés, les fonds de four à chaux, les déblais de démolition et même les détritus des découverts de carrières.

§ 8. *Valeur vénale :* les vignes, 3,000 francs l'hectare, les terres, de 1,800 à 2,000 francs, selon la position.

Nos 6 ET 6 BIS DE LA CARTE.

§ 1. *Climats* : la Corvée, entrée des Chailles, la Fontaine Denizot, Pâtis des Chailles, revers des Chailles, sur Salomon, Champ sur la Garenne, sur les Prés des Ormois, les Meulnets, Corne de Champeau, au Montoy, entre les deux Ruts, en la Lochère, sur Pré Buverot, le Gencley, en Moirson, sous la Côte, es Potets (vignes), la Lamière (vignes), Sensuaire, l'Aige Douillant, au-dessus de Sensuaire, le Gorgeot et l'Etang,

§ 2. *Caractères extérieurs du sol* : terres à chailles silicéo-argileuses, très abondantes au sud et à l'ouest; sols siliceux, légers et pierreux, mais à base de forte argile aux abords du chemin vicinal de Montigny, plus forts dans toutes les autres parties ; herbues douces dans les pentes, mais tenaces, compactes et acides, glaiseuses et ferrugineuses dans les fonds, froides et humides, laissant à désirer sous le rapport de la fertilité, parce que la chaux manque totalement dans ces terres et que, par cette raison, le fumier ne peut y produire tous ses effets. Sols de couleur jaune-rouille, exposés en pentes raides au nord et à l'ouest. Sous-sol argileux, compacte, goutteux, imperméable et renfermant, dans la plaine, du minerai de fer oolithique miliaire, très fin.

§ 3. *Constitution physique* :

Débris organiques	0.07
Pierrailles	18.81
Gravier	4.72
Sable fin	4.73
Matières ténues	71.67
	100.00

§ 4. *Composition chimique* :

Produits volatils ou combustibles.	Eau	2.40	4.96
	Matières volatiles ou combustibles	2.44	
	Azote	0.12	
Matières minérales	Résidu insoluble, argile et silice	81.26	95.04
	Alumine et peroxyde de fer	11.95	
	Chaux	0.00	
	Magnésie	0.41	
	Acide carbonique et pertes	1.42	
			100.00

§ 5. *Dénomination* : sols non calcaires, siliceux et silicéo-argileux, chailleux à l'excès et pierreux.

§ 6. *Epaisseur* : de 0m25 à 1 mètre sur fond pierreux au sud dans les sommets et sur fond argileux, glaiseux, ferrugineux et imperméable au nord, dans les bas et la plaine.

§ 7. *Améliorations* : ces sols étant dans le canton, avec ceux du n° 7 de Pouilly, *les seuls qui ne contiennent pas de calcaire*, il faut absolument y introduire cet élément par le chaulage à la dose de 15 à 18 mètres cubes par hectare dans les terres les plus tenaces, et 10 à 12 mètres dans les plus légères. Drainer et assainir les parties basses et humides. Employer les fumiers demi-courts qui produisent vite leur effet, tout en échauffant encore la couche végétale ; enfouir en vert le colza, le trèfle, les vesces, les lentilles, dans les parties basses ; le sarrasin, le sainfoin et les plantes légumineuses dans les parties hautes et pierreuses. Comme au nº 5, donner à ces terres des boues de route, des cendres, des composts calcaires et tout ce qui pourrait détruire l'acidité ou la ténacité du sol.

§ 8. *Valeur vénale :* de 2,000 à 2,500 francs l'hectare.

Nº 7 DE LA CARTE.

§ 1. *Climats :* Noue Rose, Combe au Page, les Porrey, les Hétiots, les Laurres, entre deux Voies, Champ Courbe, Champ Larchey, les Tremblois, devant Hilly, l'Aige Ronde, derrière la Vendue, la Ferme d'Hilly, Champ Martin et Champ de Lauche.

§ 2. *Caractères extérieurs du sol :* terrains humides, goutteux, même dans les plus fortes pentes, glaiseux, plus secs dans la plaine, argileux, forts et tenaces ; de couleur blanchâtre et jaune-rouille, mêlés d'herbues douces, mais imperméables, acides et très ferrugineuses. Culture généralement difficile et récoltes peu abondantes, si ce n'est sur la ferme, qui produit plus que toutes celles du canton. Sol chailleux et très froid à l'est et au sud du bois de la Vendue, terre amère et grasse ; sous-sol marneux, glaiseux et rouget, avec minerai de fer miliaire, tout à fait imperméable.

§ 3. *Constitution physique :*

Débris organiques	0.14
Pierrailles	1,38
Gravier	0.90
Sable fin	3,65
Matières ténues	93.97
	100,00

§ 4. *Composition chimique :*

Produits volatils ou combustibles.	Eau	4.45	9.00
	Matières volatiles ou combustibles.	4.38	
	Azote	0.17	
Matières minérales	Résidu insoluble, argile et silice.	67.93	91.00
	Alumine et peroxyde de fer	11.06	
	Chaux	5.73	
	Magnésie	0.55	
	Acide carbonique et pertes	5.73	
			100.00

§ 5. *Dénomination :* sols calcaires, argileux et ferrugineux.

§ 6. *Epaisseur :* de 0m50 à 1m50 sur fond argileux, glaiseux et imperméable.

§ 7. *Améliorations :* comme les terres du numéro précédent, celles-ci ont besoin de chaux, mais à moins forte dose, pour détruire l'acidité du sol et empêcher la rouille. Les labourages profonds sont utiles pour mettre une épaisseur convenable de terre au contact de l'atmosphère ; la couche immédiatement au-dessus du sol arable, remué ordinairement par les instruments, contient d'ailleurs des sels utiles provenant de filtration des eaux sur les engrais. Ces matières devenant actives par leur contact avec l'air et la chaleur, produiraient des effets on ne peut plus avantageux sur la végétation et la production.

Dans les pentes raides, où la charrue passe difficilement, cultiver les plantes fourragères vivaces ou bisannuelles, la luzerne, si elle peut y venir, le brôme de Schrader, auquel le sol frais paraît convenir, les graminées genres *bromus* et autres, choisies selon la nature du sol. Dans la plaine, enfouir en vert trèfles, vesces, colza, etc., et n'employer partout que des fumiers longs, peu fermentés, qui échauffent et divisent le sol. Ne pas perdre les curures de fossés, les cendres, les boues, en faire des composts et les mêler aux fumiers au moment des semailles.

§ 8. *Valeur vénale*: de 2,000 à 2,500 francs l'hectare.

N° 8 DE LA CARTE.

§ 1. *Climats* : sur le Chemin de Champlitte, Champ du Chêne, Terre Sèche, la Combotte, Combe Bichery, Frambochebot, le Bassot, le Closot, Champ Chenevière, sous le Fays, aux Herbues et bas des Herbues.

§ 2. *Caractères extérieurs du sol* : sol composé de grosses terres, rougeâtres, fortes, d'une grande épaisseur. Assez bonne herbue, peu pierreuse et assez ferrugineuse. Exposition au midi en pentes douces. Sous-sol glaiseux, imperméable, à minerai de fer oolithique miliaire.

§ 3. *Constitution physique :*

Débris organiques	0.14
Pierrailles	1.34
Gravier	0.90
Sable fin	3.65
Matières ténues entraînées par l'eau	93.97
	100.00

§ 4. *Composition chimique :*

Produits volatils ou combustibles.	Eau	3.45	7.00
	Matières volatiles ou combustibles	3.38	
	Azote	0.17	
Matières minérales	Résidu insoluble, argile et silice	69.93	93.00
	Alumine et peroxyde de fer	11.06	
	Chaux	5.73	
	Magnésie	0.55	
	Acide carbonique et pertes	5.73	
			100.00

§ 5. *Dénomination :* sols argilo-calcaires, ferrugineux.

§ 6. *Epaisseur* ; de 0m50 à 1 mètre sur fond compacte, argileux, ferrugineux et imperméable.

§ 7. *Améliorations :* le sol de ces climats étant sensiblement le même que celui des nos 5 et 7, les mêmes améliorations peuvent leur être appliquées.

§ 8. *Valeur vénale:* 2,000 à 2,400 francs l'hectare.

Production moyenne agricole dOrain.

Nos de la Carte et du Tableau	PRINCIPAUX CLIMATS.	PRODUITS MOYENS PAR HECTARE : EN HECTOLITRES DE						EN QUINTAUX DE			
		Blé.	Seigle.	Avoine.	Orge.	Pommes de terre.	Vin.	Foin.	Luzerne.	Trèfle.	Sainfoin.
1	Longues Raies	15	»	18	15	»	»	»	60	37	30
2	Fausse Charmoie.	8	»	10	8	63	34	»	35	»	25
3	Champeaux.	17	16	21	18	105	40	»	60	37	»
4	Les Pâtis.	»	»	»	»	»	»	»	»	»	»
5	Vignes, les Vévrottes. . .	17	»	20	18	90	»	»	70	37	»
6 et 6 bis	Les Chailles, les Vignes.	17	»	20	»	»	34	20	»	20	»
7	Devant Hilly	20	21	30	21	100	»	»	80	70	60
	Ferme d'Hilly	22	24	33	20	90	»	»	90	75	62
8	Les Herbues	17	18	20	18	95	»	»	60	37	30
	Moyennes. . . .	16.6	19.7	21.5	16.8	90.5	36	20	63.5	44.7	41.4

On ne sème du seigle, sur les éteules des blés, dans les bonnes terres, que pour faire des liens.

Les autres produits, moins importants et de consommation locale, sont comme ceux des communes voisines.

COMMUNE DE POUILLY-SUR-VINGEANNE.

Population . . . . 301 habitants.
Etendue territoriale. . . . . 1,055 h. 69 a. 44 c.
Revenus imposables . . . . 26,348 fr. 45 c.

Le sol du territoire de Pouilly-sur-Vingeanne a quelque analogie avec ceux de Lavilleneuve et de Fontaine-Française dans tous les climats situés à droite et à l'ouest de la Vingeanne. Cette zone est argileuse, argilo-siliceuse et fort peu calcaire ; elle a du fond, est propre à bien des sortes de cultures et susceptible de toutes espèces d'améliorations. Quelques parties, joignant les bois des Tassonnières et de Montrembloy, où se montrent les sables tertiaires, sont même très siliceuses ; mais le sous-sol étant compacte, serré, marneux et imperméable, la couche végétale est aussi humide que dans les climats voisins, qui sont tout à fait argileux.

Les terres au-delà de la Vingeanne, à l'est jusqu'aux bois communaux, sont plus légères et la couche végétale a moins d'épaisseur, le sous-sol est d'ailleurs pierreux et rocailleux ; le sol est friable, pierreux et graveleux, brûlant sur plusieurs points, et là impropre à la culture des plantes pivotantes, qui demandent un terrain perméable et frais en même temps. Il n'y a dans cette zone que les abords du village, quelques plateaux, le fond des vallons, des baissières et quelques climats privilégiés qui soient susceptibles de recevoir des plantes qui demandent un sol profond, frais et perméable. Le rouget argileux et amer domine sur une grande étendue ; cette sorte de terrain a besoin d'insolation, d'air et de travaux qui permettent aux agents atmosphériques, à la chaleur, aux rosées, de pénétrer profondément dans le sol.

En général, dans la zone d'est, rive gauche de la Vingeanne, la couche arable, composée d'argiles mélangées de pierrailles, de graviers, de débris coralliens, de dépôts tertiaires et d'alluvions anciennes (ces dernières formées ainsi que nous l'avons démontré pour les autres communes), cette zone, disons-nous, repose sur le *calcaire compacte supérieur* du sous-groupe inférieur du corallien, qui fait partie de *l'étage moyen des terrains jurassiques, série oolithique*. Dans la zone d'ouest on trouve à peu près les mêmes terrains caractérisés par le *cidaris florigemma* et le *calcaire à néri-*

nées. La zone d'est présente les assises *à nérinées* et les bancs *d'oolithes coralliennes compactes*, comme en Juif, en Champ Blanc, qui caractérisent aussi l'assise géologique. Dans ce dernier climat on rencontre une couche de détritus coralliens semblables à ceux de Mornay et de Saint-Seine, qui forment une sorte de sable d'arène, argileux, propre à faire des terrains de grange et des mortiers pour les grosses maçonneries.

Nous avons vu des chailles siliceuses aux Grands Elaizots et à la Combe Robin. Ces chailles ne paraissent pas être en place, elles ont dû être déposées dans ces climats au moment de la formation de nos alluvions anciennes.

Le sous-sol corallien est composé de bancs fissiles fendillés dans tous les sens, impropres aux constructions et qui se laissent facilement pénétrer par l'eau, de sorte que la couche végétale et la couche arable sont très perméables et très sèches. A part les carrières de calcaire à nérinées sur les Vignes, tous les autres climats rocheux ne fournissent, jusqu'à présent, que de la pierre propre à l'entretien des chemins.

La couche végétale n'a que de 0^m^10 à 0^m^30 d'épaisseur dans les climats longeant les territoires de Mornay et de Saint-Seine, ainsi qu'en divers endroits, contre les bois communaux et vers le Vieux Chemin de Saint-Seine. Aussi les produits en céréales et autres plantes sont très minimes en comparaison des récoltes qu'on fait habituellement aux abords du village et dans tous les terrains d'herbues douces et peu graveleuses. Si, dans bien des climats de cette partie du finage, le sol est sec, a peu d'épaisseur, pas de fond, et si le sous-sol est rocailleux et très perméable ; au contraire, dans les climats plats, les fonds d'herbue ou de bon rouget de la zone d'ouest, la couche végétale est partout épaisse, mais froide, argileuse ou siliceuse ; le sous-sol est glaiseux, goutteux, compacte, ferrugineux, acide, imperméable, comme au Chemin de Fontaine, en Montrembloy, etc., et, sur bien des points, ce sous-sol est formé de parties marno-glaiseuses, mêlées de fragments et de rognons de fer hydroxydé brûlé que, dans le canton, l'on appelle vulgairement *foie de loup*, en raison de la difficulté qu'on éprouve à le piocher. Ce sous-sol, tout à fait imperméable, conserve trop bien son eau, qui reste ainsi constamment en suspension dans la terre et la rend humide et goutteuse au point de nuire, d'une manière permanente, au développement des racines et des tiges, et, par suite, aux récoltes. Le drainage d'abord, le chaulage ensuite et l'emploi des fumiers courts et gras, tels sont les premiers soins à donner à ces sols trop forts, froids, humides, difficiles à cultiver et généralement goutteux. Le drainage peut d'autant mieux y être appliqué que le terrain présente des pentes suffisantes, et, qu'au moyen de fossés ou de puits perdus, il serait facile de se débarrasser des eaux surabondantes.

Comme on le verra au tableau de la constitution et de la composition chimique des divers climats du territoire de Pouilly, ceux de ces climats qui sont compris entre la Vingeanne, à l'ouest du village, et les finages de Fontaine et de Lavilleneuve, sont froids, ne contiennent pas de chaux et sont formés de dépôts tertiaires et d'alluvions anciennes. Le principe calcaire manquant, le sol est mal constitué et a tous les défauts que nous avons déjà signalés. Nous croyons, sans craindre un démenti, que pour amender ce sol, bien entendu après son complet assainissement, il faudrait y introduire la chaux à la dose de 12, 15 et même 18 mètres cubes par hectare, selon la composition de la couche végétale et la nature de son sous-sol. Nous conseillerons aussi le mélange des terres qui, partout où il est employé, produit des effets vraiment surprenants,

Nous ne pouvons nous empêcher de féliciter M. Hippolyte Gribelin du procédé qu'il a plusieurs fois employé pour diviser ses terres argileuses et les rendre plus perméables. Ce propriétaire n'épierre pas ses terres un peu fortes ; il fait au contraire casser, de trois à quatre centimètres de grosseur, les pierres qui s'y trouvent ou les débris calcaires qu'il y conduit lui-même dans des circonstances données. Nous ferons cependant une observation à ce sujet. La pierre cassée ne produit pas d'aussi bons effets qu'on le croit, parce qu'elle n'introduit pas positivement le calcaire dans les terres où on l'emploie. Il vaudrait mieux, imitant le docteur Nicard, recueillir les boues et les poussières de route, les gravois entraînés par les eaux, les charrées (cendres lessivées) et tous les débris calcaires ou légers; puis, après en avoir fait des composts laissés en repos pendant cinq à six mois, introduire ces matières dans la couche arable avec les fumiers, où elles font, à bon marché, l'office de puissants amendements, qui contiennent non seulement des principes stimulants, mais de véritables engrais (1).

Ce mode d'amendement et d'amélioration peut être appliqué, à doses étudiées, dans tous les climats plats, humides et tenaces de la rive gauche de la Vingeanne et dans tous ceux de la zone d'ouest et sud-ouest.

L'amélioration du territoire entre l'Ancien Chemin de Saint-Seine, Pisse Denier et les bois communaux, à part quelques revers, des plateaux et des bas, peut aussi se faire au moyen du mélange des terres et de l'enfouissement des plantes en vert. Ainsi dans les climats à sol très léger, peu épais, à sous-sol rocailleux et rocheux, la couche végétale étant trop pierreuse, trop sèche et trop perméable, a besoin d'être amendée au moyen de ma-

(1) Voir page 67 ce que nous avons dit de l'emploi des boues de route par M. Nicard.

tières qui, comme les herbues, les terres fortes et siliceuses, lui onneraient de la consistance, du fond, en même temps qu'elles modifieraient sa constitution par l'introduction de la silice et de l'argile. La couche végétale étant plus épaisse, mieux constituée, les racines pourraient taller et s'enfoncer facilement ; elles se trouveraient alors dans un milieu assez serré et assez frais pour que, de leur côté, les tiges et les feuilles puissent se développer régulièrement sans autant craindre les effets désastreux de la sécheresse.

Dans la zone d'est, le mélange des terres est d'autant plus facile à faire que les climats pierreux, ceux d'herbues et de rougets sont entremêlés, et que les transports seraient très rapprochés. Ces transports se faisant à courte distance, les cultivateurs pourraient facilement améliorer de notables étendues de leurs terres et, en quelques années, changer radicalement la nature de leurs mauvais fonds.

Il faut se garder d'introduire de la chaux dans les terrains suffisamment calcaires, graveleux ou pierreux. Du moins, dans ces terres, on ne doit pas employer la chaux seule, mais en *composts,* avec des matières qui puissent donner de la consistance au sol sans le brûler.

M. Malagutty prétend cependant que la chaux donne de la consistance aux sols légers. Sans absolument nier cette assertion, nous pensons qu'on ne doit employer la chaux qu'avec beaucoup de prudence dans les terres légères, à moins qu'elles ne soient tout à fait siliceuses.

Nous répéterons ici ce que nous avons dit dans notre première partie en parlant de la chaux et du mélange des terres. Les amendements stimulants tels que la chaux, le plâtre, facilitant la croissance des plantes et augmentant considérablement leurs produits, il ne faut pas perdre de vue que le sol s'épuise vite, que la décomposition des engrais et de l'humus est précipitée, et que les plantes, absorbant une plus grande quantité de matières nutritives, il faut nécessairement augmenter les fumures. Cette augmentation de fumure n'est point une source de pertes, au contraire, car s, d'une part, il y a plus de dépenses à faire pour les engrais, d'autre part il y aura excès de produits et, par suite, non seulement large compensation, mais encore bénéfice réel.

Les enfouissements en vert du sainfoin, du sarrasin, des lupins et de la spergule, dans les terres au levant de Pouilly, amélioreraient la couche arable comme engrais et comme amendement. Comme engrais : en rendant au sol tous les matériaux qu'elles y auront puisés, plus ceux qu'elles auront empruntés à l'atmosphère. Comme amendement : en formant une sorte de liant dans les sols trop légers et en leur donnant en même temps de la consistance et de la fraicheur.

Dans les terres fortes, au couchant de Pouilly, il faut enfouir le colza, le trèfle, les fèves, les vesces, qui engraissent d'abord le sol et agissent ensuite mécaniquement sur lui, en facilitant la division et l'assainissement de la couche arable.

Le sous-sol d'environ les quatre cinquièmes de la zone d'est est tellement perméable, que les sources y sont peu possibles. Les eaux filtrent dans les fissures des roches et se réunissent au niveau du fond de la prairie, où elles coulent probablement sur une couche de glaise ou de marne qui s'étend sous les assises calcaires et affleure le bord des prés, où l'eau suinte de tous côtés. Cette circonstance n'existe pas seulement à Pouilly, mais dans toutes nos communes qui bordent la Vingeanne. Remarquons que cette rivière coule sur le terrain marneux oxfordien, que les couches de cet étage s'étendent au loin à droite et à gauche de la vallée, et comme le calcaire perméable les surmonte, les eaux passent à travers celui-ci, se réunissent au plus bas de la couche marneuse qui les arrête et les conduit dans la Vingeanne.

Dans la zone d'ouest, l'eau de pluie coule rapidement à la surface du sol imperméable et se perd aussi dans les fossés et la Vingeanne, avant d'avoir pu pénétrer dans la terre et y entretenir ces suintements qui, en se réunissant, forment la plupart de nos sources.

Les puits du village sont peu profonds et doivent être alimentés par les eaux de la Vingeanne qui filtrent à travers les couches perméables et graveleuses, qu'on sait être au niveau du plafond de cette rivière. L'eau des puits étant aérée et ayant parcouru un court espace sous le sol, est très peu chargée en matières étrangères. L'analyse qui en a été faite a donné 228 milligrammes seulement par litre, dont 210 de carbonate de chaux. Aussi occupe-t-elle le premier rang parmi toutes les sources et puits du canton. Elle est moins chargée en matières étrangères que celle qui alimente les fontaines de Dijon.

L'altitude du territoire de Pouilly est de 228 mètres au village et elle atteint 286 en Moptu, point le plus élevé du finage.

On commence à cultiver le houblon à Pouilly ; nous avons tout lieu de croire que cette culture y réussira, si toutefois les personnes qui se livrent à cette industrie choisissent, pour planter, des sols riches, profonds, frais, argileux sans être glaiseux et pouvant facilement s'égoutter si le fond est quelque peu compacte,

A Pouilly, comme dans toute la vallée de la Vingeanne, il y a beaucoup de terres où la betterave à sucre pourrait prospérer. Le projet de créer une distillerie, formé par des personnes qui en reconnaissent tout l'avantage, s'exécutera-t-il ? Nous ne pouvons que répéter les vœux que nous avons déjà formulés à ce sujet, parce que nous savons que ce serait là une source de richesse pour notre agriculture.

Les bois des Tassonnières et de Montrembloy, comme ceux Dufour, sur Fontaine et d'Agrain sur Lavilleneuve, sont des sols [tertiaires et d'alluvions anciennes, siliceux et glaiseux, non calcaires. Ce sont de bons fonds de bois, d'une grande puissance, mais qu'il ne faudrait jamais songer à défricher, parce que les terres qui les remplaceraient, dépourvues de calcaire, froides, amères, à sous-sol glaiseux, seraient aussi difficiles à cultiver que celles des climats voisins et donneraient des produits d'une valeur bien au-dessous de celle du bois.

Le bois de Rochery et des Lavières est sec, pierreux et rocheux, surtout à droite du chemin vicinal de Vars. Les parties graveleuses peuvent se laisser pénétrer par les racines dans tous les endroits où elles sont mélangées d'alluvions ou recouvertes par ce dépôt. Dans les parties où les détritus coralliens sont au niveau du sol, la végétation est peu active et le bois de médiocre qualité.

Enfin le bois Saint-Père est également pierreux, mais mêlé de parties terreuses, en rouget argilo-siliceux, assez bon. Le sous-sol de ces trois derniers bois est le calcaire compacte supérieur, à pâte lithographique, fendillé et disloqué en tous sens, comme cela existe pour le finage dans toute la zone d'est.

Tableau géognostique et analytique du territoire de POUILLY-SUR-VINGEANNE.

Nº 1 DE LA CARTE.

§ 1. *Climats* ou *lieux-dits :* sur les Terres, les Prûniers, les Onze Pieds, les Bourgeons, la Craie, Poirier Rougeot, sur les Vignes, Jadelot, les Vignes, Petits Montants, Grands Montants, sur les Creux, Champ des Creux et la partie sud du village jusqu'aux prés.

§ 2. *Caractères généraux extérieurs du sol :* herbue douce, graveleuse et légère sur bien des points, fertile, d'une culture facile, peu calcaire, mais d'un bon fond. Terre jaune-rouille et blonde, exposée au levant et au midi en légers coteaux ; sous-sol argileux et glaiseux au nord et à l'ouest, pierrreux et rocailleux au sud et à l'est, perméable seulement dans ces dernières parties, ainsi qu'en Chauffedey et les Aubriets.

§ 3. *Constitution physique :*

Débris organiques, pailles, racines, fumiers, etc.	0,08	100,00
Pierrailles, de la grosseur d'un pois à une noix ordinaire, ou de plus de 0m003 de diamètre	0,22	
Gravier, de la grosseur d'un grain de navette à un pois, ou de 0m0005 à 0m003 de diamètre	1,41	
Sable fin, au-dessous de la grosseur d'un grain de navette, ou de moins de 0m0005 de diamètre	3,79	
Matières ténues entraînées par l'eau	94,50	

§ 4. *Composition chimique :*

Produits volatils ou combustibles.	Eau	1.50	5.40
	Matières volatiles ou combustibles : humus, sels divers et débris organiques	3.80	
	Azote	0.10	
Matières minérales	Résidu insoluble, argile et silice	85.23	94.60
	Alumine et peroxyde de fer	6.81	
	Chaux	0.85	
	Magnésie	0.33	
	Acide carbonique et pertes	1.38	
			100.00

§ 5. *Dénomination scientifique du sol :* sols argilo-calcaires, compiactes, perreux entre les Minières et les Barraques.

§ 6. *Puissance* ou *épaisseur du sol végétal :* de 0m20 à 0m50 sur fond pierreux, perméable au sud et à l'est, et de 0m50 à 1 mètre sur fond argileux imperméable au nord et à l'ouest.

§ 7. *Observations et améliorations que le sol réclame :* d'abord l'assainissement des parties basses et goutteuses ; puis le chaulage à haute dose dans les partie argileuses, 15 à 18 mètres cubes par hectare, 12 à 13 mètres dans les terres graveleuses ; fortes fumures et défoncement pour ramener le fond de la couche végétale à la surface du sol, afin d'utiliser les sels qui y sont tout à fait inactifs. Enfouissements en vert des colzas, du trèfle, des fèves, etc., et emploi des fumiers demi-courts, dont la fermentation n'est pas très avancée.

§ 8. *Valeur vénale :* de 1,500 à 2,000 francs l'hectare.

N° 2 DE LA CARTE.

§ 1. *Climats :* Arpenoy, aux Essaux, Monsemble, Preslot, Chemin de Mornay, les Murots, sur le Pâquis, sur Pré Cadet, la Combotte, Pissedenier vers l'Aqueduc et bas de Prédary.

§ 2. *Caractères extérieurs du sol :* herbue douce, presque pareille à celle du n° 1, mais contenant plus de pierrailles, de gravier et de chaux, facile à labourer, très fertile, surtout à l'ouest de la route n° 8 ; bon fond, bien humifié, épais, à sous-sol pierreux, mêlé de bons rougets perméables. Exposition au sud et au sud-ouest, en pentes douces. Comme valeur de sol et production, ces climats appartiennent aux premières classes du canton.

§ 3. *Constitution physique :*

Débris organiques	0.10
Pierrailles	3.10
Gravier	2.25
Sable fin	7.90
Matières ténues	86.65
	100.00

§ 4. *Composition chimique :*

Produits volatils ou combustibles	Eau	2.50	6.42
	Matières volatiles ou combustibles	3.80	
	Azote	0.12	
Matières minérales	Résidu insoluble, argile et silice	77.86	93.58
	Alumine et peroxyde de fer	7.60	
	Chaux	2.20	
	Magnésie	0.40	
	Acide carbonique et pertes	5.52	
			100.00

§ 5. *Dénomination :* sols calcaires, argilo-siliceux, graveleux et sablonneux.

§ 6. *Epaisseur :* de 0m50 à 1 mètre et plus sur fond pierreux, perméable.

§ 7. *Améliorations* : les mêmes qu'au n° 1, mais le chaulage à moins haute dose, 8 mètres cubes par hectare dans les terres en revers et 12 mètres dans celles qui joignent les prés.

§ 8. *Valeur vénale :* 3,000 francs l'hectare, en moyenne.

N° 3 DE LA CARTE.

§ 1. *Climats :* sur le bois de Mornay, Combe Froide, Creux de la Chaudière, Croix au Duc de Bar, Champ Blanc, devant de Champ Blanc, la Grensière, Combe Courbe, Rang Crapaut, les Brûleux, les Charbonnières, Verdelot, partie de Beauvoie et des Lavières, Dallein et devant de Dallein, Buisson des Pierres, Dernier Mot, Creux d'Eau, devant du Creux d'Eau, l'Allouette, l'Aige Baret, Combe Lalouche, au nord ; Prédary, au nord ; l'Enclos, Juif et revers de Juif, au-dessus de la Roche, Champ des Crottes, Fin de Saint-Seine, au sud ; l'Espérance, Combe Boniard, Combe Robin, au sud ; Champ Bourdonnot, au sud ; Reposoir, Poirier au Diable, l'Aige à la Roue et Poirier Jean Coutelier, au sud.

§ 2. *Caractères extérieurs du sol :* terre généralement légère, pierreuse et sèche, dans laquelle se trouvent de petites combes et des revers en bonne herbue ou en rouget plus ou moins fort d'une grande épaisseur. Les parties pierreuses sont peu productives, brûlantes et arides sur bien des points et en fortes pentes du côté de Saint-Seine, où se trouvent des climats argilo-ferrugineux très compactes et acides. Toutes les terres de ce numéro sont en pentes bien prononcées et en petits vallons exposés au sud, à l'est et à l'ouest. La couleur de la superficie varie du blond au jaune-rouille et au rouget très foncé. Le sous-sol est pierreux et rocailleux.

§ 3. *Constitution physique :*

Débris organiques	0.18
Pierrailles	19.56
Gravier	3.16
Sable fin	5.13
Matières ténues	71.97
	100.00

§ 4. *Composition chimique :*

Produits volatils ou combustibles.	Eau	2.50	7.00
	Matières volatiles ou combustibles	4.39	
	Azote	0.11	
Matières minérales	Résidu insoluble, argile et silice	66.54	93.00
	Alumine et peroxyde de fer	8.46	
	Chaux	8.00	
	Magnésie	0.37	
	Acide carbonique et pertes	9.63	
			100.00

§ 5. *Dénomination :* sols calcaires, argilo-siliceux, très pierreux.

§ 6. *Epaisseur :* de 0m10 à 0m25 dans les parties sèches et pierreuses sur fond rocailleux et rocheux ; de 0m30 à 1 mètre sur fond rouget, assez compacte et peu perméable dans les combes et les herbues rousses.

§ 7. *Améliorations :* ces terrains contiennent assez, sinon trop de chaux. Ils ont besoin de fraîcheur qu'on peut obtenir, tout en leur donnant du fond, au moyen du mélange de terres d'herbues froides, 25 à 50 mètres cubes et plus par hectare, selon que la couche arable est plus ou moins pierreuse et épaisse. Défoncement et épierrements continuels. Emploi des fumiers gras, bien pourris, qui agissent vite sur les plantes. Demi-fumure au moyen des enfouissements en vert, au moment de la floraison, des lupins, du sarrasin et notamment du sainfoin. Il conviendrait de chauler et cendrer les rougets ferrugineux du fond des combes, et là n'employer que le fumier long, propre à échauffer et diviser le sol,

§ 8. *Valeur vénale :* de 400 à 1,000 francs l'hectare.

N° 4 DE LA CARTE.

§ 1. *Climats :* Combe Jean Bourgeois, au nord ; Combe des Araignes, Bruère des Coudres, l'Envieux, Combe Maitretisse, sur Combe Maitretisse, Pas de Vache, Champ à la Brebis, Moptu, sur le Bois Saint-Père, l'Epluey, Champ de l'Epluey, Elaizot, Petit Elaizot, Grands Elaizots, la Caillotte, la Louvière, Fin de Saint-Seine, au nord ; Combe Robin, au nord ; sur Combe, au Trouillot, bas du Chemin de Gray et Poirier Jean Coutelier, au nord.

§ 2. *Caractères extérieurs du sol :* herbue rousse, ocreuse ou blonde. Affleurement pierreux et revers graveleux, fond de terre argileux, compacte et de bonne qualité. Les combes sont très bonnes, quoiqu'un peu froides et pas assez calcaires ; mais généralement ces terrains sont frais et productifs, faciles à cultiver et pas mal humifiés. Le sous-sol est partout rocheux ou rocailleux et perméable. L'exposition est au sud, à l'ouest et au nord, en pentes souvent très prononcées.

§ 3. *Constitution physique :*

Débris organiques	0.29
Pierrailles	3.01
Gravier	2.08
Sable fin	7.90
Matières ténues	86.72
	100.00

§ 4. *Composition chimique :*

Produits volatils ou combustibles	Eau	1.00	5.40
	Matières volatiles ou combustibles	3.38	
	Azote	0.12	
Matières minérales	Résidu insoluble, argile et silice	78.86	94.60
	Alumine et peroxyde de fer	8.47	
	Chaux	3.74	
	Magnésie	0.14	
	Acide carbonique et pertes	3.39	
			100.00

§ 5. *Dénomination :* sols calcaires, argilo-siliceux, sablonneux et pierreux sur quelques points.

§ 6. *Epaisseur :* de 0m25 à 1m50 dans les combes, sur fond rocailleux, dans les hauteurs, et argileux, rouget dans les-bas.

§ 7. *Améliorations :* labourer profondément, employer les fumiers bien pourris et appliquer les améliorations que nous avons indiquées au numéro précédent.

§ 8. *Valeur vénale ;* de 800 à 1,200 francs l'hectare.

N° 5 DE LA CARTE.

§ 1. *Climats :* les prés en amont et en aval du village.

§ 2. *Caractères extérieurs du sol :* prés bas, humides, donnant un foin abondant, mais de qualité inférieure. Sol glaiseux, compacte, amer, reposant sur un fond d'alluvions anciennes très tenaces et ferrugineuses placées sur des graviers au niveau du plafond de la Vingeanne.

§ 3. *Constitution physique :*

Débris organiques	0.36
Pierrailles	0.53
Gravier	0.54
Sable fin	2 92
Matières ténues	95.65
	100.00

§ 4. *Composition chimique :*

Produits volatils ou combustibles.	Eau	5.20	14.40
	Matières volatiles ou combustibles.	8.89	
	Azote	0.31	
Matières minérales	Résidu insoluble, argile et silice.	75.56	85.60
	Alumine et peroxyde de fer	6.21	
	Chaux	0.77	
	Magnésie	0.21	
	Acide carbonique et pertes	2.85	
			100.00

§ 5. *Dénomination :* sols argileux, très peu calcaires et argilo-siliceux.

§ 6. *Epaisseur :* de 1m50 à 2 mètres sur fond glaiseux, au-dessous duquel se trouvent les graviers du plafond de l'ancienne vallée.

§ 7. *Améliorations :* ces prés ont surtout besoin d'assainissement ; l'emploi des cendres et des calcaires y ferait très bien pour détruire la mousse et neutraliser la rouille et l'acidité produites par le peroxyde de fer. Si on emploie ces matières, il faut après l'épandage avoir soin de herser légèrement et en tous sens la superficie du sol, pour y faire pénétrer les amendements et soulever la mousse.

§ 8. *Valeur vénale :* de 3,600 à 4,500 francs l'hectare.

N° 6 DE LA CARTE.

§ 1. *Climats :* Combe du Chemin de Fontaine, Chapperon, Cressigny, Beuil, Essart au Maréchal et Pré Mammez.

§ 2. *Caractères extérieurs du sol :* terres un peu pierreuses, graveleuses et sablonneuses, bien humifiées, de bon rapport en céréales et en fourrages artificiels ; peu calcaires mais assez bien constituées et susceptibles de toutes sortes d'améliorations. Exposition en plateaux et en combes, au levant et au midi ; couleur ocre clair, à sous-sol rouget glaiseux sur plusieurs points et à rouget mêlé de pierres sur les autres. Quelques affleurements du corallien supérieur se montrent, avec leurs bancs fissiles, dans les fortes pentes. A part les parties en sous-sol glaiseux, tous ces climats sont assez perméables.

§ 3. *Constitution physique :*

Débris organiques	0.15
Pierrailles	5.10
Gravier	4.14
Sable fin	9.81
Matières ténues	80.80
	100.00

§ 4. *Composition chimique :*

Produits volatils ou combustibles.	Eau	2.20	6.61
	Matières volatiles ou combustibles.	4.28	
	Azote	0.13	
Matières minérales	Résidu insoluble, argile et silice.	80.17	93.39
	Alumine et peroxyde de fer	7.50	
	Chaux	1.50	
	Magnésie	0.22	
	Acide carbonique et pertes	4.00	
			100.00

§ 5. *Dénomination* : sols calcaires, argilo-siliceux.

§ 6. *Epaisseur :* de 0m25 à 1 mètre sur fond rouget imperméable et sur fond pierreux perméable dans plusieurs endroits.

§ 7. *Améliorations :* les mêmes qu'aux nos 2, 3 et 4.

§ 8. *Valeur vénale :* de 1,500 à 1,800 francs l'hectare.

Nos 7 ET 7 BIS DE LA CARTE.

§ 1. *Climats :* Montrembloy, vers le Bois de Saint-Seine, Creux Charlot, les Pettes, Pré Martigny, Buisson Guignette, les Tassonnières, Champ des Fosses, Comme de Thouard, Puisot, les Minières, Chauffedey, les Aubriets et Champ Cabet.

§ 2. *Caractères extérieurs du sol* : terres humides, goutteuses, siliceuses, argileuses et glaiseuses ; compactes, froides, complétement dépourvues de calcaire ; couleur ocre foncée ; exposition à l'est, au sud-est et un peu au nord, en pentes assez douces et en combes toujours goutteuses. Sous-sol glaiseux, ferrugineux, imperméable. Les climats qui se rapprochent du village sont un peu graveleux, sablonneux et plus perméables. Mais le fond est toujours fort et froid.

§ 3. *Constitution physique :*

Débris organiques	0.15
Pierrailles	1.10
Gravier	2.14
Sable fin	4.81
Matières ténues	91.80
	100.00

§ 4. *Composition chimique :*

Produits volatils ou combustibles.	Eau	1.95	5.40
	Matières volatiles ou combustibles.	3.38	
	Azote	0.07	
Matières minérales	Résidu insoluble, argile et silice.	81.07	94.60
	Alumine et peroxyde de fer	8.85	
	Chaux	0.00	
	Magnésie	0.24	
	Acide carbonique et pertes	4.44	
			100.00

§ 5. *Dénomination :* sols siliceux, argileux et glaiseux, non calcaires ; *les seuls du canton, avec ceux du n° 6 d'Orain, qui ne contiennent pas de chaux.*

§ 6. *Epaisseur :* de 0m50 à 1 mètre et plus sur fond argileux, glaiseux, acide et imperméable.

§ 7. *Améliorations :* il faut drainer les quatre cinquièmes de ces terres; cela est d'autant plus facile que la couche végétale est généralement en pentes assez fortes et qu'on est sûr d'avoir de l'écoulement par les fossés inférieurs. Il convient ensuite de donner de 15 à 18 mètres cubes de chaux dans les terres amères et très fortes. Tous les amendements calcaires stimulants et pouvant ameublir la terre, ne doivent pas être négligés : les plâtras, le plâtre, les cendres, les boues de chemins, les curures de fossés, le mélange des terres légères, les découverts de carrières, etc. Employer les fumiers longs, peu fermentés et chauds. Enfouir les colzas, les trèfles, les pois, les vesces, toutes plantes, en un mot, riches en parties foliacées et ayant la propriété d'échauffer et de diviser le sol.

§ 8. *Valeur vénale :* 1,200 francs l'hectare, en moyenne.

Production moyenne agricole de Pouilly.

Nos de la Carte et du Tableau	PRINCIPAUX CLIMATS.	PRODUITS MOYENS PAR HECTARE : EN HECTOLITRES DE						EN QUINTAUX DE			
		Blé.	Seigle.	Avoine.	Orge.	Pommes de terre.	Vin.	Foin.	Luzerne.	Trèfle.	Sainfoin.
1	Les Montants.	17	»	25	»	100	32	»	70	35	35
2	Monsemble.	20	20	28	28	100	»	»	70	35	35
3	Champ Blanc, Juif. . . .	14	»	18	18	88	»	»	53	26	26
4	Bruère, Elaizots.	14	»	14	14	88	32	»	53	26	26
5	Prés naturels.	»	»	»	»	»	»	40	»	»	»
6	Beuil.	19	18	28	»	105	»	»	53	53	35
7	Montrembloy.	15	14	21	20	95	»	»	45	35	»
7 bis	Pré Martigny.	14	»	14	14	»	»	»	»	26	»
	Moyennes. . . .	14.8	17.3	21.1	18.8	96	32	40	57.3	31.7	31.4

On ne sème du seigle, sur les éteules des blés, dans les bonnes terres, que pour faire des liens.

Les autres produits, moins importants et de consommation locale, sont comme ceux de Fontaine-Française et de Saint-Seine.

COMMUNE DE SAINT-SEINE-SUR-VINGEANNE.

Population. . . . . 804 habitants.
Etendue territoriale. . . . . 1,868 h. 67 a. 78 c.
Revenus imposables. . . . . 61,537 fr. 76 c.

Le dernier territoire que nous avons étudié, celui de Saint-Seine-sur-Vingeanne, a une grande étendue et est séparé en deux parties distinctes par le soulèvement qui domine le village au levant.

Son assise géologique est très peu variée, et presque partout nous n'avons reconnu que les diverses zones et les couches du *corallien*, qui est à la partie supérieure de l'étage moyen *des terrains jurassiques, série oolithique*.

Nous avons déjà parlé de la carrière de l'Allau, où M. le marquis de Saint-Seine a extrait dans les zones moyenne et supérieure du corallien, de belle taille, pleine, qu'il emploie à la reconstruction d'une partie de son château. Malheureusement les bons bancs de cette carrière sont à un niveau trop bas et les eaux, envahissant la fouille, empêchent l'extraction pendant une bonne partie de l'année.

Traversant la Vingeanne, dont le plafond repose sur les assises supérieures de l'*oxfordien*, recouvertes par des dépôts de graviers calcaires, nous trouvons, sous la Garenne, la zone corallienne à *diceras arietina*, ou calcaire blanc à oolithes miliaires et cannabines liées par une gangue calcaire peu solide.

Plus loin, aux Rangs, nous avons recueilli des débris de pointes du *cidaris florigemma* qui caractérise la première assise du corallien, immédiatement supérieure à l'oxfordien. Vers la Fontaine d'Aprant et en Royot, au-delà du chemin vicinal de Verfontaine, le *calcaire compacte supérieur*, à stratification confuse, à texture grumeleuse et miliaire, fournit de la pierre de taille et des moellons qui gèlent rarement, mais qui ne sont pas d'un bel aspect, en raison des vacuoles et des tendrières sableuses qui les traversent en tous sens.

En Creux Quignolois et dans les friches ou autres terrains voisins, nous avons trouvé *l'assise à plantes*, du calcaire compacte, semblable à celle de la carrière du Buisson du Roi sur Fley, et, jusqu'en bas du Crôc, vers les bois de la Roche et de l'Envion et sur le plateau derrière ces bois, domine encore le calcaire compacte supérieur, à *pâte presque lithographique*, impropre aux constructions. Ce calcaire est très fendillé, gélif et se divise si facilement, que tous les sables d'arène, appelés *groises*, tels qu'on les trouve aux Essards, proviennent de cette roche qui ressemble beaucoup à celle avec laquelle ont été formées les *groises* de Saint-Maurice, mais qui en diffèrent en ce que celles de Saint-Seine sont de production *corallienne*, tandis que celles de Saint-Maurice sont de production *oxfordienne*.

Revenant au village, nous trouvons ce même calcaire compacte, à pâte lithographique ayant le *faciès* du forest-marble et une couleur jaunâtre, avec quelques veines ocrées qui le feraient prendre à première vue pour du kimmérigien ou du portlandien compacte. Ce calcaire ne fournit, sur les grandes friches, que de bons matériaux pour l'entretien des routes.

Les carrières de Saint-Seine, assises sur la zone du calcaire compacte, appartiennent au *corallien miliaire* et donnent de la taille de qualité ordinaire qui, avec le défaut d'être colorée en bleu et en noirâtre, est souvent gélive et a un aspect peu agréable à l'œil. Partout où la partie supérieure des carrières n'a pas été enlevée, on trouve les bancs fissiles du *calcaire marno-compacte* qui servent, sous le nom de *laves*, à couvrir les bâtiments.

Lorsque nous aurons dit qu'aux Minières il existe un fort dépôt de la *zone eocène* des terrains tertiaires, à minerai de fer pisolitique, et que nous aurons constaté que la masse des *herbues* qui forment, avec les dépôts d'*alluvions anciennes*, le sol et le sous-sol de la couche végétale, nous aurons établi, peut-être bien imparfaitement, mais au moins véritablement, l'assise générale géologique du territoire de Saint-Seine.

Ceci dit, nous allons examiner plus localement les diverses zones ou régions que nous avons formées du finage et nous parlerons aussi de leur culture.

Dans les climats de l'Allau, la Lochère et tous ceux compris entre les prés et le bois de l'Allan, nous avons un sol peu ou point pierreux, généralement plat et de qualité inférieure comme composition, mais qui, en raison de la proximité du village, a toujours été bien soigné et a donné de bons produits. Dans ces climats, le blé et l'avoine végètent bien, mais il n'en est pas de même de l'orge, des luzernes et du sainfoin qui, comme dans les endroits où l'herbue domine, manquent totalement ou donnent de si faibles produits, qu'il est impossible de les y cultiver.

Si nous traversons les prés et la Vingeanne, en amont de Saint-Seine-la-Tour, au bas du pays et en aval de Saint-Seine-l'Eglise, nous arrivons dans des terrains argilo-siliceux, un peu pierreux, meubles, calcaires, très humifiés, donnant des produits très considérables (les plus forts du canton) en céréales et en plantes fourragères. Ces terres, propres à toutes sortes de cultures, ont une grande épaisseur. Le houblon, les betteraves, les légumes, réussissent parfaitement dans les plaines au bas de Saint-Seine-l'Eglise et tout le long de la route départementale n° 8, du côté de Pouilly. Le sol est profond, perméable, frais, léger, en un mot a toutes les qualités nécessaires pour faire prospérer les plantes qui amènent avec elles l'aisance et la fortune dans les pays où leur culture est introduite et intelligemment dirigée.

Dans tous les climats qui composent la ferme de Rosière, le Boulois et ceux qui s'étendent de la fontaine d'Aprant au Chemin de la Combe de Feu, les terres argileuses et silicéo-argileuses forment la masse du sol et du sous-sol. Ces terres sont pauvres, ingrates, ne produisent que bien peu de céréales et encore moins de plantes fourragères. La luzerne ne peut y venir, parce que le sous-sol, glaiseux, acide, froid et compacte, s'oppose au développement des racines, qui ne trouvent pas assez de nourriture dans la couche trop mince, remuée par les instruments aratoires. Ces sols, très amers au fond, ne renferment d'ailleurs que de 1 à 2 pour cent de chaux, beaucoup d'argile, de silice, et ils sont généralement imperméables et goutteux.

Les Minières et autres climats voisins à terre ferrugineuse, acide, grasse, glaiseuse, tenace, froide et goutteuse, sont encore moins productifs que les précédents et auraient plus particulièrement besoin d'assainissement et de chaulage, pour neutraliser l'acidité du sol et empêcher la rouille. Le sol et le sous-sol, sur une certaine épaisseur, sont formés des *terrains tertiaires* moyens et inférieurs qui contiennent beaucoup de fer hydroxydé et des rognons (greluches) marno-compactes, aussi très ferrugineux, qui rendent la couche végétale tout à fait amère et brûlent les plantes par l'effet corrosif de la rouille.

Les quelques parties de tous ces climats qui se trouvent dans des conditions topographiques avantageuses, ou qui ont une constitution physique plus rationelle, sont cependant bonnes et productives ; mais comme leur étendue est relativement très restreinte, nous ne pouvons donner des éléments que sur l'ensemble des sols semblables, laissant de côté le détail par sillon ou par plus grandes étendues, qui ne forment que des oasis dans la totalité d'une zone étudiée.

En nous portant de la route départementale n° 10, vers le Creux Quignolois au levant, dans la direction du Fahy et de Vars, nous ne parcourons encore que des herbues, mais de qualité bien supérieure à celles qui viennent de nous occuper. Le sous-sol est moins compacte, plus perméable et moins amer ; la couche végétale, quoique ne renfermant que

0m90 pour cent de chaux, est assez bonne, meuble, fertile, épaisse et surtout moins sujette à la rouille. On comprendra de suite pourquoi le sol est meilleur que du côté de la ferme de Rosière et en deçà, quand on voudra bien se rappeler que tous les climats au nord-est de la route n° 10 sont en plateaux et que les couches végétales et arables, restées en place, n'ont pas souffert et ne souffrent pas de la lévigation continuelle et de la corrosion que les eaux exercent sur les terres en pentes, à base argileuse, faciles à se délayer et à être entraînées, qui emmènent avec elles tous les matériaux propres à la nutrition des plantes. Aussi voit-on dans les contrées comprises entre les prés, le village et la Combe de Feu, apparaître, sur bien des points, le sous-sol rouget, glaiseux, plus tenace que le sol et dénudé par les ravines qui y ont même creusé de profonds sillons. La couche végétale étant enlevée et le sous-sol impropre à la nutrition et au développement des racines, il faut reconstituer la terre, et on y arrivera d'abord, partout où cela sera possible, en labourant transversalement à la déclivité du sol, ensuite en donnant à celui-ci les éléments constitutifs et chimiques qui lui manquent et qui devront y amener, avec l'aide des plantes pivotantes, une certaine fermeté et une régularité de surface, qui s'opposeront d'une manière efficace aux dégradations de l'eau.

Toutes les parties du territoire de Saint-Seine que nous avons déjà examinées, à l'exception de la zone n° 11 du tableau analytique, ne contiennent que de 0,30 à 2,50 pour cent de chaux et, étant froids, tenaces, acides, ont grandement besoin de l'élément calcaire et de copieuses fumures. Malheureusement, à Saint-Seine comme ailleurs, le nombre des têtes du bétail élevé par les cultivateurs, n'est nullement en rapport avec les besoins de l'agriculture et tout à fait au-dessous de la quantité nécessaire de fumier à produire, pour faire rendre aux terres tout ce dont elles sont capables. On compte en Bourgogne, ainsi que nous l'avons déjà dit plusieurs fois, que, pour qu'une culture soit bien tenue et donne des résultats satisfaisants, il faut une tête de gros bétail par hectare ou dix moutons. Nous répéterons encore pour Saint-Seine ce que nous avons dit pour les autres communes : augmentez votre culture de prairies artificielles, vous pourrez augmenter votre étable et produire plus de fumier. Donnant alors à vos terres tout l'engrais qu'elles demandent, vous pourrez, sur une étendue moindre de terrain, récolter autant et plus de blé que sur une plus grande surface, qu'il vous est aujourd'hui impossible de fumer convenablement et qui aussi vous rend très peu. Vous aurez ensuite la vente du bétail, qui vous donnera des bénéfices certains.

A l'est et au nord des parties du finage que nous venons de passer en revue, nous trouvons le Crôc, point culminant, avec tous ses versants formés de terres pierreuses dans lesquelles on cultive la vigne, dont le produit moyen annuel est de 34 hectolitres à l'hectare, d'un vin qui, comme tous ceux du canton, est sans bouquet, peu alcoolique et ne se conserve pas longtemps.

La culture des céréales occupant tous les bras à Saint-Seine, il n'est guère possible au cultivateur de soigner convenablement ses vignes ; le temps lui manque, et d'ailleurs la nature corallienne du sol ne saurait probablement ajouter de la qualité aux produits.

Derrière les bois de l'Envion et de l'Echeneau, où domine le calcaire compacte, il existe bien des variations dans la qualité et la valeur vénale du sol. Partout ici la chaux est en notable quantité, 5,16 pour cent ; mais le terrain, très tourmenté, donne, à côté d'un fond de première classe, un champ de cinquième classe, ou une friche tout à fait inculte.

Nous avons déjà vu qu'aux Essards, au bois de la Roche et sur toute la hauteur et les versants d'ouest qui dominent les deux Saint-Seine, jusqu'au chemin vicinal du Cornot, le terrain est en friche ou tellement pierreux, que le limon argileux en forme à peine les trois cinquièmes. On doit comprendre que tous ces climats, sauf ceux qui sont à l'est de la route de Pouilly et au pied des coteaux, sont peu fertiles et que les récoltes doivent y être bien minimes. Le fond manque, le sol, pierreux et brûlant, est constamment délavé par les eaux qui entraînent avec elles dans la vallée, au détriment de l'agriculture, toutes les parties fines de la terre et les éléments nutritifs des plantes. Les pommes de terre et les légumes sont d'excellente qualité dans tous ces versants pierreux, mais leur rendement est très faible.

Au milieu de tous les terrains rocheux qui forment la crête de Saint-Seine-l'Eglise, sur un des points culminants, vers le Peuplier Jeanneton (altitude 289), un petit plateau silicéo-argileux, très ingrat, de peu d'étendue, est resté là comme pour prouver, avec son dépôt *diluvien et ses chailles*, que le dernier cataclysme de notre globe a submergé toutes les hauteurs de nos contrées.

A Saint-Seine, ainsi que dans toutes les autres communes du canton, le trèfle ordinaire *se perd*, disent les cultivateurs (1). Il est en effet facile de constater que, depuis une vingtaine d'années, cette légumineuse donne des produits qui vont toujours en diminuant. Il serait à souhaiter, dans la crainte que le trèfle ne vînt à manquer totalement, que l'on multipliât les essais de la culture du *brome de Schrader*, attendu que cette graminée, si

---

(1) Les récoltes en trèfle diminuent parce qu'on en sème trop souvent sur le même fond et qu'on ne fume pas assez.

elle peut s'acclimater dans nos pays, est appelée à rendre d'immenses services et à donner des produits au moins égaux, sinon plus forts que la luzerne dans des terres où cette dernière plante ne viendrait pas, et à des époques où toute autre végétation a cessé. Nous constatons avec plaisir que des essais, suivis de succès, se font depuis deux ans à Saint-Maurice par M. Chambure et à Fontaine-Française par M. Thibaut. (Voir la notice sur le brôme de Schrader par M. Lavallée).

On ne sème d'orge et de seigle que ce qui est nécessaire, la première de ces céréales pour l'élevage des porcs et des oiseaux de basse-cour, et la seconde pour faire des liens.

Nous croyons qu'on cultive trop peu de sainfoin à Saint-Seine. Il est vrai que beaucoup de climats ne se prêtent pas à cette culture, mais bien d'autres pourraient la recevoir. Nous engageons les cultivateurs à augmenter l'étendue de leurs prairies artificielles en sainfoin et à en mêler avec le trèfle, ainsi que cela se pratique déjà dans plusieurs localités. Nous sommes certain qu'ils réussiront dans leurs essais et que, comme leurs voisins, ils seront satisfaits de ce mélange.

Nous avons encore remarqué dans bien des endroits, et notamment du côté de la ferme de Rosière, que les labourages sont faits trop superficiellement. Le sous-sol serré, souvent compacte et imperméable, empêche les racines de se développer et de plonger suffisamment dans la terre : elles sont obligées d'errer, de s'étendre dans une couche trop mince et, n'y trouvant pas une nourriture suffisante, elles languissent et se dessèchent ; la partie herbacée souffre, s'étiole ou meurt et ne donne que de petits et mauvais produits.

Si les chaulages peuvent convenir dans tous les terrains froids et humides, les enfouissements en vert des plantes choisies *ad hoc*, leur seraient non moins favorables. Mais il existe à Saint-Seine, comme partout ailleurs, un principe d'amendement modifiant de toutes ces terres, qui ne coûterait que de la main-d'œuvre et des transports. Nous voulons parler de l'amendement *par le mélange des terres*. Nous avons développé les effets de ce mélange dans la première partie de notre ouvrage, nous ferons une application.

Les terres légères, graveleuses et sableuses des Essards et des autres climats graveleux ou pierreux contiennent de 14,56 à 24,56 pour cent de pierrailles et de graviers calcaires. Les terres à droite et à gauche de la route n° 8 vers le bois de l'Allau, n'en renferment que 5,54 ; celles à droite et à gauche de la route n° 10, du côté d'Autrey, que 6,24 ; la ferme de Rosière, Pré Bardel, sur Vesvre, aussi que 5,04 pour cent. Or ces terres sont compactes, fortes, tenaces et siliceuses. Il serait facile de les améliorer et de changer la nature physique de la couche arable, sur environ vingt centimètres d'épaisseur, en y introduisant, selon le cas, de 50 à 80 et même 100 mètres cubes par hectare de terre graveleuse des Essards. Le sol plat de ces derniers climats pourrait, à son tour, être amélioré en y ramenant, par contre-voiture, des terres d'herbue du champ où l'on aurait conduit des terres graveleuses. En faisant ces échanges et ces mélanges, on obtiendrait un double résultat. D'abord rendre plus meubles les terres fortes, et ensuite plus consistantes les terres trop légères. En outre nous avons vu, dans l'article du mélange des terres comme amendements, qu'une terre argileuse, introduite même dans un sol déjà très argileux, améliorait (on ne sait encore pourquoi) tellement la couche végétale, qu'on a obtenu en Bresse des effets surprenants de ces mélanges.

Les sources ne sont pas abondantes à Saint-Seine ; les motifs de cette rareté, que nous avons donnés pour Pouilly, sont les mêmes ici. Les eaux filtrent à travers les couches disloquées du corallien, jusqu'aux marnes oxfordiennes qui sont plus basses que la prairie, de sorte qu'elles ne peuvent jaillir qu'au niveau de la Vingeanne et sont ainsi perdues sans profit pour les besoins journaliers de la population.

Les puits de Saint-Seine sont tous creusés très profondément et doivent atteindre, sinon le niveau de la Vingeanne, au moins la couche imperméable qui lui est peu supérieure et qui empêche les eaux de pénétrer plus bas. La construction de ces puits est très dispendieuse ; beaucoup d'habitants y ont suppléé au moyen de citernes pour l'alimentation intérieure.

L'analyse qui a été faite du puits de la place du château a accusé 395 milligrammes de matières étrangères par litre. Cette eau est très chargée en carbonate de chaux et occupe le quatorzième rang parmi celles des seize sources et puits du canton dont l'eau a été analysée.

L'altitude de Saint-Seine est de 223 mètres dans la prairie de Grande-Borne ; elle s'élève à 289 au pied du Peuplier Jeanneton et se maintient, dans les plateaux supérieurs, entre 270 et 286 mètres, cette dernière hauteur étant celle du sommet du Crôc.

Le bois de l'Allau, à M. le marquis de Saint-Seine, a, dans toute la partie sud-est, un sol semblable à celui des prés qu'il joint ; de là à la route n° 8 et au-delà, jusqu'au territoire de Pouilly, le sol est non calcaire, argilo-siliceux, sablonneux et formé de terrains tertiaires et d'alluvions anciennes, d'une grande puissance. Le sous-sol est glaiseux, compacte et imperméable. Ces bois sont très bons et surtout riches en futaies que M. de Saint-Seine père a su sagement ménager.

Le petit bois de la Garenne est, au couchant, à sol calcaire oolithique miliaire, et, au levant, à sol argilo-calcaire très amer, de même que le bois de la Vévrotte et le Buisson du Roi, où la terre est aussi humide, froide, argileuse et ferrugineuse.

Le bois Royet, comme les champs qui l'entourent, a le sol calcaire, argilo-siliceux et silicéo-argileux ; le sous-sol est le calcaire oolithique supérieur de la série corallienne.

Les bois de la Roche et de la Cour sont rocheux et pierreux, comme une partie de ceux de l'Envion et de l'Echeneau. Ceux-ci ont d'excellents fonds de terre argilo-siliceuse calcaire ; et, dans tous, le sous-sol, formé de calcaire compacte très disloqué, laisse facilement passer les racines qui vont puiser, dans des couches basses, dans des fissures terreuses, la fraîcheur et la nourriture que les couches supérieures ne peuvent leur procurer.

Au point de vue du défrichement, le bois de l'Allau ne donnerait que des terres maigres, froides, non calcaires et fort souvent couvertes ou imprégnées d'eau, qu'elles conservent malheureusement trop bien. On pourrait cependant faire des prés avec la partie qui se trouve au niveau de la grande prairie.

Les petits bois de la Garenne, de la Vévrotte, du Roi et de Royet, ne feraient aussi que des terres fortes, acides et d'un mauvais produit.

Quant aux bois de l'Envion et de l'Echeneau, ils sont d'un trop bon produit pour la commune et d'une nécessité trop absolue pour songer un instant seulement à les mettre en culture. Il serait au contraire à souhaiter que le gouvernement n'autorisât plus de défrichement et encourageât d'une manière plus large et tout exceptionnelle les reboisements, en donnant aux communes et aux particuliers des subventions qui leur permissent de faire des plantations dans toutes les friches et autres terrains peu propres à la culture des céréales.

La commune de Saint-Seine a soixante hectares de friches qui pourraient facilement être plantées d'arbres verts. Nous prions le lecteur de se reporter aux communes de Courchamp et d'Orain, où nous avons suffisamment traité cette question, pour ne pas être obligé d'entrer ici dans de nouveaux détails.

Tableau géognostique et analytique du territoire de SAINT-SEINE-SUR-VINGEANNE.

N° 1 DE LA CARTE.

§ 1. *Climats* ou *lieux-dits* : l'Allau, la Lochère, derrière le bois de l'Allau, Marchat, Champ Chaillant et le Vernois.

§ 2. *Caractères généraux extérieurs du sol* : herbues assez douces et fertiles dans les plateaux, plus fortes dans les bas, difficiles à cultiver, froides et goutteuses, acides et très argileuses ; de couleur rouille foncée, en pentes douces au levant et au couchant. Sous-sol rouget, glaiseux, imperméable et amer, mais, comme la couche végétale, susceptible d'être amélioré par le contact de l'air, l'insolation et les amendements.

§ 3. *Constitution physique :*

Débris organiques, pailles, racines, fumiers, etc.	0,18	100,00
Pierrailles, de la grosseur d'un pois à une noix ordinaire, ou de plus de 0m003 de diamètre	2,87	
Gravier, de la grosseur d'un grain de navette à un pois, ou de 0m0005 à 0m003 de diamètre	2,67	
Sable fin, au-dessous de la grosseur d'un grain de navette, ou de moins de 0m0005 de diamètre	7,97	
Matières ténues entraînées par l'eau	86,31	

§ 4. *Composition chimique :*

Produits volatils ou combustibles.	Eau	1.90	6.00
	Matières volatiles ou combustibles : humus, sels divers et débris organiques	3.96	
	Azote	0.14	
Matières minérales	Résidu insoluble, argile et silice	73.27	94.00
	Alumine et peroxyde de fer	16.78	
	Chaux	0.33	
	Magnésie	0.61	
	Acide carbonique et pertes	3.01	
			100.00

§ 5. *Dénomination scientifique du sol :* sols non calcaires, argilo-siliceux, compactes et froids.

§ 6. *Puissance* ou *épaisseur du sol végétal* : de 0m50 à 1 mètre sur fond rouget imperméable.

§ 7. *Observations et améliorations que le sol réclame :* le drainage et l'assainissement des parties goutteuses; le chaulage à la dose de 12 à 13 mètres cubes par hectare. Le mélange des terres graveleuses des Essarts et l'introduction du calcaire sous toutes les formes possibles, plâtras, boues et poussières de route, phosphates de chaux, etc. Emploi des fumiers longs, peu consommés, pour échauffer et diviser la couche végétale.

§ 8. *Valeur vénale* : de 1,000 à 1,500 francs l'hectare, suivant qualité et position.

N° 2 DE LA CARTE.

§ 1. *Climats* : les prés naturels, en amont et en aval.

Nous n'avons pas séparé ces prés, supposant que leur nature ne changera pas.

§ 2. *Caractères extérieurs du sol* : terres d'alluvions anciennes et modernes, chargées de peroxyde de fer, comme tous les prés de la Vingeanne et ayant les mêmes caractères.

§ 3. *Constitution physique* :

Débris organiques	0.44
Pierrailles	0.29
Gravier	0.55
Sable fin	3.21
Matières ténues	95.51
	100.00

4. *Composition chimique* :

Produits volatils ou combustibles.	Eau	4.30	15.80
	Matières volatiles ou combustibles.	11.17	
	Azote	0.33	
Matières minérales	Résidu insoluble, argile et silice.	66.14	84.20
	Alumine et peroxyde de fer	11.62	
	Chaux	2.35	
	Magnésie	0.29	
	Acide carbonique et pertes	3.80	
			100.00

§ 5. *Dénomination* : sols d'alluvions argilo-calcaires.

§ 6. *Epaisseur* : 2 mètres sur fond graveleux, ancien lit de la rivière avant son encaissement, datant à peine de dix-huit siècles.

§ 7. *Améliorations* : cendrer les parties moussues, assainir les endroits bas et humides, et irriguer, ainsi que nous l'avons dit pour la prairie de Fontaine-Française, après le complet assainissement des bas-fonds.

Valeur vénale : de 4,500 à 5,500 francs l'hectare.

N° 3 DE LA CARTE.

§ 1. *Climats* : Buisson Chavané, partie ouest de Coursaule, partie de Champ du Creux, du Veuilley et des Etaules, vers la route n° 8. On peut ajouter à ces climats les Creux Jeanneton et vers le Peuplier, où se trouvent au sud des chailles siliceuses.

§ 2. *Caractères extérieurs du sol :* herbues douces, très fertiles, faciles à labourer, fraîches, d'excellente nature, d'une grande puissance, très humifiées, de couleur blonde, en plaine, à sous-sol d'alluvions, perméable et aréneux. Les herbues du Creux Jeanneton sont plus amères, ingrates et fortes. Cette différence se comprend en ce sens que les terres du Creux Jeanneton, en moins bonne desserte que les autres, sont moins bien soignées et que la couche végétale est chailleuse et plus siliceuse.

§ 3. *Constitution physique :*

Débris organiques	0.19
Pierrailles	0.55
Gravier	1.28
Sable fin	9.82
Matières ténues entraînées par l'eau	88.16
	100.00

§ 4. *Composition chimique :*

Produits volatils ou combustibles.	Eau	1.25	6.60
	Matières volatiles ou combustibles	5.19	
	Azote	0.16	
Matières minérales	Résidu insoluble, argile et silice	85.65	93.40
	Alumine et peroxyde de fer	6.07	
	Chaux	0.61	
	Magnésie	0.23	
	Acide carbonique et pertes	0.84	
			100.00

§ 5. *Dénomination :* sols très peu calcaires, silicéo-argileux, sablonneux.

§ 6. *Epaisseur* : de 0m70 c. à 2 mètres sur fond graveleux et pierreux.

§ 7. *Améliorations :* labourer profondément et sans crainte vers la route n° 8 ; le sous-sol est bon, vierge, et, avec l'insolation et le contact de l'atmosphère, où il puiserait de nouveaux éléments de nutrition, il augmenterait considérablement la puissance et la valeur vénale de la couche végétale. *Chauler* pour composer normalement le sol, surtout au Peuplier Jeanneton, détruire l'amertume et l'acidité produite par l'oxyde de fer, ameublir la couche arable, la rendre propre à recevoir toutes sortes de plantes, donner de la rigidité aux tiges des céréales et empêcher la rouille et le versement. Enfouir en vert le colza, le trèfle, les vesces, les pois fourragers qui divisent le sol, en l'échauffant et le fumant. Employer les boues de route et les fumiers longs comme il est dit au n° 1.

§ 8. *Valeur vénale :* de 1,800 à 2,000 fr. l'hectare, en moyenne, dans les terres ordinaires, et 2,800 dans les meilleurs fonds.

N° 4 DE LA CARTE.

§ 1. *Climats :* Sur le Bois de la Roche, les Essarts, Veubley, le Boutenay, à l'est ; Vigne Jean Mugnier, au milieu ; partie de Rousset, Jeannerotte, dessus de Saint-Seine-l'Eglise, les friches communales, dessus de Plante Folie et des Plantes, le dessus de Saint-Seine-la-Tour, partie de la Chaux, les Murs à l'ouest, Charme du Creux Jeanneton, partie ouest du bas de Lyé et de Bavois, Vendue à l'Ane au sud, le Vergerot, les Rangs et Grai Cochon au sud.

§ 2. *Caractères extérieurs du sol :* terres excessivement pierreuses, graveleuses et légères, brûlantes et infertiles sur bien des points, en pentes très fortes à l'ouest et en petits plateaux au-dessus, le tout d'une bien mince production. Sous-sol rocailleux ou graveleux, sec, perméable et souvent sans aucune trace de terre. Ce sous-sol est surtout formé de graviers et de débris calcaires aréneux.

Les bas des revers, plus épais, plus terreux, sont plus fertiles et de nature à produire toutes sortes de récoltes.

§ 3. *Constitution physique :*

Débris organiques	0.20
Pierrailles	23.82
Gravier	11.74
Sable fin	5.90
Matières ténues	58.34
	100.00

§ 4. *Composition chimique :*

Produits volatils ou combustibles.	Eau	2.50	8.90
	Matières volatiles ou combustibles	6.22	
	Azote	0.18	
Matières minérales	Résidu insoluble, argile et silice	70.01	91.10
	Alumine et peroxyde de fer	8.15	
	Chaux	6.38	
	Magnésie	0.36	
	Acide carbonique et pertes	6.20	
			100.00

§ 5. *Dénomination :* sols calcaires, argilo-siliceux, très pierreux et graveleux.

§ 6. *Epaisseur :* variant de 0m05 à 0m30 et 0m60 sur fonds graveleux, pierreux ou rocheux, très perméable.

§ 7. *Améliorations :* amener dans ces sols des terres d'herbues ou des rougets argileux en grande quantité, pour leur donner du fond, de la fraîcheur et de la consistance. Enfouir en vert le sarrasin, le sainfoin, les lupins, etc., qui forment une sorte de liant dans les terrains trop meubles et produisent l'effet d'une demi-fumure ordinaire. *Cultiver,* autant que possible, *transversalement aux versants*, pour empêcher ou diminuer la dénudation et paralyser l'effet corrosif des eaux pluviales. Employer les fumiers courts, bien pourris, qui produisent instantanément leur effet.

§ 8. *Valeur vénale :* de 300 à 600 francs l'hectare, dans les parties très pierreuses; et de 900 à 1,500 francs dans le bas des revers et les plateaux contre le village.

N° 5 DE LA CARTE.

§ 1. *Climats :* Grande Corvée, les Jardins, bas de Lyé, à l'est ; Champ Groseille, Champs Montants, Poirier à la Cuisse, Creux Varvey, Combe au Miel, Champs Corbeaux, Champ Garnier, Courtots Misurluts et Perrière Robin.

§ 2. *Caractères extérieurs du sol :* terres qui paraissent différentes quant à leur constitution, mais dont la base limoneuse est la même. En somme, bonne terre, bien humifiée, graveleuse et pierreuse sans excès, calcaire et meuble, facile à cultiver et donnant des produits que l'éloignement du pays et la difficulté des dessertes empêchent d'augmenter. Sol blond et ocre, en plateaux et en pentes très douces au sud et à l'est. Bon sous-sol, mais pierreux et perméable, quoique mélangé de terre, ce qui permet aux plantes d'y plonger assez profondément.

§ 3. *Constitution physique :*

Débris organiques	0.25
Pierrailles	7.06
Gravier	3.15
Sable fin	8.47
Matières ténues	81.07
	100.00

§ 4. *Composition chimique :*

Produits volatils ou combustibles	Eau	3.10	9.40
	Matières volatiles ou combustibles	6.12	
	Azote	0.18	
Matières minérales	Résidu insoluble, argile et silice	70.89	90.60
	Alumine et peroxyde de fer	8.43	
	Chaux	5.16	
	Magnésie	0.32	
	Acide carbonique et pertes	5.80	
			100.00

§ 5. *Dénomination :* sols calcaires, argilo-siliceux, pierreux et sablonneux.

§ 6. *Epaisseur* : de 0^{m}10 à 0^{m}20 sur les hauteurs et de 0^{m}20 à 0^{m}60 dans les fonds, le tout sur rocaille très fendillée, disloquée et perméable.

§ 7. *Améliorations :* labourages profonds, défoncements, épierrements continuels, et au surplus mêmes améliorations que pour les climats du n° 4. Employer les fumiers ni trop courts ni trop longs, à demi pourris, parce que le sol tient entre le très léger et le compacte ordinaire.

§ 8. *Valeur vénale :* de 600 à 1,200 francs l'hectare, selon que les champs sont plus ou moins pierreux.

N° 6 DE LA CARTE.

§ 1. *Climats* : Vendue à l'Ane, au nord ; Combe d'Anon et les Murs, à l'est ; Combe Pignard, Champ Chagrin, Champs Canciers, Creux de la Taribosse, Poirier Gros Claude, bas de Beugnot, les Rotures et partie de Combe Madrouillet.

§ 2. *Caractères extérieurs du sol :* herbues assez douces, fertiles, excellentes dans quelques parties au nord, à l'ouest et au milieu ; plus fortes au sud, mais toujours productives. Couleur grise et jaunâtre, en plateaux et en légères ondulations au midi. Sous-sol rouget, peu acide, perméable sur la plus grande étendue. Du côté du bois de l'Envion, la couche végétale contient plus de pierrailles que partout ailleurs, son sous-sol est rocailleux et très perméable. Ces terres n'en sont pas moins bonnes, quoique ne contenant que fort peu de chaux,

§ 3. *Constitution physique :*

Débris organiques	0.00
Pierrailles	4.97
Gravier	1.95
Sable fin	3.86
Matières ténues	89.22
	100.00

§ 4. *Composition chimique :*

Produits volatils ou combustibles.	Eau	1.25	5.50
	Matières volatiles ou combustibles.	4.03	
	Azote	0.22	
Matières minérales	Résidu insoluble, argile et silice.	82.00	94.50
	Alumine et peroxyde de fer	8.90	
	Chaux	0.90	
	Magnésie	0.38	
	Acide carbonique et pertes	2.32	
			100.00

§ 5. *Dénomination :* sols très peu calcaires, argilo-siliceux.

§ 6. *Epaisseur* : de 0m50 à 0m80 sur fond rouget sableux, perméable dans la majeure partie.

§ 7. *Améliorations :* ces terres sont trop peu calcaires, il faut y introduire de la chaux à la dose de 10, 12 et 15 mètres cubes par hectare, selon que le sol est plus ou moins fort et acide. Ne pas craindre de labourer profondément, semer beaucoup de prairies artificielles, dont une partie serait enfouie en vert et économiserait les fumures. Employer les fumiers non complétement fermentés et tout ce qui, comme les détritus et découverts marneux des carrières, les boues de route, les fonds de four à chaux, les plâtras, peut apporter le principe calcaire à ces terres.

§ 8. *Valeur vénale :* de 1,200 à 1,500 francs l'hectare, même 1,800 contre la route n° 10.

N° 7 DE LA CARTE.

§ 1. *Climats :* partie nord de Creuxquignolois, derrière la Cure, Combe à la Chèvre, les Bras, la Grande Fin, les Lavières, la Botte, le Crôc, le Saule, derrière le Cornot, les Marsuseuses et Tranchetée.

§ 2. *Caractères extérieurs du sol :* terres pierreuses, graveleuses et légères dans la majeure partie de ces climats. La couche végétale, dans les fortes rampes, a peu d'épaisseur et est sans produit. Dans les pentes douces et dans les bas, la puissance du sol atteint une épaisseur de plus de un mètre, est très fertile, perméable, quoique l'argile compose presque seule le limon. Couleur ocre-rouille et blonde, selon la position par rapport aux terres voisines ; exposition aux quatre points cardinaux, la plus grande surface au sud-est, en pentes raides et en plateaux, ou légères ondulations au pied du Crôc. Terrain à vignes et à plantations d'arbres ; sous-sol rocailleux, contenant de petits bancs marneux, au sud et à l'ouest, très perméable.

§ 3. *Constitution physique :*

Débris organiques	0.14
Pierrailles	9.28
Gravier	3.87
Sable fin	8 84
Matières ténues	77.87
	100.00

§ 4. *Composition chimique :*

Produits volatils ou combustibles.	Eau	1.25	5.00
	Matières volatiles ou combustibles	3.61	
	Azote	0.14	
Matières minérales	Résidu insoluble, argile et silice	84.12	93.00
	Alumine et peroxyde de fer	6.03	
	Chaux	1.48	
	Magnésie	0.14	
	Acide carbonique et pertes	1.23	
			100.00

§ 5. *Dénomination :* sols argilo-siliceux, peu calcaires, pierreux et graveleux.

§ 6. *Epaisseur :* dans le Crôc, de 0m20 à 0m50, dans les bas, et sur les pentes douces de 0m50 à 1 mètre, le tout sur fond rocailleux, très disloqué et perméable.

§ 7. *Améliorations :* les mêmes qu'au n° 4. Extraire les petits bancs marneux du sous-sol et les employer dans les vignes. Dans les bas-fonds qui tiennent aux herbues, chauler ou donner du calcaire, soit en composts soit de toute autre manière, pour diviser et échauffer la couche végétale. Les fumiers courts, bien pourris, conviennent à ces terres.

§ 8. *Valeur vénale* : de 1,500 à 1,800 francs l'hectare dans les terres et 2,400 à 3,500 dans les vignes.

N° 8 DE LA CARTE.

§ 1. *Climats :* les Grands Boulois, Coignet Dessus, Crai Cochon, à l'est; la Forêt, le Poirier Saint-Seine, le Noyer Jeannot, les Longues Pièces, Combe à la Chèvre, au sud ; Fosse Beaugée, Foucheroy et le Poirier Geurel, au sud.

§ 2. *Caractères extérieurs du sol :* herbues blondes ou rousses, fortes, humides, argileuses, tenaces au sud et à l'ouest, plus pierreuses vers la route n° 10. Sol médiocre, maigre, quoiqu'à grain ; sous-sol rouget, amer, ferrugineux, imperméable. Les herbues blanches sont siliceuses, très froides et peu fertiles. La chaux fait totalement défaut dans ces dernières et n'entre pas en assez grande quantité dans les autres. Ces terres se ravinent facilement, et les pluies entraînent avec elles le limon et toutes les matières volatiles ou combustibles.

§ 3. *Constitution physique :*

Débris organiques	0.15
Pierrailles	4.82
Gravier	1.42
Sable fin	8.51
Matières ténues	85.10
	100.00

§ 4. *Composition chimique :*

Produits volatils ou combustibles.	Eau	2.00	6.00
	Matières volatiles ou combustibles	3.85	
	Azote	0.15	
Matières minérales	Résidu insoluble, argile et silice	84.41	94.00
	Alumine et peroxyde de fer	6.39	
	Chaux	1.22	
	Magnésie	0.24	
	Acide carbonique et pertes	1.74	
			100.00

§ 5. *Dénomination* : sols argilo-siliceux et silicéo-argileux, peu calcaires, sablonneux.

§ 6. *Epaisseur :* de 0m10 à 0m30 sur fond rouget, amer, imperméable.

§ 7. *Améliorations :* reconstituer ces sols par l'addition du calcaire, soit sous forme de chaux à la dose de 12 mètres cubes par hectare, soit sous forme de composts et de mélange des terres graveleuses, pierreuses et riches en carbonate de chaux, telles que celles des abords du village. Drainer les parties basses et faire des puits perdus pour recevoir les eaux. Labourer profondément pour mettre le sous-sol en contact avec l'atmosphère et le faire profiter de la bonne influence du soleil et des gaz ambiants. Combler les ravines et dans ces endroits chauler fortement; semer des plantes à racines plongeantes, pour maintenir le sol, et enfin y enfouir colza, trèfle, lentilles, vesces, qui, tout en échauffant la couche végétale, lui donnent du corps et une notable quantité d'engrais. N'employer ici que les fumiers longs, pailleux, peu fermentés, afin qu'ils communiquent la chaleur du reste de leur fermentation au sol et aident à diviser les parties serrées et compactes.

§ 8. *Valeur vénale :* de 800 à 1,000 francs l'hectare.

N° 9 DE LA CARTE.

§ 1. *Climats :* la ferme de Rosière, Pré Bardel, sur la Vesvre, Champ Courtot, le Poirier Fourchu, les Barres, partie nord-ouest des Rangs et de Coignet Dessus, l'Orme Dessus, à l'est et partie ouest de Vergeret.

§ 2. *Caractères extérieurs du sol :* herbues grasses, rousses ou blondes, tenaces, très humides du côté de Pré Bardel et vers le chemin n° 21 ; plus blanches, plus siliceuses, mais toujours froides, acides et humides du côté de la ferme de Rosière et du Boulois. Exposition, au sud et au sud-ouest, en plateaux et en pentes légères, faciles pour la culture. Sous-sol imperméable, à rouget glaiseux au nord à environ 0m20 seulement de profondeur, au sud à 0m30, 0m50 et même 1 mètre contre les prés, avec fer hydroxydé et glaise compacte, amère, acide, sans aucune perméabilité. Bien que l'analyse ait constaté 2,14 pour cent de chaux dans ces terres, leur acidité est trop grande pour que cet amendement ne doive pas y être introduit, même à forte dose.

§ 3. *Constitution physique :*

Débris organiques	0.17
Pierrailles	3.19
Gravier	1.85
Sable fin	3.82
Matières ténues	90.97
	100.00

§ 4. *Composition chimique :*

Produits volatils ou combustibles.	Eau	2.85	7.04
	Matières volatiles ou combustibles.	4.05	
	Azote	0.14	
Matières minérales	Résidu insoluble, argile et silice.	82.36	92.96
	Alumine et peroxyde de fer	5.76	
	Chaux	2.14	
	Magnésie	0.19	
	Acide carbonique et pertes	2.51	
			100.00

§ 5. *Dénomination* : sols calcaires, silicéo-argileux.

§ 6. *Epaisseur* : de 0m20 à 0m80 sur fond rouget, argileux, glaiseux, acide et imperméable.

§ 7. *Améliorations* : les mêmes qu'au numéro précédent, et utiliser les cendres dans les terres moussues, la boue et la poussière dans tous les sillons à proximité des chemins et employer les fumiers longs.

§ 8. *Valeur vénale* : en moyenne, 1,000 francs l'hectare.

N° 10 DE LA CARTE.

§ 1. *Climats :* l'Etang du Pré Haut, la Vévrotte, partie ouest de l'Orme Dessus, bas des Minières, les Mirandes et sur la Garenne.

§ 2. *Caractères extérieurs du sol* : terres ferrugineuses, amères, acides et rouillantes à l'excès ; glaiseuses, tenaces, humides, d'une culture très difficile et peu productives. Couleur rousse et ocre foncée ; exposition à l'ouest en pentes ordinaires et en petites combes avec rapides revers. Les parties basses sont toujours goutteuses ; le sous-sol est gras, imperméable, marno-glaiseux, acide, mêlé d'une grande quantité de peroxyde de fer brûlé et de rognons marno-calcaires, qui le rendent très amer et complétement impénétrable aux racines.

§ 3. *Constitution physique* :

Débris organiques	0.06
Pierrailles	6.92
Gravier	4.51
Sable fin	9.92
Matières ténues	78.59
	100.00

§ 4. *Composition chimique* :

Produits volatils ou combustibles.	Eau	2.75	8.00
	Matières volatiles ou combustibles.	5.12	
	Azote	0.13	
Matières minérales	Résidu insoluble, argile et silice.	75.36	92.00
	Alumine et peroxyde de fer	11.96	
	Chaux	1.24	
	Magnésie	0.18	
	Acide carbonique et pertes	3.26	
			100.00

§ 5. *Dénomination* : sols argilo-calcaires, ferrugineux et sablonneux.

§ 6. *Epaisseur* : de 0m30 à 0m70 sur fond glaiseux, acide et imperméable.

§ 7. *Améliorations* : c'est ici que le mélange des terres graveleuses des Essarts, les débris calcaires rendraient, avec la chaux, les plus grands services ; d'abord en introduisant le principe calcaire, en ameublissant et échauffant la couche végétale ; puis en en neutralisant l'acidité et empêchant ou au moins diminuant considérablement les fâcheux effets de la rouille ; et encore en donnant au sol la faculté qui lui manque de s'assimiler plus facilement et plus promptement les sucs et les sels fumiques. Il faut drainer toutes les parties goutteuses, employer tous les débris calcaires qu'on pourra se procurer; les cendres, le plâtre, les fumiers longs, tout ce qui peut échauffer le sol et le diviser, ne doit pas être négligé. On peut enfouir en vert le sarrasin, les vesces, les lentilles et toutes plantes légumineuses donnant beaucoup de parties foliacées.

§ 8. *Valeur vénale* : contre le chemin n° 21, de 900 à 1,200 francs l'hectare ; ailleurs, de 500 à 800 francs, selon la position et la qualité.

N° 11 DE LA CARTE.

§ 1. *Climats* : les Meix, la Forge, l'Arquinct, partie d'Es Taules et du Veuilley, les Carottes, au bas ; Vigne Jean Mugnier et le Boutency, à l'ouest ; le bas des Plantes et de Saint-Seine, ainsi que tous les jardins derrière les maisons.

§ 2. *Caractères extérieurs du sol* : ce sont les meilleures terres du canton, avec celles qui sont lavées en jaune sur Fontenelle, Saint-Maurice, Montigny, etc. Sol très fertile, très humifié, d'excellente nature, léger, pierreux et bien constitué. Sa couleur est brune, il ressemble beaucoup à celui des prés, qu'il joint d'ailleurs, et dont le niveau est à peu près le même. Terre susceptible de toutes sortes de cultures, donnant des produits variés et en grande abondance. Sous-sol graveleux, perméable, quoiqu'à fond de rouget serré au nord-est.

§ 3. *Constitution physique* :

Débris organiques	0.18
Pierrailles	11.07
Gravier	3.40
Sable fin	7.38
Matières ténues	77.97
	100.00

§ 4. *Composition chimique :*

Produits volatils ou combustibles.	Eau	2.25	10.00
	Matières volatiles ou combustibles	7.58	
	Azote	0.17	
Matières minérales	Résidu insoluble, argile et silice	65.07	90.00
	Alumine et peroxyde de fer	8.92	
	Chaux	7.73	
	Magnésie	0.32	
	Acide carbonique et pertes	7.96	
			100.00

§ 5. *Dénomination* : sols calcaires, argilo-siliceux, formés d'alluvions anciennes et modernes d'excellente qualité.

§ 6. *Epaisseur* : de 0m50 dans les parties élevées à 2 mètres au bord de la Vingeanne, sur fond pierreux et graveleux, perméable.

§ 7. *Améliorations* : ces terres n'ont besoin que de labours profonds et de l'augmentation des fumures, non seulement pour leur conserver la fertilité qui les caractérise, mais encore pour arriver à y supprimer la jachère morte.

§ 8. *Valeur vénale* : de 3,000 à 4,000 francs l'hectare.

Production moyenne agricole de Saint-Seine.

Nos de la Carte et du Tableau	PRINCIPAUX CLIMATS.	PRODUITS MOYENS PAR HECTARE : EN HECTOLITRES DE						EN QUINTAUX DE			
		Blé.	Seigle.	Avoine.	Orge.	Pommes de terre.	Vin.	Foin.	Luzerne.	Trèfle.	Sainfoin.
1	L'Allan.	15	»	18	18	»	»	»	45	45	»
2	Prés naturels.	»	»	»	»	»	»	38	»	»	»
3	Coursaule.	23	23	30	20	100	»	»	52	52	»
4	Les Essarts	7	8	9	»	60	34	»	30	»	21
5	La Corvée.	12	12	15	15	60	»	»	22	22	»
6	Combe Pignard	15	13	18	15	70	»	»	»	30	»
7	Vaulvin.	12	»	15	15	65	34	»	30	30	»
8	Longues Pièces.	13	»	16	»	»	»	»	»	30	»
9	Rosière.	12	»	15	12	»	»	»	»	22	»
10	Les Minières	10	10	12	»	»	»	»	30	30	»
11	Les Meix	25	25	30	20	110	»	»	52	45	»
	Moyennes. . . .	14.4	15.1	17.8	16.4	79	34	38	37.2	30.6	21

On ne sème du seigle, sur les éteules des blés, dans les bonnes terres, que pour faire des liens, Les autres produits, en navette, colza, betteraves, carottes fourragères, vesces, chenevières, houblons, fruits et légumes secs ou frais, sont à peu près les mêmes que ceux des autres communes et se consomment tous sur place, à l'exception du houblon, de culture naissante, et d'une partie des graines oléagineuses, qui sont livrés au commerce.

APPENDICE.

Dans la première partie de notre ouvrage nous avons résumé, pages 16 et suivantes, les caractères généraux des *sols* et leurs manières d'être; nous avons aussi donné les signes généraux qui font distinguer et classer les *terres;* plus loin, page 25, nous avons indiqué quelques principes de reconnaissance des *sols* et d'analyse mécanique.

Depuis la rédaction de ces chapitres, il nous est tombé sous la main un excellent ouvrage de M. Petit-Lafitte, ETUDE DES TERRES ARABLES *du département de la Gironde,* dans lequel nous avons puisé de précieuses notes, applicables dans notre canton, sur *les moyens pratiques de juger de la nature des terres et d'en faire l'analyse, le dosage et l'essai.*

Nous ne voulons pas priver nos lecteurs des utiles renseignements fournis par le bon livre de M. Petit-Lafitte, et nous croyons être agréable aux cultivateurs en extrayant de ce livre et en appliquant à notre contrée tout ce qui nous a paru avoir quelque valeur, au point de vue de l'observation et de la pratique de l'agriculture.

Chaptal a dit : « Quoique l'expérience et une longue observation suffi- « sent à l'agriculteur pour qu'il parvienne à connaître la nature et le « degré de fertilité de chaque partie de son sol, il lui convient aussi, « dans beaucoup de cas, d'en rechercher la composition par des voies plus « courtes et plus directes. »

Nous allons d'abord classer les signes principaux de *connaissance des sols au moyen de l'observation,* et nous donnerons ensuite *les moyens de reconnaître le degré de perméabilité des terres, celui de leur affinité pour l'eau et de leur dessiccation,* afin de compléter ce que nous avons dit dans la première partie de notre *Géognosie.*

I. — Connaissance des terres par leur couleur.

On présume toujours bien d'une terre de couleur foncée, noire ou brune, parce que c'est un indice certain qu'elle contient une notable proportion de matières organiques et d'humus ou engrais consommé. Mais il faut que ces matières y soient dans de bonnes conditions et fondues, en quelque sorte, avec le reste de la masse, ainsi que cela a lieu dans nos bonnes terres de jardin. Autrement on n'aurait qu'un terrain tourbeux, mal décomposé et souvent acide.

Ainsi la couleur noire ne suffit pas toujours à elle seule, Olivier de Serres l'a dit : « La couleur ne suffit à telle instruction, bien que la « noire soit la plus prisée de toutes, pourvu qu'elle ne soit marécageuse « ni trop humide ; car étant abreuvée, sera plutôt ceste-là que d'autres. » Après la terre noire vient la terre brune, la cendrée, la tannée, la rousse, et enfin, comme ne valant rien, la blanche, la jaune, et la rouge. Il ne faut cependant pas prendre cela tout à fait au pied de la lettre, car bien des conditions, autres que la couleur, peuvent modifier les qualités physiques et chimiques d'une terre. La couleur noisette paraît être dans bien des pays la couleur moyenne des bonnes terres. Citons d'ailleurs ce proverbe :

Terre noire fait bon blé,
Terre rouge échaudé.

II. — Connaissance des terres par leur odeur.

L'odeur de la terre, dit M. Petit, peut être comprise de deux manières : comme émanant de la terre elle-même ; comme émanant des plantes qu'elle produit spontanément, c'est-à-dire sans culture.

Dans le premier cas, il est évident qu'une terre de bonne qualité, exempte des principes acides, et dans laquelle les engrais se décomposent d'un manière normale, ni trop vite ni trop lentement et de manière à produire de l'humus doux et soluble, dégage, quand on la remue, une bonne odeur qu'il est peu facile de caractériser, mais qui plaît à tout le monde parce qu'elle vient d'un bon fond.

Au contraire, une terre surchargée de matières organiques dont la décomposition est lente et incomplète, qui tournent à l'acide, et auxquelles se joint souvent un excès d'humidité, donne une odeur putride plus ou moins prononcée. C'est cette odeur qui se répand quand on fait des fouilles dans des terrains marécageux et dans les endroits où il y a accumulation de plantes en décomposition.

Après une longue sécheresse, la pluie fait répandre aux terres argileuses une odeur toute particulière que nous connaissons tous.

Dans le second cas, ce sont des terres ordinairement trop calcaires, sèches et arides, qui se couvrent de plantes à odeur forte et pénétrante, de plantes de bonne senteur, telles, sur les montagnes, que le serpolet (*thymus serpyllum*), le thym (*thymus vulgaris*), l'origan (*origanum vulgare*), les sauges (*salva officinalis* et *s. verbenacea*), et la plupart des labiées; n'oublions pas le genévrier commun (*juniperus communis*), etc.

Le *Bon Messager* dit :

Tu n'emploieras ton labeur
En terre de bonne senteur.

III. — Connaissance des terres par le goût.

Il en est du goût de la terre comme de son odeur. Les anciens ont toujours attaché une très haute valeur à ces deux moyens d'appréciation ; mais, comme le dit M. Petit, il faut convenir que ces deux moyens sont d'un emploi difficile, particulièrement le dernier. Toutefois voici comment Virgile décrit une manière de s'en servir : « Détachez de votre plancher « enfumé vos corbeilles d'osier, ou prenez les couloirs de votre pres- « soir, remplissez-les de la terre que vous voulez éprouver et versez-y de « l'eau douce ; toute l'eau pénétrera la terre et s'écoulera goutte à « goutte à travers l'osier. Goûtez de cette eau, elle vous apprendra la « qualité de la terre : si cette terre est salée ou amère, l'eau le sera « aussi. »

La putridité et l'acidité de la terre peuvent être ainsi constatées, de même que plusieurs autres principes dus aux matières minérales.

L'eau est toujours mauvaise où abondent les débris organiques, où leur décomposition est anormale comme dans les marais. Elle est chargée de sels de chaux, de plâtre (séléniteuse) et même incrustante dans les localités très calcaires ; elle est ferrugineuse, a un goût styptique (astringent) où abonde le fer ; elle est astringente (elle resserre) quand elle vient des terrains où domine le terreau des forêts de chêne ; enfin elle est douce, sans vivacité et lourde dans les formations argileuses.

L'expérience bien simple, indiquée par Virgile, peut faire reconnaître toutes ces différentes terres par le goût de l'eau qui aura filtré au travers de l'échantillon sur lequel on aura opéré.

IV. — Connaissance des terres par la forme ou la grosseur des matériaux qui les composent.

Pour ce moyen de connaissance des terres nous renvoyons le lecteur aux analyses physiques de chaque numéro de nos tableaux géognostiques, par commune.

V. — Connaissance des terres par leur aspect et leurs déclivités.

Les terres ont un aspect différent suivant leur nature. Celles qui sont fortement *argileuses*, compactes, humides, après un labour effectué en temps chaud, présentent des mottes ou des blocs entassés comme les pierres d'une démolition ; après un labour effectué en temps humide elles peuvent encore offrir un aspect pareil, et de plus, la charrue a laissé une trace polie et luisante partout où elle a glissé. Plus tard elles se tassent, et de nombreuses et profondes crevasses se montrent à la superficie en été et dans les moments de sécheresse.

Quand on laboure une terre *siliceuse* ou *silicéo-argileuse*, forte et froide, la charrue coupe le sol et range les billons comme des plateaux appuyés les uns contre les autres sous un angle de 45 degrés.

Les *terres calcaires* se montrent généralement divisées, mais elles conservent néanmoins une consistance qui leur permet de maintenir la forme des billons donnée par la charrue. La pluie et la gelée divisent ces terres, les émiettent et les font foisonner.

Celles qui sont *sablonneuses* manquent de consistance, et peu après le labour la trace des billons ne tarde pas à disparaître.

Enfin les *terres riches en humus* et *en matières organiques* présentent cette circonstance remarquable, qu'à la suite des chaleurs et des sécheresses, elles offrent, comme dans les prés, des crevassés nombreuses et profondes, circonstance qui tient au grand pouvoir de retrait de la matière organique.

La déclivité, ou pente plus ou moins grande d'une terre, peut encore être un indice de qualité. Une terre légère, calcaire et riche en humus, sera facilement entraînée par les pluies si elle est en coteau rapide, le sous-sol rocailleux ou glaiseux se montrera à nu et la terre ne vaudra plus rien. Une pente douce, un plateau où l'écoulement des eaux se fait facilement, voilà les conditions planométriques normales d'une bonne terre.

VI. — Connaissance des terres par le tassement et le foisonnement.

Les terres, selon leur nature, ont la propriété de se tasser plus ou moins. Virgile décrit ainsi un mode d'application sur cette propriété : « Choisissez dans votre champ un endroit où vous creuserez une fosse. « Vous la comblerez avec la terre qui en aura été tirée, et pour l'aplanir

« et l'égaliser à la superficie du champ, vous la ferez fouler aux pieds. Si « la terre s'enfonce de manière que la fosse n'en puisse être comblée, « croyez que c'est une terre légère qui n'est propre que pour les pâturages « ou la vigne. Au contraire, si la terre ne peut rentrer entièrement « dans la fosse d'où elle est sortie, quoique vous la fouliez, c'est une terre « forte qu'il faut livrer à la charrue. »

Une terre riche en matières organiques gonfle, foisonne au contact de l'air et de l'humidité; tandis qu'une terre pauvre et purement minérale sera bien moins impressionnable et ne foisonnera pas autant.

VII. — Connaissance des terres par la végétation spontanée (naturelle et sans culture).

Ce que nous avons dit, dans la première partie de notre ouvrage, sur les plantes qui caractérisent les terres, pourrait peut-être suffire à l'intelligence de la question, mais nous préférons, en quelque sorte, nous répéter ici afin de pouvoir, avec quelque addition de plantes, indiquer, d'une manière plus générale celles qui caractérisent tout spécialement les diverses natures de terres de notre canton et des cantons voisins.

1° Terres de bonne qualité en général.

Sureau yèble (1),	*Sambucus ebulus.*

2° Terres où domine la chaux.

Petit boucage,	*Pimpinella saxifraga.*
Germandrée,	*Teucrium chamædris.*
Carotte sauvage,	*Daucus carota.*
Chardon Marie,	*Carduus marianus.*
Gaude, réséda jaune,	*Reseda luteala.*
Potentille printanière,	*Potentilla verna.*
Globulaire,	*Globularia vulgaris.*
Bouillon blanc (le grand),	*Verbascum tapsus.*
Pimprenelle,	*Poterium sanguisorba.*
Euphraise jaune,	*Euphrasia lutea.*
Fraisier de montagne,	*Fragaria montana.*

(1) Un cultivateur voulant acheter une terre, son père, aveugle, manifesta le désir de le suivre sur les lieux pour en faire l'examen. Arrivé à l'endroit indiqué, le vieillard descendit de dessus son âne, et commanda à son fils d'attacher sa monture aux yèbles des bords de la pièce. — Mais, dit le fils, il n'y a pas de ces plantes ici, mon père. — En ce cas, répartit aussitôt le vieillard, aide-moi à remonter sur mon âne et revenons chez nous!

Genévrier commun,	*Juniperus communis.*
Millepertuis,	*Hypericum perforatum.*

3° Terres ou domine la silice.

Œillet des sables,	*Dianthus arenarius.*
Spargoute des champs,	*Spergula arvensis.*
Renoucée persicairc,	*Polygnum persicaria.*
Anémone pulsatile,	*Anemone pulsatilla.*
Plantain corne de cerf,	*Plantago cornopsus.*
Jasione des montagnes,	*Jasiona montana.*
Bruyère commune,	*Erica vulgaris.*

4° Terres ou domine l'argile.

Pas-d'âne,	*Tussilago farfara.*
Prêle des champs,	*Equisetum arvense.*
Arrête-bœuf,	*Ononis repens.*
Ronce à fruit noir, Mûres,	*Rubus fruticosus.*
Chicorée sauvage,	*Chicorium intubus.*
Rhinanthe velue,	*Rhinanthus hirsuta.*
Petite oseille,	*Rumex ocetosella.*

5° Terres ou domine le fer.

Bruyère cendrée,	*Erica cinerea.*
Bouillon blanc (le petit),	*Verbascum nigrum.*

6° Terres ou domine la potasse.

Anserine des murs,	*Chenopodium murale.*
Pariétaire (des murs),	*Parietaria diffusa.*
Mercuriale annuelle, Lusotte,	*Mercurialis annua.*
Saponaire officinale,	*Saponaria officinalis.*
Camomille puante,	*Anthemis cotula.*
Chélidonie, éclaire,	*Chelidonium majus.*
Jusquiame,	*Hyoscyamus niger.*
Ortie brûlante,	*Urtica dioica et urens.*

7° Terres ou domine la tourbe.

Souchet long,	*Cyperus longus.*
Iris des marais,	*Iris pseudo-acorus.*
Populage,	*Caltha palustris.*
Et beaucoup d'espèces de	*Carex et de Laiches.*

8° Terres a humus astringent.

Mélampyre des prés,	*Melampyrum pratense.*
Sumac des corroyeurs,	*Rus coriaria.*

9° Terres argileuses a humus acide.

Linaigrette à feuilles étroites,	*Eriophorum angustifolium.*
Petite oseille (1),	*Rumex ocetosella.*
Oreille de souris,	*Cerastium vulgatum.*

(1) Cette plante a une singulière propriété : elle pompe en abondance l'acide du sol et le tient en suspension dans sa tige et ses feuilles. En la détruisant, on détruit tout l'acide du sol qu'elle contenait. Tandis que si on la laisse périr sur place, elle rend au sol l'acide qu'elle y avait puisé. Dans les terres, comme celles des Couées de la Romagne, où la petite oseille croît en grande quantité, il faut donc ne pas négliger de la couper aussitôt qu'elle a atteint son complet développement.

OBSERVATIONS.

Aux données ci-dessus, nous ajouterons que le *sable fin siliceux* domine où prospèrent le pin, et successivement le seigle, le sarrasin, etc.

La *chaux* domine où prospèrent le frène, le chêne noir, les plantes tinctoriales, etc.

L'*argile* domine où prospèrent le chêne blanc, les fèves, le trèfle, etc.

La *matière organique* domine où prospèrent l'aulne, le saule, l'avoine, les prairies naturelles, etc.

Dans une terre à *caractère tranché*, ce sont les *plantes ligneuses* qui doivent faire le fond de l'exploitation.

Les céréales, les plantes légumineuses, les plantes industrielles et commerciales, ne viennent pas dans les terres à caractère trop tranché ; il leur faut, tout à la fois, des terres remaniées par la nature et dès longtemps préparées, travaillées et souvent transformées par l'industrie de l'homme.

Il est cependant des plantes, telle que la vigne, qui viennent dans tous les sols ; mais les produits et leur qualité sont en raison de la valeur de ce sol, de sa composition et souvent de son exposition.

ÉTUDES DES TERRES PAR RAPPORT A L'EAU.

I — *Moyen de reconnaître le degré de perméabilité des terres.*

On prend 25 grammes de terre débarrassée de tous les débris de pierres, de gravier et de sable, d'une grosseur dépassant un demi-millimètre. On fait sécher cette terre, soit au four, soit sur un poêle, à la chaleur d'environ 100° et on la place ensuite, sans tassement, dans un filtre de papier Joseph, pesé d'avance et mis dans un entonnoir en verre ou en fer blanc.

Sur cette terre on verse doucement un décilitre d'eau pure, et l'on compte, une montre à la main, le temps que met l'eau, que la terre ne retient pas, qu'elle laisse découler, pour traverser cette terre.

Si l'on a déjà expérimenté sur d'autres terres, ou mieux, si l'on opère en même temps et de la même manière sur du sable bien pur, d'une très grande perméabilité, on peut facilement juger, par comparaison, du degré précis de perméabilité de la terre dont on s'occupe.

Ainsi, en marquant par 100 la perméabilité du sable pur, on peut exprimer celle de la terre expérimentée par un chiffre proportionnel.

Par exemple, le sable a dégoutté pendant cinq minutes et la terre pendant vingt ; or, la perméabilité du sable étant 100, celle de la terre sera quatre fois moins, ou 25 seulement.

II. — *Moyen de reconnaître le pouvoir des terres à retenir l'eau, ou leur affinité pour l'eau.*

Quand le sable et la terre qui ont servi à l'opération précédente ne dégouttent plus, et si on a bien soin de se servir de deux filtres exactement du même poids, on enlève chacun de ces filtres avec la terre qu'il contient, et on pèse séparément chaque filtre avec cette terre :

Supposons que cette double pesée donne :

Pour le sable.	30 grammes.
Pour la terre.	50 grammes.

Comme les deux poids primitifs du sable et de la terre essayés étaient de 25 grammes, le sable a retenu 5 grammes d'eau et la terre 25. Sous ce rapport, le pouvoir de la terre à retenir l'eau, ou son affinité pour l'eau, est donc supérieur à celle du sable pur. En exprimant par 5 l'affinité du sable pour l'eau, l'affinité de la terre essayée est de 25 ou cinq fois plus.

En opérant ainsi sur d'autres échantillons, et par comparaison, on aura toujours une donnée suffisante pour reconnaître le pouvoir des terres à retenir l'eau et par suite presque leur degré de ténacité et de qualité.

III. — *Moyen pour reconnaître la facilité des terres à se dessécher.*

Après la pesée ci-dessus, la pesée mouillée bien entendu, on dépose chaque filtre, avec sa terre, sur une assiette en l'étendant de manière à favoriser la dessiccation du tout, et on pèse de nouveau quand cette dessiccation paraît complète.

Si, pour sécher le sable et la terre, il a fallu une heure pour le premier et deux heures pour la seconde, le pouvoir de dessiccation de la terre sera moitié de celui du sable. Si l'on exprime par 100 le pouvoir de dessiccation du sable pur, ce même pouvoir pour la terre essayée devra être exprimé par 50, car il n'est réellement que la moitié de celui du sable pur.

Dans cette très simple opération une difficulté se présente, c'est de bien préciser, pour une terre déterminée, le moment où elle est sèche.

A cet égard plusieurs signes peuvent être indiqués. Ainsi, pour le sable et toutes les terres contenant une forte proportion de cette substance, le moment de la dessiccation complète est révélé par cette circonstance que leurs molécules, leurs parties ne sont plus adhérentes les unes aux autres, qu'elles sont redevenues roulantes et que la masse a recouvré sa friabilité.

Le changement de couleur, la reprise par la terre sèche de son état pulvérulent et de la teinte claire que lui avait fait perdre le mélange de l'eau, sont aussi de bons signes.

Les terres plus ou moins argileuses et disposées par conséquent, en séchant, à former des mottes, à prendre de la solidité comme les briques que le tuilier va mettre au four, ont leur moment de dessiccation signalée par la couleur uniformément plus claire ; par leur fendillement ; par la possibilité de les casser en fragments ; par l'uniformité très exacte de la teinte, extérieure et intérieure, offerte par tous ces fragments.

FIN.

TABLE DES MATIÈRES.

PREMIÈRE PARTIE.

DEUXIÈME PARTIE.

FIN DE LA TABLE.

Dijon, imp. J.-E. Rabutôt.

ERRATA.

Page 22, ligne 14, au lieu de : une vaste étendue, lisez : *une certaine étendue.*
Page 37, dans le tableau, colonne 3, ligne 7, au lieu de : 31.28, lisez : 34.28.
Page 59, ligne 1, au lieu de : formés, lisez : *formées.*
Page 129, ligne 5, résidu insoluble, au lieu de : 69.05, lisez : 59.05.
Même page, ligne 7, au lieu de : 90.22, lisez : 90.02.
Page 152, ligne 10, matières ténues, lisez : 94.18.
Page 155, ligne 18, acide carbonique, etc., lisez : 3.83.
Page 181, ligne 29, matières ténues, au lieu de : 71.77, lisez : 69.77.
Page 190, ligne 4, lisez : *pierreuses.*
Page 217, ligne 5, au lieu de : arides, lisez : *acides.*
Page 258, ligne 30, au lieu de : arides, lisez : *acides.*
Même page, ligne 39, matières ténues, au lieu de : 59.75, lisez : 59.74.
Page 263, ligne 20, pierrailles, au lieu de : 1.88, lisez : 1.34.

gramcontent.com/pod-product-complian
Lightning Source LLC
Chambersburg PA
CBHW060407200326
41518CB00009B/1284
* 9 7 8 2 0 1 9 5 3 2 6 3 5

www.ingramcontent.com/pod-product-compliance
Lightning Source LLC
Chambersburg PA
CBHW060407200326
41518CB00009B/1284
* 9 7 8 2 0 1 9 5 3 2 6 3 5 *